《博士后文库》编委会名单

主　任　陈宜瑜

副主任　詹文龙　李　扬

秘书长　邱春雷

编　委　（按姓氏汉语拼音排序）

付小兵　傅伯杰　郭坤宇　胡　滨　贾国柱　刘　伟
卢秉恒　毛大立　权良柱　任南琪　万国华　王光谦
吴硕贤　杨宝峰　印遇龙　喻树迅　张文栋　赵　路
赵晓哲　钟登华　周宪梁

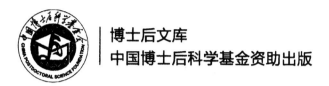

博士后文库
中国博士后科学基金资助出版

液态碳氢化合物透射光谱测量及其热辐射物性反演研究

李 栋 著

科学出版社
北 京

内 容 简 介

本书阐明了透射法实验获取液态碳氢化合物透射光谱及其热辐射物性反演的基础知识，介绍了传热传质理论和电磁理论在液态碳氢化合物辐射特性测量系统及其光学测量工程中的应用，具有一定的深度和广度。全书共 6 章，包括恒温箱热环境仿真和光学腔的瞬态加热特性研究、反演液态碳氢化合物热辐射物性的方法研究、液态碳氢化合物高温透射特性测量实验系统的研制、基于透射光谱反演光学窗口玻璃光学常数的双厚度法研究、液态碳氢化合物热辐射物性的实验研究。全书还配有大量的反演算例和实验数据，可供读者参考。

本书主要面向动力工程及工程热物理和石油天然气工程等专业中从事液体光谱分析和辐射传热研究的科研工作者，以及相关专业院所的研究生。本书可作为液态碳氢化合物透射光谱高温测量基础实验和理论学习的工具，也可供基于类似液体透射光谱测量数据反演其热辐射物性的实验和理论研究参考。

图书在版编目(CIP)数据

液态碳氢化合物透射光谱测量及其热辐射物性反演研究 / 李栋著. —北京：科学出版社，2017.6

（博士后文库）

ISBN 978-7-03-051583-4

Ⅰ. ①液… Ⅱ. ①李… Ⅲ. ①烃-光谱-测量-研究②烃-热辐射-反演-研究 Ⅳ. ①O622.1

中国版本图书馆 CIP 数据核字(2017)第 016673 号

责任编辑：周 炜 / 责任校对：桂伟利
责任印制：张 伟 / 封面设计：陈 敬

科学出版社 出版
北京东黄城根北街 16 号
邮政编码：100717
http://www.sciencep.com

北京建宏印刷有限公司 印刷
科学出版社发行 各地新华书店经销
*

2017 年 6 月第 一 版　开本：720×1000 B5
2017 年 6 月第一次印刷　印张：15 1/4
字数：305 000
定价：95.00 元
（如有印装质量问题，我社负责调换）

《博士后文库》序言

1985年,在李政道先生的倡议和邓小平同志的亲自关怀下,我国建立了博士后制度,同时设立了博士后科学基金。30多年来,在党和国家的高度重视下,在社会各方面的关心和支持下,博士后制度为我国培养了一大批青年高层次创新人才。在这一过程中,博士后科学基金发挥了不可替代的独特作用。

博士后科学基金是中国特色博士后制度的重要组成部分,专门用于资助博士后研究人员开展创新探索。博士后科学基金的资助,对正处于独立科研生涯起步阶段的博士后研究人员来说,适逢其时,有利于培养他们独立的科研人格、在选题方面的竞争意识以及负责的精神,是他们独立从事科研工作的"第一桶金"。尽管博士后科学基金资助金额不大,但对博士后青年创新人才的培养和激励作用不可估量。四两拨千斤,博士后科学基金有效地推动了博士后研究人员迅速成长为高水平的研究人才,"小基金发挥了大作用"。

在博士后科学基金的资助下,博士后研究人员的优秀学术成果不断涌现。2013年,为提高博士后科学基金的资助效益,中国博士后科学基金会联合科学出版社开展了博士后优秀学术专著出版资助工作,通过专家评审遴选出优秀的博士后学术著作,收入《博士后文库》,由博士后科学基金资助、科学出版社出版。我们希望,借此打造专属于博士后学术创新的旗舰图书品牌,激励博士后研究人员潜心科研,扎实治学,提升博士后优秀学术成果的社会影响力。

2015年,国务院办公厅印发了《关于改革完善博士后制度的意见》(国办发〔2015〕87号),将"实施自然科学、人文社会科学优秀博士后论著出版支持计划"作为"十三五"期间博士后工作的重要内容和提升博士后研究人员培养质量的重要手段,这更加凸显了出版资助工作的意义。我相信,我们提供的这个出版资助平台将对博士后研究人员激发创新智慧、凝聚创新力量发挥独特的作用,促使博士后研究人员的创新成果更好地服务于创新驱动发展战略和创新型国家的建设。

祝愿广大博士后研究人员在博士后科学基金的资助下早日成长为栋梁之才,为实现中华民族伟大复兴的中国梦做出更大的贡献。

中国博士后科学基金会理事长

前　言

　　液态碳氢化合物在日常生活、工业生产和科学研究等领域中具有广泛的应用背景，其属于典型具有光谱选择性的半透明液体。液态碳氢化合物的热辐射物性数据在航天、化工、动力和生物等众多领域具有重要的使用价值。例如，液态碳氢化合物的热辐射物性是航空类发动机燃烧室内液态碳氢燃料蒸发、雾化及其燃烧过程的传热计算，新型超燃冲压发动机冷却通道内液态碳氢化合物换热研究的基础热物性参数。获取液态碳氢化合物的热辐射特性是实现液态碳氢化合物类发动机内燃烧状态光学诊断的条件之一，而液态碳氢化合物的热辐射物性数据是计算其热辐射特性的关键参数。令人遗憾的是，国产液态碳氢化合物的热辐射物性数据库尚属空白，我国科研人员在从事相关工作时，只能采用国外类似液态碳氢化合物的热辐射物性数据。

　　多年来，笔者以获取液态碳氢化合物高温透射光谱和热辐射物性为目标，对液态碳氢化合物透射光谱高温测量的实验技术、光学窗口玻璃和液态碳氢化合物的热辐射物性反演计算模型、典型光学窗口玻璃和液态碳氢化合物的透射光谱特性及其热辐射物性数据进行了大量的实验和仿真研究，并将近年的研究成果和相关数据进行总结。为了便于读者理解，本书附有光热传输仿真算例、液态碳氢化合物热辐射物性反演算例及其透射光谱测量数据，内容充实、新颖、实用。

　　本书部分成果得到了中国国家自然科学基金青年科学基金项目"太阳能光谱特性作用下内嵌半透明相变材料层玻璃幕墙光热传输特性研究"（编号：51306031）、中国博士后科学基金面上资助项目"油气管道泄漏污染物光谱特征及其地面红外传输机理研究"（编号：2014M560246）、中国国家自然科学基金面上项目"地下输油管道泄漏过程中多相流动及热质耦合传递特性研究"（编号：51274071）等多项科研项目资助。本书在撰写过程中借鉴了众多专家、学者的著作和研究成果，在此笔者一并表示衷心的感谢。

　　本书得到了 2014 年度博士后研究人员优秀学术专著出版资助，在此表示感谢。

　　由于笔者能力有限，难免有不足之处，敬请读者和同行批评指正。

目 录

《博士后文库》序言
前言
第1章 绪论 ··· 1
  1.1 液态碳氢化合物热辐射物性研究背景 ·· 1
  1.2 液态碳氢化合物的热辐射物性和反演方法 ····································· 5
    1.2.1 热辐射物性 ·· 5
    1.2.2 液态碳氢化合物热辐射物性反演方法 ································· 6
  1.3 国内外研究现状 ·· 10
    1.3.1 液态碳氢化合物热辐射物性研究 ······································ 10
    1.3.2 碳氢化合物高温透射特性测量系统 ··································· 25
    1.3.3 基于透射特性反演热辐射物性的方法 ································ 31
  1.4 本书的主要内容 ·· 33
第2章 恒温箱的热环境仿真和光学腔的瞬态加热特性分析 ······················ 36
  2.1 电阻加热式恒温箱的热环境模拟 ·· 36
    2.1.1 物理模型和数学模型 ··· 38
    2.1.2 模拟方法和网格校核 ··· 41
    2.1.3 加热温度的影响 ··· 42
    2.1.4 加热表面发射率的影响 ·· 44
    2.1.5 光学窗口玻璃对流换热系数的影响 ··································· 48
    2.1.6 光学窗口玻璃换热温度的影响 ··· 50
  2.2 氮气加热式恒温箱的热环境仿真 ·· 52
    2.2.1 物理模型和数学模型 ··· 53
    2.2.2 模型求解方法和网格验证 ··· 55
    2.2.3 结果与讨论 ··· 56
  2.3 光学腔的瞬态加热特性 ·· 62
    2.3.1 物理模型和数学模型 ··· 62
    2.3.2 结果与讨论 ··· 64
  2.4 小结 ·· 68

第3章 光学窗口玻璃热辐射物性的测量方法 ········ 69
3.1 基于光谱透射比方程简化的双厚度法········ 69
3.1.1 光学窗口玻璃光谱透射比的正问题模型 ········ 69
3.1.2 光学窗口玻璃光学常数的反问题模型 ········ 70
3.1.3 透射比方程简化的不利影响分析 ········ 71
3.1.4 反问题模型的敏感度分析 ········ 74
3.1.5 反问题模型的适用范围 ········ 76
3.2 基于透射比方程的双厚度法········ 86
3.2.1 反问题模型 ········ 86
3.2.2 反问题模型的适用范围 ········ 87
3.3 一种新的双厚度法········ 91
3.3.1 双层光学窗口玻璃透射特性的正问题模型 ········ 91
3.3.2 反问题模型 ········ 92
3.3.3 反问题模型的适用范围 ········ 92
3.4 光学窗口玻璃光谱透射比范围的影响 ········ 98
3.4.1 光学窗口玻璃高透射比区域 ········ 98
3.4.2 光学窗口玻璃低透射比区域 ········ 100
3.4.3 光学窗口玻璃弱透射比区域 ········ 102
3.5 实验测量值偏差对其反演方法的影响 ········ 105
3.5.1 光学窗口玻璃光谱透射比测量偏差的影响 ········ 105
3.5.2 光学窗口玻璃厚度测量偏差的影响 ········ 109
3.6 小结 ········ 112

第4章 液态碳氢化合物热辐射物性的反演方法········ 114
4.1 填充液态碳氢化合物光学腔光谱透射比计算公式推导 ········ 114
4.2 反演液态碳氢化合物光学常数的简化双透射法 ········ 116
4.2.1 正问题模型 ········ 116
4.2.2 正问题模型简化的影响 ········ 117
4.2.3 反问题模型 ········ 119
4.2.4 反问题模型的适用范围 ········ 120
4.3 反演液态碳氢化合物光学常数的透射比与KK结合法 ········ 124
4.3.1 反问题模型 ········ 124
4.3.2 反演模型的适用范围 ········ 127
4.3.3 算例分析 ········ 130
4.4 反演液态碳氢化合物光学常数的新双厚度法 ········ 131
4.4.1 反问题模型 ········ 131

4.4.2　反演方法的适用范围 ··· 133
　　　4.4.3　反演模型验证算例分析 ··· 143
　4.5　小结 ··· 146
第5章　液态碳氢化合物高温透射特性测量实验系统 ·· 147
　5.1　液态碳氢化合物高温透射特性测量实验系统的总体结构 ····················· 147
　5.2　液态碳氢化合物高温透射特性测量实验系统功能与设计 ····················· 150
　　　5.2.1　液态碳氢化合物供液和预热系统 ··· 150
　　　5.2.2　液态碳氢化合物光学腔及光学窗口玻璃 ··································· 151
　　　5.2.3　液态碳氢化合物加热用光学恒温箱及温度测控系统 ···················· 154
　　　5.2.4　液态和固态介质透射特性测量系统 ·· 157
　　　5.2.5　杂散辐射抑制系统 ·· 162
　5.3　背景噪声消除方法 ··· 164
　　　5.3.1　光电探测器的输出信号分析 ··· 164
　　　5.3.2　背景噪声的补偿算法 ··· 165
　5.4　小结 ··· 166
第6章　光学玻璃窗口和液态碳氢化合物热辐射物性反演 ·································· 167
　6.1　石英和蓝宝石光学窗口玻璃的热辐射物性参数 ·································· 167
　　　6.1.1　石英光学窗口玻璃 ·· 167
　　　6.1.2　石英的高温热辐射物性参数 ··· 173
　　　6.1.3　蓝宝石光学窗口玻璃 ··· 178
　6.2　硒化锌光学窗口玻璃的热辐射物性参数 ··· 182
　　　6.2.1　硒化锌光学窗口玻璃的常温热辐射物性 ··································· 182
　　　6.2.2　硒化锌光学窗口玻璃的高温热辐射物性参数 ····························· 186
　6.3　水的光学常数反演及其本书方法验证 ·· 191
　　　6.3.1　水的透射光谱 ··· 191
　　　6.3.2　水的光学常数 ··· 192
　　　6.3.3　水的光学常数测量实验的不确定度 ·· 193
　6.4　液态碳氢化合物的常温热辐射物性参数 ··· 195
　　　6.4.1　RP-3航空煤油的常温热辐射物性参数 ······································ 195
　　　6.4.2　普通煤油的常温热辐射物性参数 ··· 199
　　　6.4.3　−35#柴油的常温热辐射物性参数 ··· 202
　　　6.4.4　乙醇的常温热辐射物性参数 ··· 206
　6.5　RP-3航空煤油的高温热辐射物性参数 ·· 209
　　　6.5.1　RP-3航空煤油的高温透射光谱 ·· 209
　　　6.5.2　RP-3航空煤油的光学常数 ·· 210

  6.5.3 RP-3 航空煤油的热辐射物性参数 …………………………… 211
  6.5.4 RP-3 航空煤油光学常数测量实验的不确定度 ……………… 212
 6.6 小结 ……………………………………………………………………… 213

参考文献 ……………………………………………………………………… 215
编后记 ………………………………………………………………………… 231

第1章 绪　　论

1.1 液态碳氢化合物热辐射物性研究背景

柴油和汽油等液态碳氢化合物是具有光谱选择性的一类半透明液体,广泛应用在日常生活、工业生产和科学研究等领域。液态碳氢化合物的热辐射物性在航天、化工、动力和生物等众多领域具有重要的应用背景。例如,液态碳氢化合物的热辐射物性是航空类发动机燃烧室内液态碳氢燃料蒸发[1-5]、雾化[6-8]及其燃烧[9-11]过程的传热计算、新型超燃冲压发动机冷却通道内液态碳氢化合物换热研究[12-14]的基础热物性参数。在研究液态碳氢化合物燃料的各类燃烧热反馈时[15-17],需要分析火焰对燃料富集区的热辐射情况,而液态碳氢化合物的热辐射物性是模拟该传热过程的基础参数。获取液态碳氢化合物的热辐射特性是实现液态碳氢化合物类发动机内燃烧状态光学诊断的条件之一[18,19],而液态碳氢化合物的热辐射物性数据是计算其热辐射特性的关键参数。

在航空航天飞行器发动机研制和设计领域,液态碳氢化合物类发动机是目前国家发展的超大型运输飞机、高超音速各类飞行器的核心动力部件,发动机研究人员一直热衷于如何优化液态碳氢化合物发动机的效能,而其中重要的一环是如何对发动机燃烧室进行热控设计。辐射传热是液态碳氢化合物发动机燃烧室内燃料喷入、气化、燃烧过程的重要传热方式,液态碳氢化合物的热辐射物性也是定量研究该燃料动态传热过程的基础热物性参数。令人遗憾的是,因为国产液态碳氢化合物热辐射物性数据库的空白,国内的这类发动机科研人员只好借助国外类似液态碳氢化合物燃料的热辐射物性数据完成辐射传热过程研究,然而我国的液态碳氢化合物燃料成分与国外的差别很大,加之美国、德国和法国等西方国家由于军事保密原因,尚未公开其有关液态碳氢化合物的高温热辐射物性参数,致使我国发动机科研人员在进行燃烧室内液态碳氢化合物燃料传热设计时计算精度明显低于西方发达国家。

在军用液态碳氢化合物发动机尾气的目标识别等高新技术领域,各类大型导弹、轰炸机、战斗机和直升机等军用飞行器[20,21]、航空母舰、驱逐舰和护卫舰等军用舰船[22],以及导弹发射车和坦克等装甲车辆[23]的发动机在使用过程中,其排气系统经常喷发带有碳氢化合物液滴的尾气,其中排气系统各部分的红外辐射比例如图1-1所示。目前,西方国家采用红外激光技术追踪其尾气团,进而锁定军事装备目标。而在大气环境中发动机尾气热气团的热辐射状态,特别是其红外光谱特征分布是各类预警军事装备进行目标探测和识别的重要依据,也是各类军事装备进行反红外探测设计和研究的关键参数[24,25]。目前,国内外科研人员主要采用实验测量和仿真计算两种手段来获取液态碳氢化合物发动机排气系统尾气的红外特征分布数据,其中美国、德国和法国等西方国家以模拟为主、实验为辅;由于缺乏国产液态碳氢化合物的热辐射物性数据导致模拟精度过低,我国科研工作者主要通过实验测量来完成数据采集工作,造成成本过大、周期过长和人力投入过多等问题。众所周知,如果清楚地了解发动机排气系统高温尾气中未燃尽碳氢化合物液滴热辐射物性参数,科研工作者就可以通过计算机模拟手段快速得到其热辐射特征分布情况,从而为各类液态碳氢化合物发动机的实验方案优化提供可靠的数据参考。

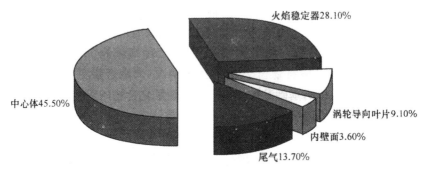

图 1-1　排气系统各部分红外辐射比例[24]

在液态碳氢化合物的燃烧技术领域,各类液态碳氢化合物在燃烧过程中,其火焰表面通过辐射传热方式会对火焰底部液态碳氢化合物富集区进行大量的热反馈,并且由于火焰中含有未燃尽的碳氢化合物液滴,进一步增加了热反馈强度,增强了火焰底部液态碳氢化合物富集区的加热过程。在计算碳氢化合物液滴和火焰对底部液态碳氢化合物富集区的热反馈时,首先需要明确液态碳氢化合物的热辐射物性数据。令人尴尬的是,在计算液态碳氢化合物的池燃烧表面反射率时,同样由于缺少液态碳氢化合物的热辐射物性数据,我国大量的科研和设计人员只能采用经验值进行计算[16],甚至在计算液态碳氢化合物的池燃烧热辐射时不考虑火焰中液滴对其传热的影响[26,27]。

在液态碳氢化合物燃烧的激光诊断技术领域,目前国内外的研究人员均提出了采用激光技术在线探测发动机燃烧室内液态碳氢化合物的燃烧成分和温度的新方法[28-30]。由于美国、德国和日本等发达国家已建成包含大量液态碳氢化合物热辐射物性的数据库,在开发这类高新技术时已经明显占有主导地位,尤其需要关注的是,日本目前已经着手于激光技术诊断柴油机燃烧状态的验证性工作,图 1-2所示为日本研究人员的技术验证装置。在应用激光技术测量介质温度时,我国科研工作者苦于缺乏液态碳氢化合物的热辐射物性数据,仅通过采用国外的同类液态碳氢化合物测量数据完成研究,往往导致激光测试数据误差较大。大量的实验表明,提高激光技术测量介质温度精度的前提条件之一是需要考虑液态碳氢化合物热辐射物性参数与温度和波长的对应关系[31-33]。

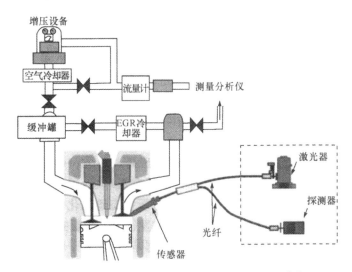

图 1-2 激光诊断柴油机燃烧的技术验证装置[30]

在高超音速飞行器发动机燃烧室的热防护技术领域,目前有关科研人员提出采用吸热型液态碳氢化合物带走燃烧室壁面热量,从而实现发动机燃烧室的主动热防护,并实现液态碳氢化合物的提前加热[34-36]。然而,由于高超音速飞行器发动机冷却通道内液态碳氢化合物的温度一般很高,往往超过600℃,造成冷却通道内辐射对液态碳氢化合物的传热影响很大。为精确模拟该传热过程,需要已知液态碳氢化合物的热辐射物性数据。但是,由于目前我国液态碳氢化合物热辐射物性数据缺乏,在对高超音速飞行器发动机冷却通道内的液态碳氢化合物传热进行研究时[37,38],科研人员往往采用国外同类液态碳氢化合物的热辐射物性数据来分析,或直接对传热过程简化处理,不考虑壁面辐射的影响,造成冷却通道内液态碳氢化合物传热计算精度降低,而这种现状对发展应用国产碳氢化合物的高超音速飞行器发动机极其不利。俗话说,"工欲善其事,必先利其器",为又快又好地发展高性能的高超音速飞行器发动机,实现国产高超音速飞行器的"飞天梦",建立国产液态碳氢化合物热辐射物性数据库是目前不可缺少的基础性工作。

在液态碳氢化合物污染探测技术领域,基于液态碳氢化合物的光谱辐射特性,国内外许多科研人员和学者展开了中低空大气环境、海洋和湖泊水环境、土壤及其地下水环境的微量碳氢化合物污染物多空间、在线快速探测技术研究[39-43]。时至今日,为检测飞机尾气中的碳氢化合物污染物,美国等西方发达国家已建立了

HITEMP数据库[39],并发展了通过分析飞机尾气光谱辐射特性对其污染物监控的手段,而目前由于我国的科研工作者缺乏液态碳氢化合物热辐射物性数据库,相关的技术研究工作进展非常缓慢。

从上述分析可知,液态碳氢化合物的热辐射物性数据在众多高新技术领域具有重要的应用背景,也是进行相关科学研究和设计工作的基础参数。目前,我国尚未建立液态碳氢化合物热辐射物性数据库,导致各相关技术领域的科研工作和技术应用存在"短板"。而与之相对应的是,国外的学者和科研人员为定量研究碳氢化合物的热辐射物性参数,数十年来一直进行碳氢化合物的辐射特性测量手段与热辐射物性参数反演方法等基础性研究工作。美国、德国、加拿大、日本、俄罗斯、英国等发达国家高度重视碳氢化合物辐射特性测量和热辐射物性参数反演研究工作,长期投入大量的人力和财力对其测量实验平台和反演方法进行论证,并完成了大量的实验工作,目前已经获得了较多的研究成果。但是,一直以来西方发达国家对液态碳氢化合物热辐射物性的研究多局限于常温环境,通常认为液态碳氢化合物的热辐射物性受温度的影响很小,所以在分析液态碳氢化合物的高温辐射传热时直接采用常温热辐射物性参数。然而,西方发达国家最新的研究表明,液态碳氢化合物在高温时其热辐射物性参数受温度的影响很大,由于西方发达国家的数据垄断,目前很难发现公开的液态碳氢化合物高温热辐射物性数据。

近年来,美国著名工程院院士 Hanson 等在回顾碳氢化合物辐射特性测量和热辐射物性数据反演工作时指出,今后液态碳氢化合物的辐射特性测量和热辐射物性参数反演研究方向主要包括以下几个方面:①尽管目前碳氢化合物的辐射特性测量和热辐射物性反演方法已取得很大的研究进展,然而仍需要发展更精确和实用的液态碳氢化合物的辐射特性测量手段及热辐射物性参数反演方法;②进一步研究液态碳氢化合物的热辐射物性,并分析其与温度之间的关联关系是今后很长时期的重要工作,重点强调了发展提高液态碳氢化合物辐射特性测量精度的新技术也是目前研究工作的重点之一;③需要分析液态碳氢化合物高温辐射特性测量中光学窗口玻璃的温度不均匀性及其引起的热辐射物性反演误差,进一步强调了目前尚未足够重视在高温条件下液态碳氢化合物自身辐射及其温度分布的非均匀性影响;④发展新的反演算法,进一步完善液态碳氢化合物的热辐射物性反演方法[44]。由此可见,实验手段是确定液态碳氢化合物辐射特性的关键技术,而发展测量液态碳氢化合物辐射特性的新实验方法,特别是高温辐射特性测量方法具有重要意义。

实际上,液态碳氢化合物高温辐射特性测量及其热辐射物性反演不同于常温液态碳氢化合物和高温气态碳氢化合物。这是由于液态碳氢化合物多为高分子碳氢化合物的混合物,其在高温加热及气化过程中,成分变化复杂,而且在高温时液态碳氢化合物的自身辐射很强,致使高温实验测量中尚存在许多关键技术和科学问题亟待解决。本书将以上述技术领域应用作为背景,研究高温条件下液态碳氢化合物的辐射特性,重点通过搭建液态碳氢化合物高温辐射特性测量实验平台,进行液态碳氢化合物的高温辐射特性测量和热辐射物性反演研究,获取不同温度下液态碳氢化合物的热辐射物性数据,为早日建成我国液态碳氢化合物热辐射物性数据库提供方法和数据支持。

1.2 液态碳氢化合物的热辐射物性和反演方法

1.2.1 热辐射物性

液态碳氢化合物的热辐射物性参数同其他半透明介质一样,也包括吸收系数和反射率等,而这些热辐射物性参数可由液态碳氢化合物的光学参数(又称为复折射率)计算得出。光学参数主要为吸收指数(又称为衰减系数)和折射指数(又称为折射率)。由于光学和动力工程及工程热物理学科对半透明介质热辐射物性参数和光学参数的表征术语往往不一致,为便于读者阅读,笔者首先对本书中半透明介质的热辐射物性参数和光学参数进行简要介绍。

由经典色散理论可知,半透明介质光学参数的吸收指数和折射率构成了复折射率方程的实部和虚部,其复折射率方程为[45]

$$m(\lambda) = n(\lambda) - ik(\lambda) \tag{1-1}$$

式中,$m(\lambda)$为波长λ下半透明介质的复折射率;$k(\lambda)$、$n(\lambda)$分别为在波长λ时半透明介质的光谱吸收指数和光谱折射率。

通过光谱吸收指数可以计算半透明介质的光谱吸收系数,其计算公式为[46]

$$\alpha(\lambda) = \frac{4\pi k(\lambda)}{\lambda} \tag{1-2}$$

式中,$\alpha(\lambda)$为波长λ下半透明介质的光谱吸收系数,m^{-1}。

通过Fresnel定律可以计算半透明介质的光谱反射率,其计算公式为[46]

$$\rho(\lambda) = \frac{[n(\lambda)-1]^2 + k^2(\lambda)}{[n(\lambda)+1]^2 + k^2(\lambda)} \tag{1-3}$$

式中,$\rho(\lambda)$为波长λ下半透明介质的光谱反射率。

半透明介质的光谱吸收率满足[47]

$$a(\lambda) = 1 - \exp[-\alpha(\lambda)L] \tag{1-4}$$

式中,$a(\lambda)$为波长λ下半透明介质的光谱吸收率;L为半透明介质的厚度,m。

半透明介质的光谱透射率满足[47]

$$\tau(\lambda) = \exp[-\alpha(\lambda)L] \tag{1-5}$$

式中,$\tau(\lambda)$为波长λ下半透明介质的光谱透射率。

根据基尔霍夫定律，半透明介质的光谱发射率满足[47]
$$\varepsilon(\lambda)=a(\lambda) \tag{1-6}$$
式中，$\varepsilon(\lambda)$为波长λ下介质的光谱发射率。

1.2.2 液态碳氢化合物热辐射物性反演方法

液态碳氢化合物的辐射特性主要包括透射特性、反射特性和吸收特性。透射特性指标为透射比，是指透射能量与入射能量的比值。反射特性指标为反射比，是指反射能量与入射能量的比值。吸收特性指标为吸收比，是指吸收能量与入射能量的比值。反演液态碳氢化合物的热辐射物性参数时，一般常采用的为透射比和反射比。

1. 基于透射特性的反演方法

通过实验获取液态碳氢化合物的透射比，再反演其热辐射物性参数，是目前常用的一种方法，其测试原理如图1-3所示。该方法主要由单厚度透射比反演法（下文简称为单厚度法）和双厚度透射比反演法（下文简称为双厚度法）组成。

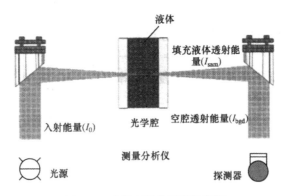

图1-3 透射法测量原理示意图

1) 单厚度法

单厚度法发展历史悠久，目前仍为广泛应用的一种方法。根据利用其透射比反演方法的差别，单厚度法主要分为直接求解吸收系数法、透射比与色散关系式结合法、透射比与Kramers-Kronig(KK)关系式结合法等。

（1）直接求解吸收系数法。直接求解吸收系数法主要是基于透射比与吸收系数之间的关系进行求解的，在20世纪70年代初期应用较多[48]。直接求解吸收系数法的测量和反演过程如下所述。

① 如图1-3所示,利用透射法测量光学腔填充半透明介质前后的光谱透过能量,通过计算得到半透明介质的透射比。半透明液态介质,特别是挥发性半透明液态介质一般需要封装在光学腔内,不能直接获取测量其透射比。因此,早期的研究人员一般忽略光学腔的影响,将通过光学腔填充半透明液态介质前后的透过能量之比作为半透明液态介质的透射比,其计算公式如下:

$$T(\lambda) = \frac{I_{sam}}{I_{bgd}} \tag{1-7}$$

式中,$T(\lambda)$为波长λ下半透明液态介质的光谱透射比。

② 直接认为半透明液态介质的光谱透射比等于其光谱透射率,并通过式(1-5)求解其光谱吸收系数。由式(1-5)可得到光谱吸收系数计算式:

$$\alpha(\lambda) = -\frac{\ln[T(\lambda)]}{L} \tag{1-8}$$

直接求解吸收系数法原理比较简单、计算比较方便,但由于忽略填充半透明液态介质前后光学腔内光学窗口玻璃表面反射率的影响,导致其反演误差较大,未能实现半透明液态介质折射率的求解。

(2) 透射比与色散关系式结合法。透射比与色散关系式结合法是利用半透明液态介质的透射比数据,结合光学色散理论进行反演。透射比与色散关系式结合法从20世纪80年代开始盛行,其测量和反演过程如下所述。

① 同直接求解吸收系数法的步骤类似,获取半透明液态介质的透射比数据。

② 通过式(1-8)求解半透明液态介质的光谱吸收系数$\alpha(\lambda)$,利用式(1-2)的变形式,求解半透明液态介质的光谱吸收指数$k(\lambda)$,计算式为

$$k(\lambda) = \frac{\lambda \alpha(\lambda)}{4\pi} \tag{1-9}$$

③ 基于光学色散理论,构建半透明液态介质的光谱吸收指数与光谱折射率之间的色散关系式,进而通过半透明液态介质的光谱吸收指数求解其光谱折射率。经典的关系式模型很多。例如,加拿大Bertie教授等建立的古典抑制谐波振荡模型(classical damped harmonic oscillator model,CDHOM),其色散关系式满足[49]

$$n^2(\lambda) - k^2(\lambda) = \varepsilon'_\infty + \sum_j \frac{S_j(v_j^2 - v^2)}{(v_j^2 - v^2)^2 + r_j^2 v^2} \tag{1-10a}$$

$$2n(\lambda)k(\lambda) = \sum_j \frac{S_j r_j v}{(v_j^2 - v^2)^2 + r_j^2 v^2} \tag{1-10b}$$

式中,S_j/v_j^2为振荡器(oscillator)(j)在波数(v_j)和阻尼系数(r_j)条件下的强度;ε'_∞为高波数时介电常数的实部,其满足

$$\varepsilon'(\lambda) = n^2(\lambda) - k^2(\lambda) \tag{1-11}$$

基于透射比与色散关系式结合法,可实现反演求解半透明液态介质的折射率和吸收指数。然而,在构建半透明液态介质的光谱吸收指数与光谱折射率之间的色散关系式时,一般需要引用外加模型,如束缚电子加自由电子的振子模型,造成透射比与色散关系式结合法计算难度偏大,导致适用范围有限。值得注意的是,透射比与色散关系式结合法由于忽略填充液体前后光学腔内表面反射率的影响,也造成其反演数据应用的局限性。

(3) 透射比与 KK 关系式结合法。加拿大科学研究院(National Research Council of Canada)的 Jones 教授等,在 20 世纪 70 年代末期引入 KK 关系式,率先提出了透射比与 KK 关系式结合法[49-51],用来求解半透明液态介质的热辐射物性参数,时至如今仍然得到众多科研人员的推崇。透射比与 KK 关系式结合法主要利用半透明液态介质的透射比数据,结合 KK 关系式进行反演计算,其测量和反演过程步骤如下所述。

① 如图 1-3 所示,测量光学腔填充半透明液态介质前后透过能量,获取半透明液态介质的近似透射比。通过测量光学腔填充半透明液态介质后透过能量和其入射能量之比,计算得到填充半透明液态介质光学腔透射比实验值。

② 利用半透明液态介质的近似透射比,通过式(1-9)求解半透明液态介质的光谱吸收指数 $k(\lambda)$。

③ 通过经典色散理论构建半透明液态介质复折射率方程实部和虚部之间的关系,一般引入 KK 关系式,其满足[52,53]

$$n(\lambda) = 1 + \frac{2\lambda^2}{\pi} P \int_0^\infty \frac{k(\lambda_0)}{\lambda_0(\lambda^2 - \lambda_0^2)} d\lambda_0 \quad (1\text{-}12\text{a})$$

$$k(\lambda) = \frac{2\lambda}{\pi} P \int_0^\infty \frac{n(\lambda_0) - 1}{\lambda^2 - \lambda_0^2} d\lambda_0 \quad (1\text{-}12\text{b})$$

式中,P 为 Cauchy 主值积分。

由式(1-12a)求解半透明液态介质的光谱折射率 $n(\lambda)$,但是需要已知高波数时半透明液态介质的折射率。

④ 基于透射比计算式计算填充半透明液态介质光学腔的透射比,得到其计算值,然后与填充半透明液态介质光学腔的实验值比较。如果计算误差满足精度要求,则停止迭代计算过程,否则需要修正半透明液态介质的近似透射比,并返回步骤②,进行下一轮计算。

基于透射比与 KK 关系式结合法可实现同时求解半透明液态介质的折射率和吸收指数,其计算过程很复杂,而且需要高波数时半透明液态介质的折射率。由于在构建半透明液态介质复折射率方程的 KK 关系式时引入了大量的假定条件,如果实验测量值偏差较大,则其计算误差一般较大[52,53]。

2) 双厚度法

20世纪90年代,考虑到引入KK关系式的影响,Tuntomo等[54]引入一种求解半透明液态介质热辐射物性参数的新方法,即双厚度法。双厚度法通过构造两个满足半透明液态介质的未知量吸收指数和折射率之间的关系式,实现其吸收指数和折射率的计算。此方法由于未引入KK关系式,在理论上计算误差很小。然而,在使用双厚度法的过程中,Tuntomo等并没有分析填充半透明液态介质前后光学腔窗口玻璃界面反射率变化的影响,导致其反演计算折射率的误差较大。

笔者与哈尔滨工业大学的夏新林教授在对Tuntomo方法改进的基础上,提出了新双厚度法[55-57],并进行了应用范围分析和实验,这是本书的研究重点。

2. 基于反射特性的反演方法

强吸收性半透明液态介质(吸收指数一般大于0.03)的透射性能很弱,在透射法测量中强吸收性半透明液态介质的厚度必须很薄(甚至达到微米级水平),鉴于此,对光学腔的要求就很高,加之填充和封装强吸收性半透明液态介质难度很大,为此,很多学者提出采用测量强吸收性半透明液态介质的反射特性[58],再结合相应的反演计算方法来获取其热辐射物性参数。强吸收性半透明液态介质反射特性测量原理如图1-4所示。

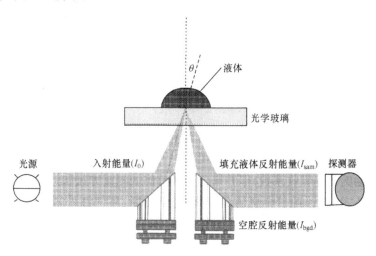

图 1-4 反射法测量原理

在众多的测量液体介质反射特性方法中,Bertie和Eysel[49]在1985年提出的循环衰减总反射(circle attenuated total reflection,CATR)法比较经典,于20世纪90年代得到广泛的推广[59-62]。但此方法对测试系统的光路设置要求比较严格,而且其求解公式更为复杂。CATR法具体测试过程和计算步骤详见文献[49],本书在此不作赘述。

3. 基于辐射特性的其他反演方法

基于介质辐射特性反演热物性参数的方法还包括基于椭偏仪的椭偏法[63,64]、基于干涉的反射干涉法[65]、基于反射光谱和透射光谱的反射和透射结合法[66],以及光声法[67]等。相对于透射法和反射法而言,这些方法应用范围较窄。由于本书注重分析双厚度法,其他方法不再详述。

1.3 国内外研究现状

1.3.1 液态碳氢化合物热辐射物性研究

有关液态碳氢化合物热辐射物性(光学常数)的研究最早可追溯至20世纪60年代。例如,1965年美国Friedman和Churchill[68]的测试数据是其中代表性的研究成果之一,Friedman通过直接求解吸收系数法,测量和计算了JP-4碳氢化合物的吸收系数,然而其后续的研究成果并未公开。70年代,为检测不同油井采出的原油产出液及其下游工业中液态碳氢化合物的产品质量,科研人员开始了原油产出液及其下游产品热辐射物性的研究[69],在研究中一般采用直接求解吸收系数法获得液态碳氢化合物的热辐射物性参数,如吸收指数[48]。Lin等[70]在1980年系统地总结了众多科研人员前期工作成果的基础上,建立了人工合成燃料和液态碳氢化合物热辐射物性数据库,其中包含68种液态碳氢化合物的折射率,但限于当时的测试条件和方法,其数据的精度较低。Bertie和Eysel[49]于1985年基于CATR法测量了苯、甲苯、二氯甲烷(dichloromethane)等液态碳氢化合物的热辐射物性数据(测试温度为25℃),测试波段为$2.38\sim13\mu m$,这些液态碳氢化合物的折射率与70年代研究的数据相比,计算误差仅为0.5%,然而令人遗憾的是作者并没有给出吸收指数的计算误差。Kelly等[71]在1989年测量了液态碳氢化合物中43种汽油的常温吸收系数,但并未公开其具体的测量方法和计算精度。

20世纪90年代,随着燃烧仿真计算、光学诊断、尾气红外辐射特性研究等领域对液态碳氢化合物热辐射物性数据需求的增加,国外科学研究人员更加重视液态碳氢化合物热辐射物性的测量手段和反演方法。1992年,Tuntomo等[54]利用图1-5所示的傅里叶变换红外(Fourier transform infrared,FTIR)测量装置,基于透射法测量了两种典型液态碳氢化合物庚烷(heptane)和癸烷(decane)的室温透射光谱,并反演计算得到了庚烷和癸烷的热辐射物性参数数据,主要包括光谱吸收指数和光谱折射率,计算结果如图1-6所示。Tuntomo等的测量结果表明,在波段为$2.5\sim15\mu m$时,两种典型液态碳氢化合物庚烷和癸烷均有4个显著的吸收峰值,分别为$3.4\mu m$、$6.85\mu m$、$7.25\mu m$和$13.7\mu m$,而且这两种液态碳氢化合物的光谱吸收指数波动均较大,其光谱折射指数为 1.1~1.7。在获取液态碳氢化合物透射特性过程中,采用的光学窗口玻璃材料为 KBr,Tuntomo 等认为其折射率与测量的液态碳氢化合物的折射率相近,由此没有考虑填充液态碳氢化合物前后光学

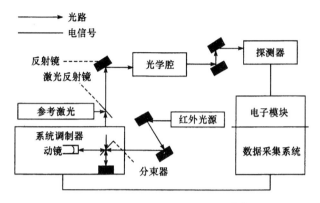

图 1-5　FTIR 测量装置示意图[54]

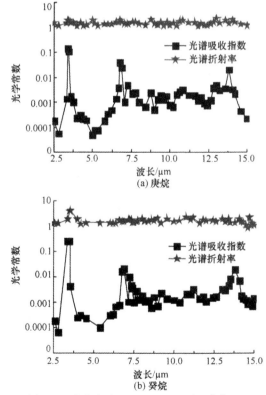

图 1-6　液态庚烷和癸烷的光学参数[54]

腔光学窗口玻璃界面反射率发生改变的影响,而是采用填充液态碳氢化合物前后的光学腔透过能量的比值作为碳氢化合物液体介质的透射比,因此导致反演液态碳氢化合物庚烷和癸烷的光谱吸收指数测量误差超过 5%,光谱折射率测量误差超过 20%。

美国陆军技术研究实验室的 Gurton 和 Bruce[72]在 1994 年撰写的国防报告咨文中指出,液态碳氢化合物的热辐射物性参数是开展液态碳氢化合物类气溶胶研究的基础数据,他们在报告中披露了少量液态碳氢化合物的热辐射物性数据,然而没有给出具体的测量手段和反演方法,并且强调军用的液态碳氢化合物的热辐射物性数据应当绝密。同年,Bertie 和 Keefe[73]修正了以前的 CATR 法,然后基于修正后的新方法实验分析了液态碳氢化合物的吸收特性,他们通过实验研究了苯在气态和液态条件下的介质吸收光谱,结果发现吸收特性测量误差为 3%。由于吸收特性误差过大,造成该方法反演热辐射物性数据的误差较大。为此,Bertie 等[74]在 1995 年进一步研究了测量液态碳氢化合物透射光谱时封装液态碳氢化合物光学腔的光学窗口玻璃界面的影响,使液态碳氢化合物的吸收强度测量精度达到了 2%,并开始了基于透射比与 KK 关系式结合法测量液态碳氢化合物[苯(benzene)、甲苯(toluene)、氯苯(chlorobenzene)和二氯甲烷(dichloromethane)]的透射光谱实验研究。在透射光谱测试中,Bertie 等通过大量的实验结果发现,保证透射光谱测量可靠性的关键是保障光学腔内液态碳氢化合物的厚度和角度。为此,Bertie 等[75]又发展了第二红外强度标准(secondary infrared intensity standard,SIIS)法,该方法的引入导致液态碳氢化合物透射光谱测量精度得到显著改善。实验结果表明,光学腔内当液态碳氢化合物厚度不超过 10^{-4} m 时其光谱透射比测试误差可低于 3%,而液态碳氢化合物厚度大于 10^{-4} m 时其光谱透射比测试误差可达 1%。

1995 年,在荷兰壳牌公司莱斯维克研究中心(Shell Research Rijswijk)的资助下,Denboer 等[76]发展了光谱衰减全反射椭偏仪(spectroscopic attenuated total reflection ellipsometry,SATRE)(简称为分光镜椭偏仪)技术,用于实验研究液态碳氢化合物的热辐射物性参数,实验测量波段为 $1\sim2.5\mu m$,其实验装置如图 1-7 所示。Denboer 和 Kroesen 等测量了庚烷的吸收指数和折射率,结果如图 1-8 所示,然而通过实验不能得到汽油、苯的吸收指数,作者认为这是由于汽油和苯的折射率与 BK-7 棱镜材料(其折射率约为 1.5)相近而导致无法得到其吸收指数。Denboer 等通过实验指出,液态碳氢化合物热辐射物性参数测量误差来源主要是入射角、偏振器和探测器的偏差,并进一步分析了这些因素对反演液态碳氢化合物热辐射物性参数的影响,计算结果发现,反演液态碳氢化合物光谱吸收指数的计算误差为 0.01,而光谱折射率的计算误差仅为 0.005,但是并未考虑反演模型自身存在的缺陷所导致的计算误差。

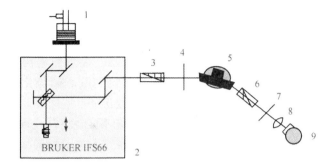

图 1-7 分光镜椭偏仪[76]

1.光源；2.光谱仪；3、6.棱镜偏光器；4、7.隔板；5.光学腔；8.成像透镜；9.HgCdTe 探测器

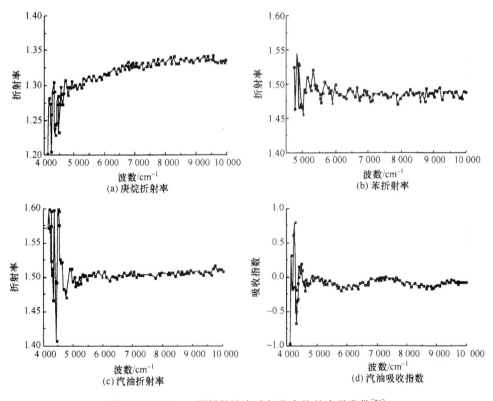

图 1-8 Denboer 测得的液态碳氢化合物的光学常数[76]

1995～2013 年，Hawranek 及其科研团队成员，基于其合作者 Jones 提出的透射比与 KK 关系式结合法，测量得到了 triethylamine[77]、tri-*n*-propylamine[78]、trioctylamine[79]、2-4-6-trimethylpyridine[80]、pentachlorophenol-trioctylamine[81]、benzylidenemethylamine 和 *o*-hydroxybenzylidenemethylamine[82]、1-propanol[83,84]、propanols[85]、benzylidenemethylamine 和 *o*-hydroxybenzylidenemethylamine[86]、di-

iso-propylether[87]、pyrrole[88]、di-n-butylether[89]和 n-butylmethylether[90]等液态碳氢化合物的常温热辐射物性数据。在计算液态碳氢化合物的热辐射物性时,Hawranek等首先基于液态碳氢化合物的可见光波段折射率构建其折射率与波长关系的色散方程,然后基于该色散方程计算得到液态碳氢化合物的红外波段的高波数折射率,此方法比Jones的方法有所改进。

2000年,Anderson[91]测量得到了液态碳氢化合物(iso-octane、iso-pentane、n-heptane、n-hexane、n-nonane、n-decane、1-hexene、o-xylene和toluene)的光谱特性参数,其实验波长为2~15μm,基于直接求解吸收系数法得到了液态碳氢化合物的吸收指数,然后基于KK关系式得到这9种液态碳氢化合物的折射率,其测试装置如图1-9所示,部分测量结果如图1-10所示。Anderson为获得液态碳氢化合物部分波段的折射率,提出了一种简化方法,即在液态碳氢化合物高透射区仅考虑其折射率导致的能量损失,避开同时计算吸收指数和折射率,就可计算液态碳氢化合物的光谱折射率,再基于已知这些波段光谱折射率与KK关系式反演剩余波段液态碳氢化合物的光谱折射率,然而作者并未考虑模型简化的影响。

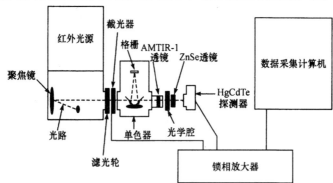

图1-9 Anderson的测量装置示意图[91]

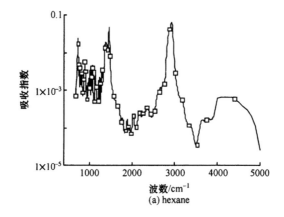

(a) hexane

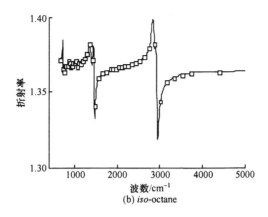

图1-10 Anderson 测得的液态碳氢化合物的光学常数[91]

Bertie 等[92]开展了液体碳氢化合物 benzene-d_1 的常温透射光谱测量研究,基于透射比与 KK 关系式结合法首次进行了 benzene-d_1 的热辐射物性参数反演工作,测试波数为 500～6200cm^{-1}；Bertie 等在分析 benzene-d_1 热辐射物性参数反演精度时,提出了依据 benzene-d_1 的透射特性分类分析的原则,并进行了误差计算。结果发现,在波段为 4700～6200cm^{-1},benzene-d_1 的透射性能较强时,其热辐射物性参数吸收指数反演精度为 5%～7%；在波段为 825～4700cm^{-1},benzene-d_1 的透射性能较弱时,其热辐射物性参数吸收指数反演精度为 0.3%～2%；在波段为 620～825cm^{-1},其透射性能很弱并且数据重复性很差时,其热辐射物性参数吸收指数反演精度为 3%～4%；在波段为 500～620cm^{-1} 时,其热辐射物性参数吸收指数反演精度为 40%；相对于热辐射物性参数吸收指数的误差分析,benzene-d_1 的折射率反演误差分析更为复杂,需要分析 KK 关系式引入的影响、benzene-d_1 的吸收指数计算精度及其参考光谱折射率的测量误差,作者并未分析这些因素所导致的综合影响。Bertie 和 Keefe 等在 2001～2005 年先后测试得到了 benzene-d_5[93]、hexafluorobenzene[94]、toluene-d_8[95]、benzene-h_8[96]、ethylbenzene[97]、toluene[98]、fluorobenzene[99]等液态碳氢化合物的常温热辐射物性数据。

2001 年,Dombrovsky 等[100]在模拟柴油发动机内液态碳氢化合物液滴加热过程时,为提高仿真计算效率,将碳氢化合物液滴看成是透明介质[101-103]或作为灰体介质[104,105]处理,实际上液态碳氢化合物是半透明介质,其热辐射物性参数对发动机内碳氢化合物液滴的辐射加热影响很大。为分析多组分液态碳氢化合物的热辐射物性对其液滴加热过程的影响,Sazhin 等基于透射法测量了柴油的常温透射光谱,反演计算得到了柴油的吸收指数,测量数据如图 1-11 所示。但 Sazhin 等无法直接测量柴油的折射率,而是通过对 Tuntomo 等[54]提供的液态碳氢化合物热物性参数数据的研究,认为柴油的折射率与Tuntomo等的液态碳氢化合物折射率相近,因此在分析多组分液态碳氢化合物的热辐射物性对其液滴加热过程的影响时取柴油的折射率为 1.45。Dombrovsky 等通过实验测试发现液态碳氢化合物的热辐射物性对其液滴加热影响较大,然而 Dombrovsky 等在文献中未公布柴油的光谱吸收指数测量过程[100]。

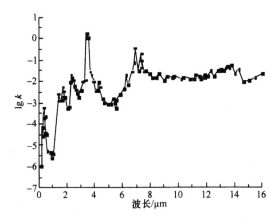

图 1-11 柴油的吸收指数[100]

2002 年,Dombrovsky[106] 对液态碳氢化合物发动机高温壁面对其内部的液滴汽化的传热过程进行了研究,其仿真结果表明,液态碳氢化合物的热辐射物性参数取常数对其计算精度影响很大。2003 年,Dombrovsky 等[107] 测量了车用柴油(黄色)和重型设备用柴油(粉色)的常温透射光谱,并基于透射比与 KK 关系式结合法反演计算得到了两种柴油的热辐射物性数据,然后研究了柴油加热沸腾前后对柴油热辐射物性的影响,实验得到的 4 组测试数据与前人的研究结果如图 1-12～图 1-15 所示。Sazhin 等发现,4 组柴油的吸收指数随波长的变化其

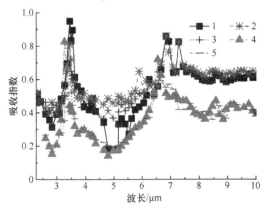

图 1-12 液态碳氢化合物的红外吸收指数

1.柴油[100];2.未沸腾的黄色柴油[107];3.未沸腾的粉色柴油[107];4.庚烷[54];5.癸烷[54]

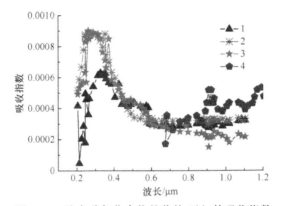

图 1-13 液态碳氢化合物的紫外-近红外吸收指数
1.柴油[100]；2.未沸腾的黄色柴油[107]；3.未沸腾的粉色柴油[107]；4.正庚烷[71]

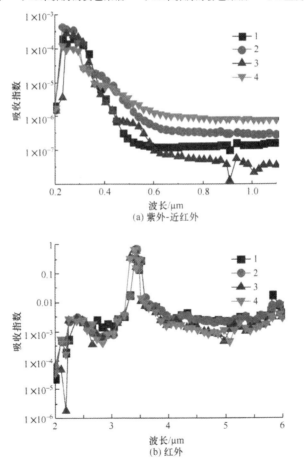

图 1-14 液态碳氢化合物的紫外-近红外和红外吸收指数[107]
1.未沸腾的黄色柴油；2.沸腾后的黄色柴油；3.未沸腾的粉色柴油；4.沸腾后的粉色柴油

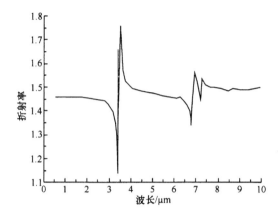

图 1-15 液态碳氢化合物的折射率[107]

变化趋势不同,而其折射率的变化趋势基本一致,由此说明加热柴油前后对柴油的吸收指数产生了一定的影响。不足的是,Sazhin 等并未进一步分析柴油的热辐射物性的反演精度,在实验中他们虽然认识到温度可能给液态碳氢化合物的热辐射物性测量带来了一定的干扰,但是并未继续研究测试温度对该测量过程的影响。

2005 年,Keefe 等开始研究液态碳氢化合物的常温热辐射物性和振动物性,先后通过透射比与 KK 关系式结合法测量了己烷在波数为 $400 \sim 4000 cm^{-1}$[108]、$100 \sim 4000 cm^{-1}$[109] 下的常温热辐射物性,测试结果如图 1-16~图 1-18 所示,但没有分析测试数据的不确定度,而且其测试的己烷数据与 Anderson 的测试结果存在较大的差异。2006~2011 年,Keefe 等先后测试了常温下 cyclohexane[110]、n-pentane 和 n-pentane-d_{12}[111] 的常温热辐射物性参数。

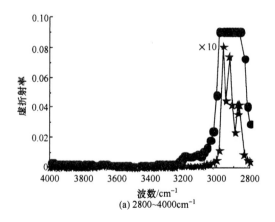

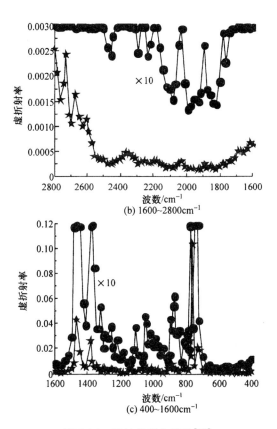

图 1-16 己烷的吸收指数[108]

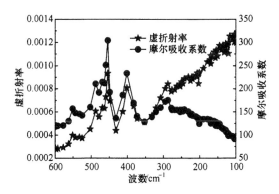

图 1-17 己烷的吸收指数[109]

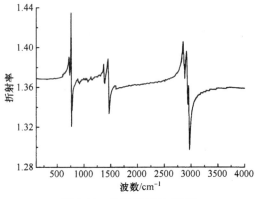

图 1-18 己烷的折射率[109]

2005 年,在液态碳氢化合物的热辐射物性测试领域,Keefe 和 Macinnis[112]率先研究了液态碳氢化合物甲苯热辐射物性测量实验中测试温度的影响,实验测量波数为 400~4000cm^{-1}、实验温度为 303~378K,实验结果说明在甲苯的热辐射物性参数测量中不可忽略温度的影响,温度对甲苯的光谱吸收峰值和宽度产生了一定的影响,表现为波峰增宽和峰值下降,但部分波段光谱峰值点与温度无关。然而,Keefe 并未给出不同温度下液态碳氢化合物甲苯的热辐射物性数据,在实验测量过程中也没有分析玻璃温度变化对其热辐射物性数据反演的影响。2008 年,Keefe 和 Gillis[113]基于同样的方法研究了温度对液态碳氢化合物苯热辐射物性的影响,实验温度为 303~323K,测量波数为 800~7400cm^{-1},实验结果同样说明了在苯的热辐射物性参数测量中不可忽略温度的影响,但 Keefe 等仅给出了温度对苯的振动参数的影响数据。

1996 年,为研究发动机内高温液态碳氢化合物的反应情况和检测其排放尾气的具体成分,在美国军方,以及美国能源部、基础能源办公室等部门的支持下,斯坦福大学高温气体动力学实验室开始着手开发基于激光测量液态碳氢化合物及其燃烧产物的热辐射物性实验技术,并进一步开展了基于激光技术检测其温度和组分的光学实验[114-123]。

由于缺乏液态碳氢化合物的高温热辐射物性参数,美国斯坦福大学高温气体动力学实验室的 Hanson 和 Klingbeil 等在 HeNe(Helium-Neon)激光诊断实验中利用常温液态碳氢化合物的热辐射物性数据分析和检测发动机内液态碳氢化合物的反应状态,结果发现激光检测精度很差。2006 年,Klingbeil 等[124]利用波长为 3.39μm 的 HeNe 激光测量了 methane、ethylene、propane、n-heptane、iso-octane、n-decane、n-dodecane、JP-10、gasoline、jet-A 等单组分和多组分混合的碳氢化合物的透射光谱,基于直接求解吸收系数法测量获得了这些碳氢化合物的吸收指数,实验装置如图 1-19 所示。测量温度为 298~473K,在实验中通过对氮气混合高温汽化后的碳氢化合物进行测量,其透射光谱测量误差低于3.5%。Klingbeil等[125-128]在2007～2009年先后测量了 n-pentane、n-heptane、n-dodecane、toluene、2-methyl-butane、2-methyl-pentane、2,4,4-trimethyl-1-pentane、2,2,4-trimethyl-pentane (iso-octane)、2-methyl-2-butene、propene、m-xylene、ethylbenzene 和 gasoline 等液态碳氢化合物在多种压力和温度下的气相吸收系数,部分实验结果如图1-20和图1-21所示。

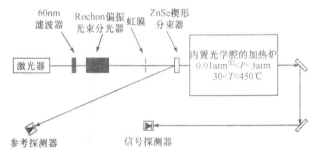

图 1-19　Hanson 测量装置示意图[124]

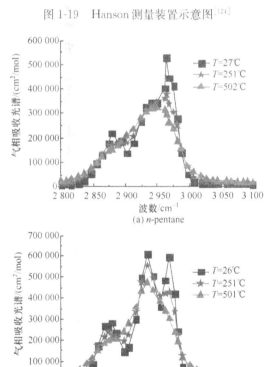

(a) n-pentane

(b) n-heptane

---

① 1atm=1.01325×10⁵ Pa,下同

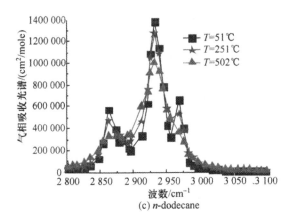

图 1-20 碳氢化合物的气相吸收光谱[126]

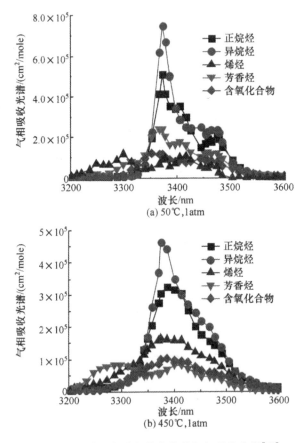

图 1-21 5种液态碳氢化合物的气相吸收光谱[127]

2009年,Hanson等在液态碳氢化合物发动机实际燃烧环境实验时,观察到液态碳氢化合物经常以喷雾方式进入发动机燃烧室,容易导致观察窗口玻璃壁面聚集碳氢化合物液滴和薄膜。值得注意的是,由于壁面聚集液态碳氢化合物的散射和吸收,使激光诊断的测量精度大幅度下降。为消除窗口玻璃反射对测量的影响,Porter和Hanson等测量了toluene、n-dodecane、n-decane、gasoline等液态碳氢化合物在波段为$2700 \sim 3200 cm^{-1}$的透射光谱,提出了双锚点法,并通过透射比与KK关系式结合法反演计算了这些液态碳氢化合物的热辐射物性参数,分析了液态碳氢化合物在气相和液相下吸收光谱的区别[44],部分实验结果如图1-22所示。在分析实验结果的基础上,Porter和Hanson等又开发了基于三波长中红外激光诊断技术,可以测量存在气溶胶(气态和液态液滴混合物)时液态碳氢化合物蒸发过程中的温度和成分[129],并进一步开发了基于中红外激光测量发动机中液态碳氢化合物组分及其温度的新技术[130],实际应用测量实验结果发现,其温度检测误差低于3%、组分检测误差低于5%。2010年,Porter等[131]又开发了基于双波长激光测量液态碳氢化合物气相组分和液膜厚度的新技术,并进一步实验研究了基于3.4μm波长的激光测量n-decane的气相组分时其内部窗口玻璃存在液态薄膜

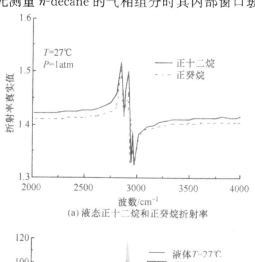

(a) 液态正十二烷和正癸烷折射率

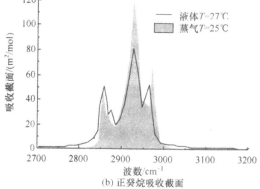

(b) 正癸烷吸收截面

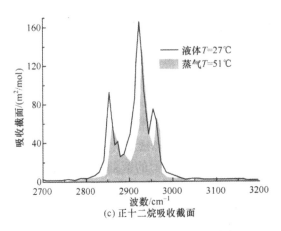

(c) 正十二烷吸收截面

图 1-22 液态碳氢化合物的光学常数[44]

的影响。Hanson 等的研究表明,碳氢化合物的液相和气相对其吸收光谱影响很大,而且温度也对液态碳氢化合物的热辐射物性有较大影响,并且表明开展在液态碳氢化合物的热辐射物性测量中温度的影响分析仍是重要的研究内容。

2009 年,Otanicar 等[132]测量了 ethylene glycol 和 propylene glycol 等液态碳氢化合物的透射光谱,基于双厚度法反演计算了其热辐射物性参数,但未给出详细的反演计算模型,而且他们发现反演计算液态碳氢化合物折射率的精度较低。2010 年,Fabiano 和 Pasquini[133]设计了一种新型的短波近红外光谱测量仪,并测量了柴油在波长为 $0.85 \sim 1.05 \mu m$ 时室温下的吸收光谱特性。2011 年,Biliškov 实验分析了 CCl_4 和 N,N-dimethylacetamide 混合物[134]、CCl_4 和 N,N-dimethylformamide 混合物[135]的透射光谱,基于加拿大 Keefe 教授的计算程序反演得到了这些液态碳氢化合物的常温热辐射物性数据。

2012 年,Wen 等[136]实验研究了温度对液态碳氢化合物中柴油的 n-hexadecane、2,2,4,4,6,8,8-heptamethylnonane、n-butylcyclohexane、cis-decalin、1,3,5-trimethylbenzene、n-dodecylbenzene、2-methyloctadecane、1-methylnaphthalene 和 tetralin 等组分折射率的影响,实验温度为 298~308K,他们发现在测量液态碳氢化合物中柴油组分折射率实验中温度对其测量精度产生了一定的影响。

综上所述,国外对碳氢化合物的热辐射物性研究时间较早、投入较大,并已经建成数个热辐射物性数据库,如 HITEMP[137]和 HITRAN[138]数据库,但仅有小分子和单组分的碳氢化合物,尚未有公开报道的液态碳氢化合物的高温数据库。国内对液态碳氢化合物热辐射物性测量研究鲜见报道,尤其缺乏国产液态碳氢化合物的高温热辐射物性数据。由此可见,开展液态碳氢化合物热辐射基础物性的测量工作,特别是高温环境的测量,对发展我国液态碳氢化合物热辐射物性数据库具有重要的学术价值和应用前景。

1.3.2 碳氢化合物高温透射特性测量系统

碳氢化合物高温透射特性测量系统是实现液态碳氢化合物透射特性高温测量的重要装置。光源、光学腔(有些文献称为吸收腔)、加热和恒温装置、光学窗口玻璃、高温辐射抑制系统、光电探测器和温度检测系统等是液态碳氢化合物高温透射特性测量系统的重要部分。目前,国外有关碳氢化合物高温透射特性测量实验研究多限于气态碳氢化合物。可以通过分析现有的气态碳氢化合物高温透射特性测量实验系统设计思路和装置特点,为研制新的液态碳氢化合物高温透射特性测量系统提供基本的设计参考。

在众多气态碳氢化合物高温透射特性测量实验系统中,Tien 教授及其合作者设计的气态碳氢化合物高温透射特性测量实验系统是最典型的研究成果之一[139-143],该实验装置系统结构如图 1-23 所示。Tien 设计的气态碳氢化合物高温透射特性测量实验系统主要包括用于加热和保持光学腔热环境的加热炉,氟化钡光学窗口玻璃、氯化钠光学窗口玻璃和溴化钾光学窗口玻璃,光源为碳化硅棒和碳硅碳棒,锁相伏特计,单色探测器,比例温度控制器(proportional temperature controller,PTC)。锁相伏特计的作用是抑制加热炉内部高温热环境对光电探测器测量信号的影响;PTC 的作用为控制加热炉内部高温热环境的温度浮动不超过 ±1K,可实现加热炉温度范围为 290～680K。1965～1988 年,Tien 及其合作者通过该气态碳氢化合物高温透射特性测量实验系统,测试了甲烷、乙炔、丙烯和甲基丙烯酸甲酯等气态碳氢化合物的高温透射特性,并反演计算得到了其热辐射物性参数。

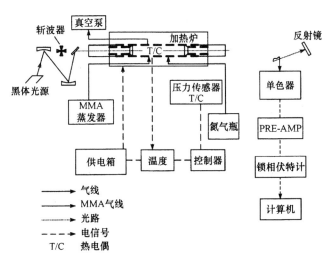

图 1-23 Tien 的高温透射特性测量装置[143]

20世纪90年代初期,国外的科学家已经推广使用FTIR装置,并发展了基于FTIR装置和光学腔实验分析碳氢化合物透射特性的新技术。1996~2002年Fuss等[144-146]设计了一套同时测量气态碳氢化合物透射特性及其吸收腔内介质温度的实验系统,其结构如图1-24所示。该实验装置能够满足测试实验温度为296~900K,其光谱测量分辨率可达到$4cm^{-1}$。Fuss等设计的气态碳氢化合物透射特性测量装置与Tien测量装置的不同之处主要在于,其光源为更为先进的Nicolet 550 FTIR光谱仪,同时又将该光谱仪作为探测器,其吸收腔光学窗口的玻璃材料为BaF_2,吸收腔材料不再使用金属,而是采用石英材料。气态碳氢化合物的加热温度是K型热电偶测量进出吸收腔介质温度的平均值。然而,Fuss等并未考虑吸收腔加热装置的高温辐射对测量过程信号的干扰影响。

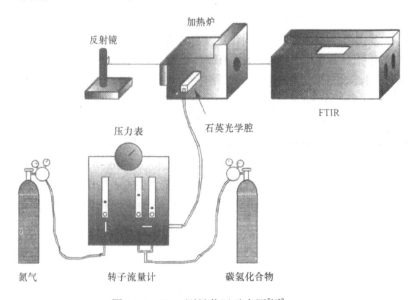

图1-24 Fuss测量装置示意图[145]

Clausen等研究了用于分析CO_2气体高温透射特性的实验系统[147,148],其结构如图1-25所示。该气体高温透射特性实验系统能够达到的实验温度为294~1273K,光谱测量的最小分辨率为$4cm^{-1}$。他们将型号为Bomem MB155 FTIR的光谱仪用作其测量系统的探测器,通过改进Mikron M360高温加热炉作为其黑体光源,测量系统中光学腔的光学窗口玻璃材料为蓝宝石,光学腔的加热装置是高温加热炉且其加热区域分为3段式,加热炉的光学窗口材料为氟化钡,实验测量波段为750~$7900cm^{-1}$。Clausen的测量CO_2气体高温透射特性实验系统与其他人研究的差异是通过人为调整光路方向,使高温加热炉的光学窗口不再直接对着Bomem MB155 FTIR光谱仪,从而间接减小了高温加热炉内高温壁面辐射对测量过程信号的干扰影响。然而,他们在实验中观察到光学腔的光学窗口玻璃温度远小于测试腔内介质的温度,导致吸收腔内气体分布不均匀且温差很大,造成了介质高温光谱测量精度的下降,而高温加热炉的温度越高,测量精度越低。

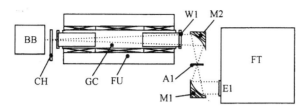

图 1-25 Clausen 测量装置示意图[147]

BB. 黑体炉;CH. 斩光器;GC. 光学腔;FU. 加热炉;W1. CaF_2 玻璃;M1、M2. 聚焦镜;A1. 虹膜;
E1. 发射端口;FT. FTIR 光谱仪

Modest 和 Bharadwaj[149]设计了一套同时测量 CO_2 气体高温透射特性及其温度的实验装置,实验测试温度为 300~1550K,光谱测量分辨率为 $4cm^{-1}$,如图 1-26 所示。Modest 的实验装置采用了下落管技术,让氯化钾光学窗口玻璃快速通过测量高温区,不再受过高温度环境的影响。2006 年,Modest 等又完善了该实验装置,并进一步减小了高温热环境对其测量信号的影响[150,151]。2004 年,André 等[152]设计了一套气体高温透射特性测量系统,实验温度为 27~600℃,加热精度可达 0.4℃,光谱测量精度可达到 $0.01cm^{-1}$,该实验系统与 Modest 装置的区别是没有采取下落管技术,其装置如图 1-27 所示。Modest 和 Perrin 设计的气体高温透射特性测量系统可以测量气体高温反射特性,也可以测量高温透射特性。但是这两套实验系统在测量气体高温反射特性时其测量的反射强度很弱,而且仅适用于气体辐射特性的测量。

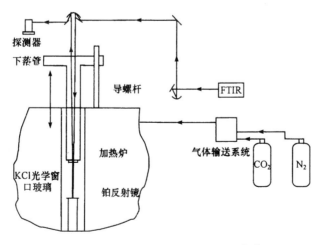

图 1-26 Modest 的测量装置示意图[151]

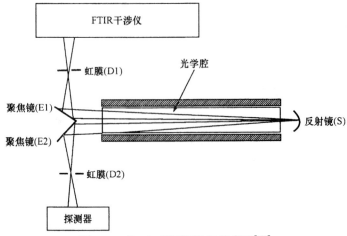

图 1-27　Perrin 的测量装置示意图[152]

2005 年,美国国家航空航天局(National Aeronautics and Space Administration,NASA)兰利研究中心(Langley Research Center,LRA)的 Rinsland 等[153,154]研制了一套测量气态和液体高温透射特性的实验系统,光源和探测器均为 Bruker-66V FTIR 光谱仪,实验温度为 3~50℃,光谱测量精度为 0.112cm^{-1}。然而,他们并未给出详细的实验部件,也并未分析其测量系统的实验精度。Wakatsuki 和 Jackson 等设计了一套测量碳氢化合物高温透射特性的实验系统,该实验系统优化了 FTIR 光谱仪的传统结构,从光谱仪中取出探测器和光源并分别布置在高温

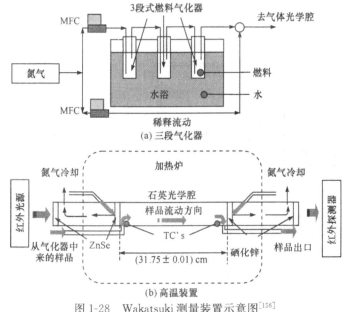

图 1-28　Wakatsuki 测量装置示意图[156]

MFC. 流量阀门控制; TC's. 温度控制

加热炉的两侧[155,156]，其结构如图 1-28 所示。他们设计的实验装置采用的光源为 Mattson Galaxy 7020 FTIR 光谱仪，高温加热炉也为 3 段区域加热，光学腔光学窗口玻璃材料为硒化锌，实验测试温度最高为 727℃，光谱测量精度为 $1cm^{-1}$。在测量介质的高温透射特性时，通过注入温度较低的氮气吹扫硒化锌光学窗口，进而防止窗口氧化，然而该过程容易造成吸收腔内介质温度存在较大的梯度。在利用 Wakatsuki 等设计的实验装置测量液体碳氢化合物的透射特性时，还需要将液体碳氢化合物处理为气相，然后混合氮气一起进入吸收腔内。Wakatsuki 等[157]在 2005～2008 年测量了庚烷、丙烯和聚甲基丙烯酸甲酯等碳氢化合物的高温透射特性，并计算得到了其吸收系数。

2006 年，Klingbeil 和 Hanson 等[124-128]合作设计了一套测量气态碳氢化合物高温透射特性的实验系统，其结构如图 1-29 所示。Klingbeil设计的气态碳氢化合物高温透射特性的实验系统光源和探测器均为 Nicolet 6700 FTIR 光谱仪，加热和恒温装置是高温加热炉，光学腔的光学窗口玻璃材料为蓝宝石，高温加热炉的光学窗口材料为氟化钡，该系统实验温度为 5～500℃，光谱测量精度为 $1cm^{-1}$。该装置与 Wakatsuki 等设计的透射特性测量装置的区别是其高温加热炉在工作过程中内部为真空状态，而且通过调整光路使光源和探测器不再直接对着高温加热炉，减小了高温加热炉对信号测量过程的干扰。由于光学腔的光学窗口玻璃材料为蓝宝石，在高温环境下不易氧化，所以不需要通过氮气冷却保护，从而保障了吸收腔内气体温度分布的均匀性，唯一的不足是蓝宝石材料在波数为 $1700cm^{-1}$ 以下时透光性能很弱，致使该实验系统测量波段很窄。

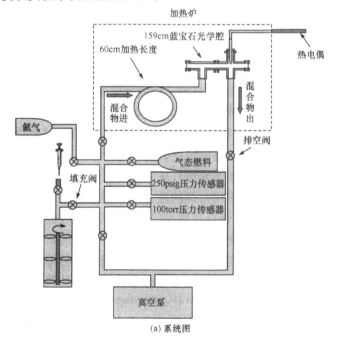

(a) 系统图

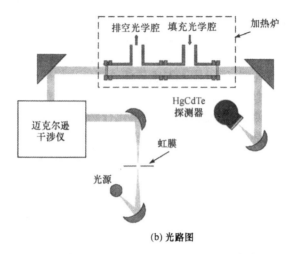

(b) 光路图

图 1-29　Klingbeil 测量装置示意图[124]
1psig=6890Pa；1torr=133Pa

2010 年，Grosch 等[158]研制了一套气态碳氢化合物透射特性测量实验系统，用来分析温度、压力对气态碳氢化合物透射特性的影响，其结构如图 1-30 所示。该实验系统的光源和探测器为 Bruker Vector33 FTIR 光谱仪，光谱测量精度为 $1cm^{-1}$，光学腔主体结构材料为不锈钢，光学窗口玻璃为氟化镁，其介质的加热装置是一个内置加热元件的混合搅拌器，该系统的实验温度为 298～773K，可实现的压力为 0～1.8MPa。为防止在输送介质过程中的热量耗散，在光学腔及其管路均设置保温材料，而且在管路上布置恒温电加热带。该实验系统的不足之处是其光学腔的密封垫圈耐温和密封性能有限，导致最高的实验温度仅为 473K。

综上所述，美国和德国等西方发达国家对气态和液态介质高温透射特性测量实验系统研究开展时间早、投资高，目前已建成并完善了多个高温透射特性测量实验装置，然而尚未展开液态碳氢化合物高温透射特性的测量研究。其原因在于液态碳氢化合物与气态碳氢化合物存在很大的区别：第一，液态碳氢化合物的吸收系数一般较大，为高精度地测量液态碳氢化合物的透射特性，需要吸收腔内液态碳氢化合物的厚度尽量小（甚至需要微米级），从而使吸收腔的加工难度增大，并且由于液态碳氢化合物的黏度较大，采用常规的注入方式很难将液态碳氢化合物填充到吸收腔内；第二，由于液态碳氢化合物填充吸收腔前后，吸收腔光学窗口玻璃内表面的反射率变化很大，导致不能直接采用气态碳氢化合物的研究方法来获取液态碳氢化合物的透过特性，这就需要分析光学窗口玻璃的折射率和吸收指数对其测量的影响，而该分析的前提条件是需要明确光学窗口玻璃的热辐射物性参数和温度的相应关系；第三，高温时，液态碳氢化合物的辐射特性明显强于其气体状态，因而如何合理设计吸收腔的加热装置，降低其对光路系统的影响也是难点之一。国

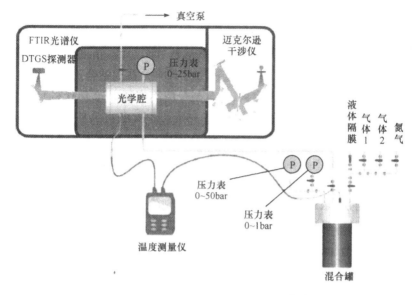

图 1-30　Grosch 测量装置示意图[158]
1bar=10Pa

外装置的研究现状表明,目前的介质高温透射特性测量装置仅采用改变探测器和光源的位置方向,来消除加热装置杂散辐射的影响。由此可见,开展液态碳氢化合物高温透射特性测量装置研制,消除加热装置杂散辐射对其光路影响的方法等一系列研究工作,是目前赶超西方发达国家在液态碳氢化合物热辐射物性领域的有力切入点。

1.3.3　基于透射特性反演热辐射物性的方法

在碳氢化合物热辐射物性的国内外研究现状中,笔者已经对基于液态碳氢化合物透射特性反演其热辐射物性方法进行了简要的介绍。本节主要对直接求解吸收系数法、透射比与 KK 关系式结合法、双厚度法涉及的求解方法的研究现状展开进一步的讨论,且不只局限于液态碳氢化合物的研究范围。

直接求解吸收系数法最初用来计算气体介质的吸收系数。二十世纪六七十年代,科研工作者反演计算液态碳氢化合物吸收系数的方法多为直接求解吸收系数法[48,68],直接求解吸收系数法的优点是计算过程简便,缺点是由于忽略了填充液体介质前后吸收腔光学窗口玻璃内壁反射率对其测量结果的影响,造成求解的误差很大。目前,研究人员已经很少采用直接求解吸收系数法计算液体介质的吸收系数。

1976 年,Jones 提出了透射比与 KK 关系式结合法[49-51],组织编写了基于透射比与 KK 关系式结合法的 FORTRAN 计算程序,可用于反演计算液态碳氢化合物的热辐射物性参数,但该程序仅能实现整数运算,而且计算精度较低。20 世纪 70 年代末期,各国的科研人员开始采用透射比与 KK 关系式结合法求解液体介质的热辐射物性,取得了大量的实验成果,而且至今应用广泛。90 年代,加拿大 Alberta 大学的 Bertie 及其合作者进一步优化了 Jones 的 FORTRAN 计算程序,使之满足浮点数运算,提高了计算精度。2002 年,加拿大 Cape Breton 大学的 Keefe 利用 C++ 对 Bertie 的程序重新进行了编写[159],使之计算性能更佳,求解流程如图 1-31 所示。然而,由于 Jones 的方法在获取 KK 关系式的过程中需要引入大量的假设条件,而且在求解 KK 关系式时,需要已知液体介质的高波数折射率,才能实现快速计算,从而导致其求解过程比较烦琐,其收敛条件也过于复杂。

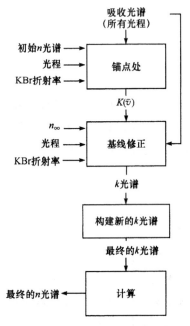

图 1-31 Keefe 计算程序流程[44]

n. 折射率;n_∞. 高波数折射率;$K(\bar{\nu})$. 线性吸收系数;k. 吸收指数

1992 年,Tuntomo 等[54]提出一种求解液态介质热辐射物性参数的双厚度法,可以不受求解 KK 关系式的影响,但是由于 Tuntomo 方法未考虑填充液体介质前后光学腔光学窗口玻璃界面反射率改变对其测量精度的影响,导致其热辐射物性反演计算的精度较低。2009 年,Otanicar 等[132]考虑到填充液体介质前后光学腔光学窗口玻璃界面反射率改变对其测量精度的影响,发展了新的光学腔透射特性计算模型,改善了 Tuntomo 等的双厚度法,令人遗憾的是作者并没有给出其模型的详细求解过程和计算精度,作者也指出了其反演模型计算液体介质折射率的误差很大,但是没有具体分析其误差来源。

2010 年,袁健民和李国华等以测量的吸收腔内液态水厚度 L_1 时的透射信号作为背景信号,以测量的吸收腔内液态水厚度 $L_2(L_2$ 大于 $L_1)$ 时的透射信号作为样品信号,将样品信号与背景信号之比看成是厚度为 L_2-L_1 水的透射比信号[160]。袁健民等认为,通过此方法可以消除吸收腔光学窗口玻璃的反射对获取液体透射性能的影响。

2012~2015 年,在借鉴 Tuntomo 方法的基础上,李栋和夏新林等[55-57]提出了一种新的双厚度法,实现同时对液态碳氢化合物的吸收指数和折射率的求解,并进行了应用范围分析和实验。

从上述文献分析可以看出,在涉及基于透射特性反演液态碳氢化合物热辐射物性的方法中,目前应用最广泛的是透射比与 KK 关系式结合法,然而透射比与 KK 关系式结合法需要知道液态碳氢化合物的高波数折射率才能顺利计算,而且其求解过程比较复杂。双厚度法的原理简单,不过其求解方法还有待于改善,并且其反演模型的适用范围也需要进一步界定。因此,有必要结合液态碳氢化合物透射特性和双厚度法的特点,并考虑不同温度下光学窗口玻璃热辐射物性对其测量过程的影响,完善现有的双厚度法,甚至提出新的测量和反演方法,从而更好地进行液态碳氢化合物高温热辐射物性的研究工作。

1.4 本书的主要内容

液态碳氢化合物高温热辐射物性研究涉及高温辐射特性测量实验平台研制、热辐射物性反演方法与高温透射光谱测量实验三个方面。从上述文献综述可以看出,对气态和液态碳氢化合物常温辐射特性测量方法及装置研究的比较充分,但对液态碳氢化合物高温辐射特性测量装置的研究尚属空白;对液态碳氢化合物热辐射物性反演方法研究中,双厚度法尚存在一些问题,亟待解决;对液态碳氢化合物透射特性测量实验研究,国际上已经开展了部分常温实验研究工作,但是缺乏高温实验研究工作,而国内的相关研究则刚刚起步。

针对目前液态碳氢化合物高温热辐射物性研究中存在的问题,本书开展了理论分析、数值模拟和实验测量三个方面的研究工作,对液态碳氢化合物高温辐射特性测量实验平台、液态碳氢化合物热辐射物性反演方法、光学窗口玻璃的热辐射物性反演方法、光学窗口玻璃和液态碳氢化合物高温透射光谱测量实验及其热辐射物性反演研究成果进行了总结。本书主要包括以下内容。

(1) 恒温箱的热环境仿真和光学腔的瞬态加热特性分析。本章分别建立了电阻加热式恒温箱的热环境仿真模型、氮气加热式恒温箱竖直通道内气体层流流动与半透明介质辐射传递的耦合传热模型、光学腔瞬态加热模型,通过数值模拟手段研究了多种因素对其热环境及加热过程的影响,为液态碳氢化合物高温辐射特性测量和消除杂散辐射干扰提供了热环境保障条件。

(2) 光学窗口玻璃热辐射物性的测量方法。本章首先分析了单层和双层光学窗口玻璃透射特性,并建立了求解单层和双层光学窗口玻璃光谱透射比的正问题模型;其次,引入和提出了 3 种基于光学窗口玻璃光谱透射比计算其热辐射物性参数的方法,并建立了 3 种方法对应的反问题模型,编制了用于求解光学窗口玻璃热辐射物性参数的计算软件;在此基础上,探讨了本章提出的 3 种方法的理论适用范围及其误差,并进一步分析了光学窗口玻璃光谱透射比测量误差和光学窗口玻璃厚度的测量偏差对这些模型反演计算精度的影响。

(3) 液态碳氢化合物热辐射物性的反演方法。本章首先通过分析填充液态碳氢化合物光学腔的辐射特性,建立了求解填充液态碳氢化合物光学腔光谱透射比的正问题模型;其次,基于填充液态碳氢化合物光学腔的光谱透射比,通过引入提出了 3 种反演液态碳氢化合物热辐射物性的方法,建立了相应的反问题模型,编写了相应的计算软件;在此基础上,探讨了本章提出的 3 种方法的理论适用范围及其误差,并进一步分析了测量偏差对这些模型反演计算精度的影响,进行了相应的算例分析。

(4) 液态碳氢化合物高温透射特性测量实验系统。本章设计并搭建了液态碳氢化合物高温透射特性测量实验系统。该实验系统台主要包括 5 部分:①液态碳氢化合物的供液、加压和预热系统;②填充液态碳氢化合物的光学腔;③加热光学腔用恒温箱及温控系统;④液态碳氢化合物透射特性测量系统;⑤杂散辐射抑制系统。

(5) 液态碳氢化合物热辐射物性实验。本章首先利用研制的液态碳氢化合物高温透射特性测量实验系统测得光学窗口玻璃的透射光谱,计算得到其热辐射物性参数;其次,利用该系统测得水的透射光谱,验证了反演模型和实验操作方法的可行性;最后,基于液态碳氢化合物高温透射特性测量实验系统分析了柴油、乙醇、普通煤油和航空煤油等液态碳氢化合物的透射特性,并反演计算了其热物性参数。

上述 5 项研究内容以实现液态碳氢化合物高温热辐射物性研究为核心和纽带,其内在关联性及与各章的对应关系如图 1-32 所示。

第1章 绪 论

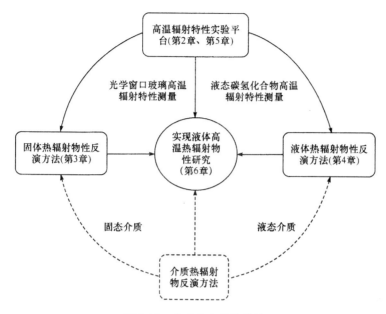

图 1-32 本书内容的关联性

第 2 章 恒温箱的热环境仿真和光学腔的瞬态加热特性分析

液态碳氢化合物的封装加热装置主要包括电阻加热式恒温箱、氮气加热式恒温箱和光学腔等,其主要功能是实现液态碳氢化合物的高温透射特性测量时其样品的封装及加热,并维持一定的测试环境温度。电阻加热式恒温箱中气体的热环境仿真内容主要涉及封闭圆柱腔内气体自然对流和壁面辐射的耦合传热问题,氮气加热式恒温箱热环境仿真则涉及有关竖直通道内气体层流与半透明介质热辐射传输的耦合传热问题,光学腔的瞬态热特性研究涉及光学窗口玻璃的瞬态加热问题。本章首先分析电阻加热式恒温箱、氮气加热式恒温箱和光学腔的动态传热特性,采取一定的简化手段,建立这些设备的传热分析模型,然后采用现有商业软件和自编程序计算研究不同因素对这些设备内气体热环境和动态加热过程的影响,为电阻加热式恒温箱、氮气加热式恒温箱和光学腔等设备定型提供热分析依据。

2.1 电阻加热式恒温箱的热环境模拟

电阻加热式恒温箱内气体的热环境属于典型的水平圆柱腔内自然对流和壁面辐射耦合传热问题。水平圆柱腔内气体自然对流和传热研究,在很多工程设计和科学研究中具有广泛的实践背景,如各种太阳能吸热装置的热利用技术分析、航天航空器内气体环境模拟、各类电路板及其元器件冷却性能研究、核反应堆的冷却系统设计研究等。

国内外众多研究人员对水平圆柱腔内气体(或液体)的自然对流过程进行了大量研究,然而在高温时往往忽略水平圆柱腔壁面辐射对其气体流动的影响。例如,Xia 等[161]通过数值模拟和实验手段研究了太阳能吸热腔加热过程中,其水平圆柱腔内水的自然对流情况,在计算过程中其壁面条件采用模拟太阳辐射加热的第二类边界。Oliveski 等[162]采用有限体积法求解用于水平圆柱腔内水的低 Re 自然对流二维模型,并进一步完善,使其可以延伸到三维水平圆柱腔内水的自然对流模拟[163]。Sambamurthy 等[164]建立了含柱状热源的水平圆环腔内介质的自然对流传热模型,其外壁边界条件采用第一类边界条件。Kumari 和 Nath[165]分析了中间带有多孔介质三角形圆柱腔的瞬态自然对流问题。He 等[166]研究了竖直圆柱腔内介质的自然对流和传热问题,在模拟中其垂直面采用第一类边界条件且其温度分布不均匀,水平面采用第二类边界条件。Xu 等[167]研究了内置三角形柱加热源的水平圆柱空气腔内自然对流过程,分析了对流换热系数和Prandtl数对其流动传热的影响[168],在此基础上,采用FLUENT6.3软件模拟了介质为液体镓的自然对流传热过程[169]。Demir[170]采用实验和FLUENT软件模拟手段对内置圆柱形加热源的混凝土圆柱腔内自然对流传热过程进行了研究。Alam等[171]分析了方腔内自然对流传热过程。

然而,水平圆柱腔内空气介质的自然对流和传热是相互影响的,也是一个耦合传热过程,而且壁面辐射对该耦合传热过程有一定的影响,特别是高温壁面环境下,水平圆柱腔壁面辐射强化了腔内温度的分布,而腔内介质的温度分布又会进一步影响腔内介质的自然对流情况。近10年来,Balaji等和Xamán等对封闭腔内介质的自然对流和壁面辐射问题的研究做出了很大贡献[172-182]。Balaji和Herwig等研究了基于计算流体动力学(computational fluid dynamics,CFD)技术模拟腔内介质的自然对流及其壁面热辐射的传热问题,然后利用商业软件FLUENT6.2进行了模型验证,结果表明,基于CFD技术模拟腔内介质的自然对流及其壁面热辐射耦合传热的可行性[172-174]。Premachandran和Balaji[173]通过数值模拟手段研究了内部含有热源的通道内介质自然对流和壁面热辐射传热问题。Sharma等则进一步分析了矩形腔[175]、圆柱形腔[176]、角加热矩形腔[177]、局部加热圆柱腔[178]等封闭腔内气体介质的各类自然对流及其高温壁面辐射耦合传热的相互影响。Gad和Balaji[179]基于商业软件FLUENT6.3研究了封闭腔内介质的自然对流及其壁面辐射相互影响的耦合换热问题。Alvarado等用数值分析了倾斜封闭腔内导热、自然对流和壁面辐射的耦合换热问题[180]。Xamán通过数值手段研究了正方形封闭腔内介质的自然对流、壁面辐射及其导热的耦合传热过程[181]。Xamán等用数值方法研究了矩形房间内气体的湍流自然对流和导热相互影响的耦合换热过程,在模拟中其房间左墙边界为恒温边界,右墙为半透明边界,上墙则是不透明墙体的导热边界,其余壁面为绝热边界[182]。Colomer等[183]用数值方法分析了封闭腔介质的三维自然对流和辐射耦合传热过程,其介质分别为透明介质和半透明介质,其热辐射传输方程采用离散坐标法(discrete ordinates method,DOM)进行计算。Nouanegue等[184]用数值方法研究了倾斜矩形腔内介质的自然对流和壁面辐射耦合传热过程,其中倾斜矩形腔一侧为导热墙体,相对应的另一侧为热流加热墙体,模拟结果表明在腔内介质和壁面的温度不是很高的条件下,封闭腔内介质的自然对流受壁面辐射的影响也比较大。Kuznetsov和Sheremet等通过模拟计算手段研究了封闭腔内介质的自然对流和壁面辐射的耦合传热问题,且封闭腔边界上带有一定的厚度,在自然对流模拟时基于Boussinesq假设建立了相应的流动控制方程,采用Rosseland假设来求解热辐射过程,然后将其作为能量方程的源项加以求解[185,186]。

出于热控的要求,液态碳氢化合物的封装加热装置中使用的电阻加热式恒温箱结构比较特殊,本节首先分析了电阻加热式恒温箱的传热特点,然后建立了电阻加热式恒温箱体腔内气体介质的自然对流和壁面辐射传热的仿真模型,基于商业软件FLUENT研究了加热温度、箱内壁面发射率和光学窗口玻璃的对流换热系数对电阻加热式恒温箱内介质传热的影响,为电阻加热式恒温箱定型提供了基本的参考依据。

2.1.1 物理模型和数学模型

液态碳氢化合物的封装加热装置中电阻加热式恒温箱的结构与文献[127]、[128]类似,最大的不同之处是本书所述液态碳氢化合物封装加热装置中的电阻加热式恒温箱由直径不同的两个封闭圆柱腔连接而成,其中较大的圆柱腔作为介质加热部分,较小圆柱腔的作用主要是保护光学窗口玻璃,防止高温时玻璃的氧化,电阻加热式恒温箱的结构如图2-1所示。由图2-1(a)可见,大圆柱腔的一部分圆周面布置加热元件,使其成为加热面;另一部分圆周面则没有布置加热元件,使其成为绝热面。小圆柱腔的圆周面没有布置加热元件,而是通过设置保温材料使该面成为一个绝热面。由于电阻加热式恒温箱为对称结构,因此模拟计算中仅分析其一半结构即可,如图2-1(b)所示设置面1为对称面。如图2-1(b)所示,大圆柱腔的直径和长度分别为0.1m和0.38m,其中圆柱腔的非加热面长度为0.08m;小圆柱腔的直径和长度分别为0.03m和0.05m。

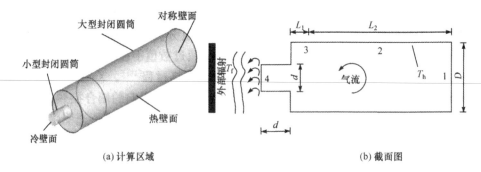

图2-1 物理模型

T_f.空气温度;L_1.非加热面长度;L_2.加热面长度;d.小圆筒直径;T_h.加热温度;D.大圆筒直径

在仿真计算过程中,不考虑电阻加热式恒温箱的漏热损失,并假设箱内加热表面的温度均匀,同时箱内空气介质满足三维稳态传热、层流和不可压流动条件,其介质热物性与箱内压力无关,则电阻加热式恒温箱内介质传热控制方程如下:

$$\frac{1}{r}\frac{\partial}{\partial r}(\rho r V_r)+\frac{1}{r}\frac{\partial}{\partial \theta}(\rho V_\theta)+\frac{\partial}{\partial z}(\rho V_z)=0 \qquad (2\text{-}1)$$

$$\frac{\partial}{\partial r}(\rho V_r V_r)+\frac{1}{r}\frac{\partial}{\partial \theta}(\rho V_r V_\theta)+\frac{\partial}{\partial z}(\rho V_z V_r)$$

$$= -\frac{\partial D}{\partial r} + \frac{1}{r^2}\frac{\partial}{\partial \theta}\left(\mu \frac{\partial V_r}{\partial \theta}\right) + \frac{1}{r}\frac{\partial}{\partial r}\left[\frac{\partial(\mu r V_r)}{\partial r}\right] + \frac{\partial}{\partial z}\left(\mu \frac{\partial V_r}{\partial z}\right)$$
$$+ \rho \frac{V_\theta^2}{r} - \frac{2}{r^2}\frac{\partial}{\partial \theta}(\mu V_\theta) - \frac{\mu V_r}{r^2} + \rho g \cos\theta \tag{2-2}$$

$$\frac{\partial}{\partial r}(\rho V_\theta V_r) + \frac{1}{r}\frac{\partial}{\partial \theta}(\rho V_\theta V_\theta) + \frac{\partial}{\partial z}(\rho V_z V_\theta)$$
$$= -\frac{1}{r}\frac{\partial p}{\partial \theta} + \frac{1}{r^2}\frac{\partial}{\partial \theta}\left(\mu \frac{\partial V_\theta}{\partial \theta}\right) + \frac{1}{r}\frac{\partial}{\partial r}\left[\frac{\partial(\mu r V_\theta)}{\partial r}\right] + \frac{\partial}{\partial z}\left(\mu \frac{\partial V_\theta}{\partial z}\right)$$
$$- \rho \frac{V_\theta V_r}{r} + \frac{2}{r^2}\frac{\partial}{\partial \theta}(\mu V_r) - \frac{\mu V_r}{r^2} + \rho g \sin\theta \tag{2-3}$$

$$\frac{\partial}{\partial r}(\rho V_z V_r) + \frac{1}{r}\frac{\partial}{\partial \theta}(\rho V_\theta V_z) + \frac{\partial}{\partial z}(\rho V_z V_z)$$
$$= -\frac{\partial p}{\partial z} + \frac{1}{r^2}\frac{\partial}{\partial \theta}\left(\mu \frac{\partial V_z}{\partial \theta}\right) + \frac{1}{r}\frac{\partial}{\partial r}\left[\frac{\partial(\mu r V_z)}{\partial r}\right] + \frac{\partial}{\partial z}\left(\mu \frac{\partial V_z}{\partial z}\right) \tag{2-4}$$

$$\frac{\partial}{\partial r}(\rho V_r c_p T) + \frac{1}{r}\frac{\partial}{\partial \theta}(\rho V_\theta c_p T) + \frac{\partial}{\partial z}(\rho V_z c_p T)$$
$$= \frac{1}{r^2}\frac{\partial}{\partial \theta}\left(\lambda \frac{\partial T}{\partial \theta}\right) + \frac{1}{r}\frac{\partial}{\partial r}\left[\frac{\partial(\lambda r T)}{\partial r}\right] + \frac{\partial}{\partial z}\left(\lambda \frac{\partial T}{\partial z}\right) + S^T \tag{2-5}$$

式中,V_r、V_θ、V_z 分别为空气介质在 r、θ、z 方向的速率矢量;p 为空气介质的压力;μ 为空气介质的动力黏度;g 为重力加速度;ρ、k、c_p 分别为空气介质的密度、导热系数和比定压热容;T 为空气介质的温度;S^T 为传热控制方程的辐射源项。

在封闭腔内介质自然对流和壁面辐射传热模拟中,大量研究表明,辐射传热模拟方法中的 DOM 法比面面(surface-to-surface,SS)法更具有优势,适应性更广[179];部分研究成果表明,DOM 法计算的辐射热流精度比 SS 更高[183]。综合考虑前人的研究成果和结论,电阻加热式恒温箱内辐射传热计算采用 DOM 法。通过 DOM 法计算壁面热流,则能量控制方程中的辐射源项可由式(2-6)计算:

$$S^T = \int_{\Omega_i = 4\pi} I(s, s_i) \Omega \mathrm{d}\Omega_i \tag{2-6}$$

式中,$I(s, s_i)$ 为电阻加热式恒温箱的空间位置 s 及辐射传递方向 s_i 上的辐射强度;Ω_i 为空间立体角。

假定电阻加热式恒温箱内所有的壁面均满足无滑移边界,则其流动边界条件可满足以下条件。

除假想面 1 外的壁面均满足:
$$V_r = V_\theta = V_z = 0 \tag{2-7a}$$

面 1 满足：

$$\frac{\partial V_z}{\partial z}=0 \qquad (2\text{-}7b)$$

壁面传热边界条件满足：
面 1 满足：

$$\frac{\partial T}{\partial z}=0 \qquad (2\text{-}8a)$$

假设面 2 为等温面，则边界满足：

$$T=T_h \qquad (2\text{-}8b)$$

面 4 边界满足：

$$-\lambda_g \frac{\partial T}{\partial z}=-\lambda \frac{\partial T}{\partial z}+q_{4\text{-}rad} \qquad (2\text{-}8c)$$

面 5 边界满足：

$$h(T_c-T_f)+\sigma\varepsilon_g(T_c^4-T_e^4)=-\lambda_g \frac{\partial T}{\partial z} \qquad (2\text{-}8d)$$

其余面的边界满足：

$$q_{rad}+q_{conv}=0 \qquad (2\text{-}8e)$$

式中，λ_g、h、σ、ε_g 分别为电阻加热式恒温箱本体和光学窗口玻璃的导热系数、光学窗口玻璃外壁面对流换热系数、斯蒂芬-玻尔兹曼常数、光学窗口玻璃的黑度；T_h、T_f、T_c、T_e 分别为电阻加热式恒温箱加热壁面、室内空气、光学窗口玻璃外壁面和外部辐射温度。

假定电阻加热式恒温箱内气体介质的压力在加热过程中改变较小，则认为箱内气体介质的热物性参数仅与其温度相关。

箱内气体介质的密度 $\rho(\text{kg/m}^3)$，随温度的变化关系满足：

$$\rho=-5.6\times10^{-3}T+2.82, \qquad 223K \leqslant T<283K \qquad (2\text{-}9a)$$

$$\rho=9\times10^{-6}T^2-9.2\times10^{-3}T+3.1307, \qquad 283K \leqslant T \leqslant 393K \qquad (2\text{-}9b)$$

$$\rho=-1.4\times10^{-3}T+1.4387, \qquad 393K<T \leqslant 623K \qquad (2\text{-}9c)$$

$$\rho=9\times10^{-7}T^2-2\times10^{-3}T+1.4452, \qquad 623K<T \leqslant 873K \qquad (2\text{-}9d)$$

$$\rho=-3\times10^{-4}T+0.6726, \qquad 873K<T \leqslant 1273K \qquad (2\text{-}9e)$$

箱内气体介质的比定压热容 (c_p) [J/(kg·K)] 随温度的变化关系满足：

$$c_p=0.1981T+944.38, \qquad 223K \leqslant T \leqslant 1273K \qquad (2\text{-}10)$$

箱内气体介质的导热系数 (λ) [W/(m·K)] 随温度的变化关系满足：

$$\lambda=8\times10^{-5}T+0.0037, \qquad 223K \leqslant T \leqslant 473K \qquad (2\text{-}11a)$$

$$\lambda=6\times10^{-5}T+0.0129, \qquad 473K<T \leqslant 873K \qquad (2\text{-}11b)$$

$$\lambda=5\times10^{-5}T+0.022, \qquad 873K<T \leqslant 1273K \qquad (2\text{-}11c)$$

箱内气体介质的动力黏度(μ)[kg/(m·s)]随温度的变化关系满足：

$$\mu = 5 \times 10^{-8} T + 4 \times 10^{-6}, \qquad 223K \leqslant T < 393K \qquad (2\text{-}12a)$$

$$\mu = -2 \times 10^{-12} T^2 + 4 \times 10^{-8} T + 8 \times 10^{-6}, \qquad 393K \leqslant T < 623K \qquad (2\text{-}12b)$$

$$\mu = -1 \times 10^{-11} T^2 + 5 \times 10^{-8} T + 4 \times 10^{-6}, \qquad 623K \leqslant T \leqslant 873K \qquad (2\text{-}12c)$$

$$\mu = -6 \times 10^{-12} T^2 + 4 \times 10^{-8} T + 1 \times 10^{-5}, \qquad 873K < T \leqslant 1273K \qquad (2\text{-}12d)$$

2.1.2 模拟方法和网格校核

在电阻加热式恒温箱内气体介质的自然对流和传热模拟中，其压力和速度控制方程基于 PISO 算法进行求解，基于 DOM 模型求解其辐射传输过程，在传热和流动耦合计算过程中采取基于电阻加热式恒温箱内壁面温度更新实现电阻加热式恒温箱内自然对流和传热的耦合计算。箱内流动传热收敛残差：质量守恒方程的残差为 10^{-6}，动量守恒方程的残差为 10^{-6}，能量控制方程的残差为 10^{-8}，辐射传输方程的计算精度为 10^{-8}。为了检验电阻加热式恒温箱内气体介质流动传热模型，基于文献[187]的仿真参数进行了模型实验，将本书的计算结果与文献[187]的结果进行了对比分析，结果如图 2-2 所示。由图 2-2 可知，本书的计算结果与文献[187]所得的温度场基本吻合，从而说明了本书计算模型的可靠性。

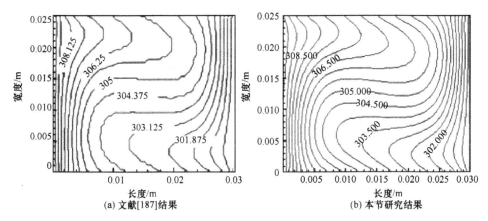

图 2-2 腔内温度场的验证

电阻加热式恒温箱结构复杂，其网格划分难度较大。为此，本书在网格独立性验证中采用了 3 种方案（网格数为 14 809 个、52 960 个和 408 078 个）。电阻加热式恒温箱网格计算所用的参数分别为加热面 $T_h = 1273K$、外环境温度 $T_f = 293K$、光学窗口玻璃外侧热对流满足 $h = 20W/(m^2 \cdot K)$、内壁面发射率 $\varepsilon = 1$。为研究网格尺寸对内部气体介质的温度场和流场的影响，笔者采用了电阻加热式恒温箱内部的中心线温度、面 5 的总传热量和辐射传热量作为评价参数，其相应的计算数据如图 2-3 和表 2-1 所示。

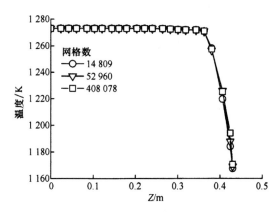

图 2-3 圆柱腔内 Z 轴中心线温度

表 2-1 圆柱腔内面 5 的总传热量及其辐射传热量

网格数量/个	总热量/W	偏差	辐射热流/W	偏差
14 809	12.02	—	11.75	—
52 960	12.20	0.0150	11.96	0.017 9
408 078	12.32	0.009 8	12.00	0.003 3

从表 2-1 可见,各种方案的总传热量和辐射传热量计算值差距较小,其计算值偏差低于 0.02。同时由图 2-3 可知,各种方案的中心线 Z 轴温度分布相差很小。由于网格数为 52 960 个时的总传热量和辐射传热量的计算值偏差与网格数为 408 078 个时的总传热量和辐射传热量的计算值偏差小于 0.01,为此笔者最终确认计算网格为 408 078 个。

2.1.3 加热温度的影响

计算参数:电阻加热式恒温箱加热温度 T_h 为 373~1273K,外环境温度 T_f 为 293K,光学窗口玻璃的外侧对流换热系数 h 为 20W/(m²·K),内部面和玻璃的发射率满足 $\varepsilon=0.8$ 和 $\varepsilon_g=0.8$。为了分析箱内气体的温度场,基于无量纲温度分析箱内的温度场。电阻加热式恒温箱的无量纲温度表达式为

$$T^* = \frac{T - T_f}{T_h - T_f} \tag{2-13}$$

图 2-4 为电阻加热式恒温箱内中心线 Z 轴的温度分布情况。如图 2-4 所示,随着加热温度的升高,箱内介质温度分布更加均匀。究其原因在于温度升高,箱内气体介质的自然对流强度变弱,而最主要的原因在于高温壁面辐射使箱内介质温度分布更加均匀。由图 2-4 还可知,在 Z 轴的 0.36m 处(加热面和非加热面的连接处),介质的无量纲温度均接近 1,说明加热区域内介质的温度分布很均匀,这为

后期的液态碳氢化合物透射特性测量提供了比较合适的热环境条件。

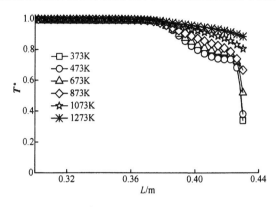

图 2-4 电阻加热式恒温箱内中心线 Z 轴的温度分布

为便于分析电阻加热式恒温箱内气体介质的流场分布,采用无量纲速率表示箱内气体介质的速率大小,表达式为

$$V^* = \frac{v}{v_{\max}} \tag{2-14}$$

式中,$v_{\max}$ 为箱内气体介质流动速率的最大值。

图 2-5 为电阻加热式恒温箱内气体介质的无量纲流场。通过图 2-5 可知,随着加热温度的升高,箱内气体的自然对流状态在不同区域表现截然不同。在小圆柱腔内光学窗口玻璃附近气体自然对流很强烈,并且随着加热温度的升高,这部分区域内气体介质的自然对流相对于其他区域明显增强。然而,仅针对光学窗口玻璃附近区域的气体介质而言,随着温度的升高,其自然对流的强度呈现先升高再降低的趋势,原因在于随着温度升高,其壁面辐射进一步增强。电阻加热式恒温箱非加热区域是其加热区域和光学窗口玻璃附近气体介质进行热量交换的部位。由图 2-5 可知,随着加热温度升高,非加热区域内气体介质出现了多个漩涡,导致箱内气体介质的自然对流能力明显减小。在加热区域,随着加热温度的增大,其自然对流能力也在减小。通过模拟结果可以看出,可实现的加热温度越大,其内部用于放置光学腔的区域越大,温度分布更均匀,这是保证填充液态碳氢化合物光学腔实现均匀加热的重要条件。

电阻加热式恒温箱两端均带有光学窗口玻璃,主要用于透射光谱的测量。当箱内存在高温气体时,光学玻璃因受到加热升温而容易氧化。为此,需要分析光学窗口玻璃表面温度的分布,可以为制定光学窗口玻璃的保护措施提供基本的热参数依据。图 2-6 给出了不同加热温度下光学窗口玻璃表面的温度场分布。

由图 2-6 可见,当加热温度为 373K 时,光学窗口玻璃的无量纲温度不超过 0.36(实际温度为 324K);当加热温度为 873K 时,光学窗口玻璃的无量纲温度最大值为 0.665(实际温度为 680K);当加热温度为 1273K 时,光学窗口玻璃的无量

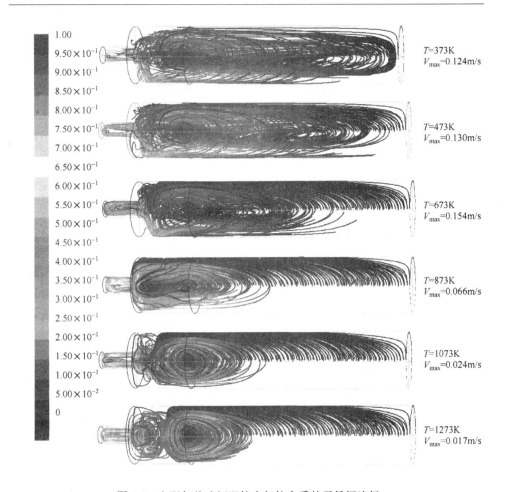

图 2-5 电阻加热式恒温箱内气体介质的无量纲流场

纲温度最大值为 0.884(实际温度为 1160K)。由此可以得出一个结论,随着加热温度的升高,光学窗口玻璃的温度增加且分布变得均匀。这是由于箱内温度升高,壁面的辐射能力增强,辐射吸收导致光学窗口玻璃温度升高,间接导致气体介质自然对流减弱,也验证了前面分析得出的高温条件时电阻加热式恒温箱内气体介质自然对流减弱的现象。

2.1.4 加热表面发射率的影响

计算参数:电阻加热式恒温箱内加热温度 T_h 分别为 373K、673K、1073K、1273K,电阻加热式恒温箱外环境温度 T_f 为 293K,电阻加热式恒温箱光学窗口玻璃外侧对流换热系数 $h=20W/(m^2 \cdot K)$,光学窗口玻璃发射率 ε_g 为 0.8,电阻加热式恒温箱加热面发射率 ε 为 0.2、0.4、0.6、0.8。图 2-7 所示为不同加热面发射率

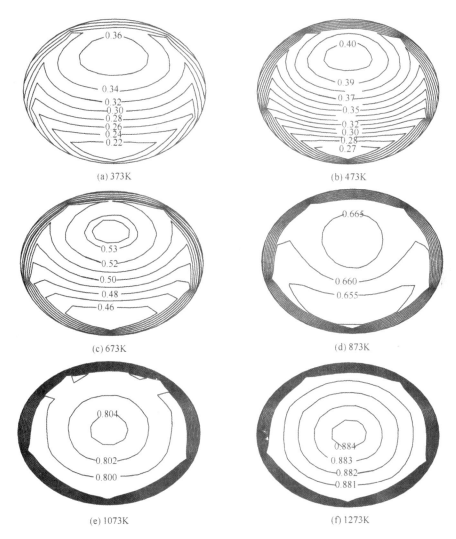

图 2-6 光学窗口玻璃表面的温度场分布

时,电阻加热式恒温箱中心线 Z 轴的无量纲温度。

通过图 2-7 可以看出,电阻加热式恒温箱加热面发射率对加热区域内气体介质温度分布影响较弱,而对非加热区域内气体介质的温度影响很大。当加热温度大于 673K 时,其加热面的发射率对非加热区域内气体介质的温度分布影响尤为明显,然而当非加热区域加热温度增加至超过 1073K 时,加热面的发射率对非加热区域内气体介质温度的影响却变得有所减弱。通过上面的分析可以看出,为防止光学窗口玻璃氧化,可以通过减小加热区域的壁面发射率来降低光学窗口玻璃温度,但采取减小壁面发射率的方法只能适用于一定的加热温度范围。

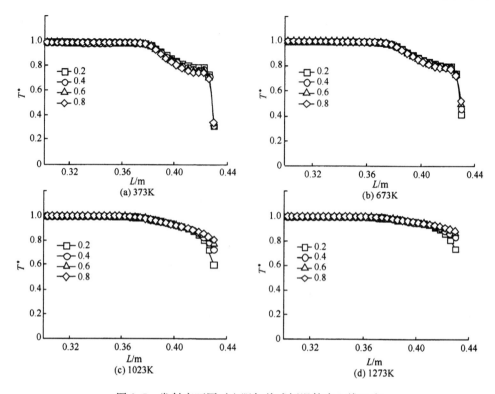

图 2-7 发射率不同时电阻加热式恒温箱中心线温度

图 2-8 所示为电阻加热式恒温箱加热温度为 1073K、加热面发射率不同时箱内气体介质的速率分布。

通过图 2-8 可知,随着电阻加热式恒温箱加热面发射率的升高,箱内气体的无量纲速率下降,导致箱内气体的自然对流强度降低。由此也说明了光学窗口玻璃的温度分布对箱内温度场的影响有所降低。结合前面所述的研究内容可知,造成这种现象的原因主要在于电阻加热式恒温箱内辐射增强导致箱内气体介质的自然对流变弱。电阻加热式恒温箱加热面具有低发射率时,光学窗口玻璃侧的气体介质自然对流变化尤为显著,从而对箱内气体介质温度分布的均匀性造成了一定的不利影响。

图 2-9 所示为电阻加热式恒温箱加热温度为 1073K、加热面发射率不同时对光学窗口玻璃温度场分布的影响。由图 2-9 可以看出,随着电阻加热式恒温箱加热面发射率的增大,光学窗口玻璃的温度逐渐增加。原因在于加热面发射率增大,其壁面的辐射强度增大,但是光学窗口玻璃对流换热能力却没有发生改变,从而导致其表面温度随加热面发射率的增加而不断增大。由图 2-9 还可以看出,当加热面处于低发射率时,光学窗口玻璃的温度比加热面高发射率时的温度明显偏低,这

也为通过降低加热面壁面发射率来防止光学窗口玻璃氧化提供了间接的依据。

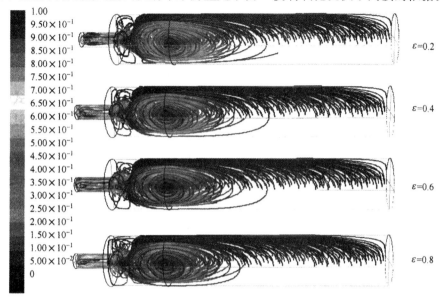

图 2-8 发射率不同时电阻加热式恒温箱内的气体流场

1073K，$V_{max}=0.024$m/s

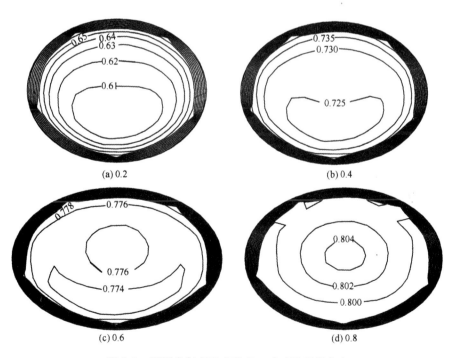

图 2-9 不同发射率的光学窗口玻璃温度场分布

2.1.5 光学窗口玻璃对流换热系数的影响

计算参数:加热温度 T_h 为873K,环境温度 T_f 为293K,光学窗口玻璃外表面的对流换热系数分别为 $h=5W/(m^2 \cdot K)$、$10W/(m^2 \cdot K)$、$20W/(m^2 \cdot K)$、$40W/(m^2 \cdot K)$,内壁面和光学窗口玻璃的发射率满足 $\varepsilon_g=0.8$ 和 $\varepsilon=0.8$。

图2-10所示为光学窗口玻璃外表面的对流换热系数不同时,电阻加热式恒温箱内中心线 Z 轴的温度曲线。通过图2-10可见,光学窗口玻璃外表面的对流换热系数越小,光学窗口玻璃对箱内气体介质的温度分布影响越小。而光学窗口玻璃外表面对流换热系数越大,电阻加热式恒温箱内中心线温度分布在非加热区域的变化梯度越强,光学窗口玻璃的表面温度越低,但加热区域受其变化的影响较弱。通过此现象可以看出,在一定条件下可以通过强化光学窗口玻璃外表面的对流换热能力,有效地降低光学窗口玻璃的温度,而此过程对箱内气体介质的温度分布影响很小。

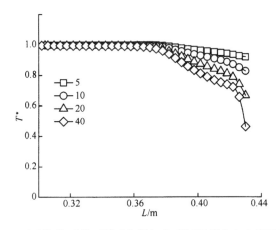

图2-10 对流换热系数不同时电阻加热式恒温箱内中心线温度曲线

图2-11所示为光学窗口玻璃外表面的对流换热系数对电阻加热式恒温箱内气体介质无量纲流场的影响。由图可以看出,按照箱内气体无量纲流场随光学窗口玻璃表面对流换热系数的变化趋势可以分成三个区域。区域一为靠近光学窗口玻璃的区域,随着光学窗口玻璃对流换热能力的增强,此区域气体介质的自然对流能力得到明显的增强;当光学窗口玻璃表面的对流换热能力较弱时,靠近光学窗口玻璃区域内气体介质的传热方式主要以导热为主,而此时这个区域内气体介质的自然对流能力变得很弱;当光学窗口玻璃对流换热能力增强时,靠近光学窗口玻璃的区域内气体介质的自然对流能力在逐渐增加,其传热方式开始以导热为主向自然对流逐渐过渡。区域二为大圆柱内的非加热区域,随着光学窗口玻璃对流换热能力的增强,此区域气体介质的自然对流能力首先呈现逐渐减弱的趋势,然后再呈

现逐渐增强的趋势。区域三为加热区域,此区域气体介质的自然对流能力随着光学窗口玻璃对流换热能力的增强,先逐渐变弱,然后再逐渐增强。不过,通过数据变化趋势来看,这种变化趋势相对很弱,但这也是实现加热区域内气体介质温度均匀性的关键措施之一。

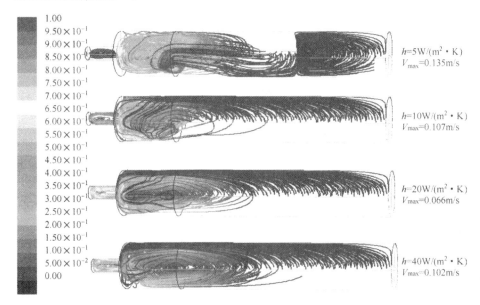

图 2-11　对流换热系数不同时内气体流场分布(873K)

图 2-12 所示为对流换热系数不同时光学窗口玻璃的温度场分布。通过图 2-12 可以看出,随着光学窗口玻璃外表面对流换热能力的增强,光学窗口玻璃的温度逐渐降低,其原因是光学窗口玻璃外表面对流换热系数越大,其对流换热能力越强,从而导致光学窗口玻璃的温度不断降低。由图 2-12 还可以看出,光学窗口玻璃的外表面在具有高对流换热系数时,其温度相对较低,这为通过增强光学窗口玻璃的外表面对流换热能力来防止其氧化提供了基本依据。

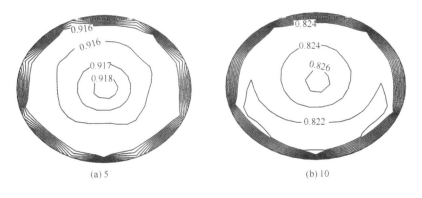

(a) 5　　　　　　　　　　(b) 10

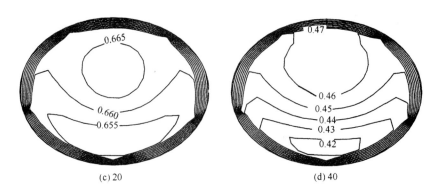

图 2-12　对流换热系数不同时光学窗口玻璃的温度场分布（873K）

2.1.6　光学窗口玻璃换热温度的影响

计算参数：电阻加热式恒温箱加热温度 T_h 为 1273K，光学窗口玻璃外侧对流换热温度 T_f 分别为 253K、273K、283K、293K，光学窗口玻璃外侧对流换热系数 h 为 $20W/(m^2 \cdot K)$，光学窗口玻璃和内壁面的发射率满足 $\varepsilon_g=0.8$ 和 $\varepsilon=0.8$。

图 2-13 为光学窗口玻璃外表面对流换热温度不同时，电阻加热式恒温箱内中心线 Z 轴上的无量纲温度。由图可知，温度较高时，光学窗口玻璃外表面对流换热温度对箱内气体介质温度分布的影响很小。由此看出，可以通过适当调整外表面的对流换热温度使其表面温度保持在一定的范围，而且这对箱内气体介质温度的分布均匀性影响很小。

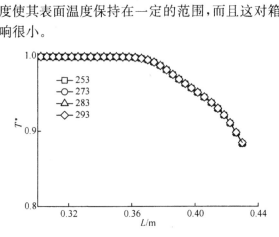

图 2-13　换热温度不同时电阻加热式恒温箱内的中心线温度

图 2-14 为光学窗口玻璃表面对流换热温度对箱内气体介质流场的影响。如图 2-14 所示，按照箱内气体介质的无量纲流场随光学窗口玻璃表面对流换热温度的变化趋势可以分为三个区域。区域一为靠近光学窗口玻璃的区域，对流换热温度增加，靠近光学窗口玻璃区域内气体介质的自然对流能力显著减小；当对流换热温度维持较小时，靠近光学窗口玻璃区域内气体介质的传热以自然对流为主，而且

其自然对流能力很强;当对流换热温度增加时,靠近光学窗口玻璃区域内气体介质的自然对流能力开始逐渐减小。区域二为大圆柱腔的非加热区域,光学窗口玻璃外表面的对流换热温度增加,这个区域内气体介质的自然对流能力逐渐变弱。区域三为加热区域,这个区域内气体介质的自然对流能力也随着光学窗口玻璃外表面对流换热温度的增加而逐渐减弱。

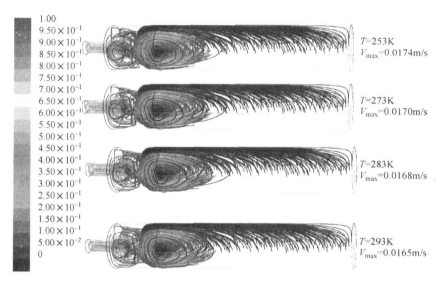

图 2-14　换热温度不同时电阻加热式恒温箱内的气体介质流场

图 2-15 所示为光学窗口玻璃的表面对流换热温度不同时对光学窗口玻璃温度的影响。通过图 2-15 可以看出,光学窗口玻璃外表面的对流换热温度越大,光学窗口玻璃的外表面温度越高,然而这种变化趋势随着电阻加热式恒温箱加热温度的升高而变弱。由此可以得出一个结论,当加热温度较高时,通过适当调整光学窗口玻璃外表面的对流换热温度不能有效改变光学窗口玻璃的温度场分布。

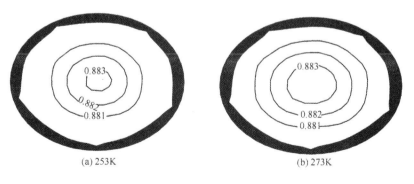

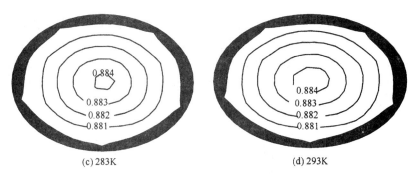

图 2-15 换热温度不同时光学窗口玻璃的温度场分布

2.2 氮气加热式恒温箱的热环境仿真

氮气加热式恒温箱是液态碳氢化合物高温透射特性测量中,封装液态碳氢化合物并实现其加热的核心装置。为保证液态碳氢化合物温度分布的均匀性,采取何种处理手段来使氮气加热式恒温箱通道内的气体介质快速加热液态碳氢化合物,且使液态碳氢化合物的温度保持均匀,这对于保证液态碳氢化合物高温透射特性测量实验的精度尤为关键。氮气加热式恒温箱内气体的热环境仿真计算属于竖直通道内气体介质的层流流动和玻璃类半透明介质的辐射热传递耦合问题。

目前,很多学者开展了通道内介质辐射和流动传热问题的研究工作。夏新林等基于 DOM 计算通道内半透明介质辐射传输方程,结合控制容积法来求解通道内流体的对流传热,利用数值研究了高温通道中半透明液体的热辐射与对流耦合传热问题[188,189]。Rao 等数值分析了竖直通道内气体层流流动与壁面辐射耦合传热问题,其中竖直通道一侧壁面带离散热源[190,191]。Rao 等[192]数值研究了壁面带肋片的竖直通道内气体的层流流动传热问题。Hernández 和 Zamor[193]数值研究了介质的变物性条件对竖直通道内介质的层流流动和传热的耦合影响;Desrayaud 和 Lauriat[194]数值分析了在竖直通道内空气满足低 Re 数时,其在通道内的层流流动发生逆转的现象。Bazdidi-Tehrani 和 Shahini[195]数值研究了竖直通道内存在半透明介质的层流流动的逆转问题。Barhaghi 和 Davidson[196]通过模拟分析了竖直通道内流体的层流流动和壁面辐射耦合传热问题,模拟结果发现 Boussinesq 假设并不适合大温差换热的问题研究。Bianco 等实验调查了高温壁面热辐射对竖直通道内流体流动状态的影响问题[197]。邹惠芬等[198]采用 DOM,利用 FLUENT 软件模拟了无遮阳井箱式双层皮玻璃幕墙的传热过程。He 等[199]数值研究了竖直通道内流体的层流流动传热问题,其中满足竖直通道一侧不透明,而对应的另一侧透明。Rajkumar 等[200]基于实验调查和 FLUENT 软件模拟研究了竖直通道内流体的层流流动和壁面热辐射的耦合传热问题。氮气加热式恒温箱通过氮气加热光学窗口玻璃,进而通过光学窗口玻璃加热液态碳氢化合物,其结构特点和上述文献的竖直通道研究显著不同,原因在于氮气加热式恒温箱通道内加热气体与壁面的对流换热和光学窗口玻璃的辐射-导热过程相互影响,属于典型的耦合传热问题,而且该传热过程与上述文献中由非透明壁面组成竖直通道内流体的辐射-对流传热耦合问题显著不同,目前相关的研究成果较少。

本书在氮气加热式恒温箱热特性模拟中考虑了光学窗口玻璃的半透明影响,建立了氮气加热式恒温箱传热模型,研究了氮气加热式恒温箱内光学窗口玻璃通道内气体介质的层流流动加热过程、光学窗口玻璃内半透明辐射和导热耦合传热过程,然后开展了加热气体的温度和速率对氮气加热式恒温箱内光学窗口玻璃通道换热影响的分析。

2.2.1 物理模型和数学模型

考虑到氮气加热式恒温箱内光学窗口玻璃通道结构的对称性,在建模时选取一半的光学窗口玻璃通道结构进行分析,氮气加热式恒温箱内光学窗口玻璃通道耦合传热的二维模型如图 2-16 所示。由图可见,氮气加热式恒温箱外左侧光学窗口玻璃的外壁面与温度为 T_f 的气体进行对流换热,箱内左右光学窗口玻璃构成了气体流动通道,加热气体的入口速率为 v_∞、温度为 T_∞。光学窗口玻璃高度 L 为 30mm,左右光学窗口玻璃构成的气体通道宽度 b 为 30mm,所有的光学窗口玻璃厚度 D 一致,均为 2mm。

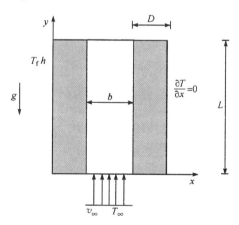

图 2-16 氮气加热式恒温箱内光学窗口玻璃通道耦合传热的二维模型

假设通道内气体流动传热过程满足二维层流和不可压稳态流动,且其内部气体的热物性仅与温度有关,光学窗口玻璃材料的热物性和辐射参数均为常数,则通道内气体的流动传热控制方程为[223]

$$\frac{\partial u}{\partial x}+\frac{\partial v}{\partial y}=0 \tag{2-15}$$

$$u\frac{\partial u}{\partial x}+v\frac{\partial u}{\partial y}=-\frac{1}{\rho}\frac{\partial P}{\partial x}+\frac{\mu}{\rho}\left(\frac{\partial^2 u}{\partial x^2}+\frac{\partial^2 u}{\partial y^2}\right) \tag{2-16a}$$

$$u\frac{\partial v}{\partial x}+v\frac{\partial v}{\partial y}=-\frac{1}{\rho}\frac{\partial P}{\partial y}+\frac{\mu}{\rho}\left(\frac{\partial^2 v}{\partial x^2}+\frac{\partial^2 v}{\partial y^2}\right)-g \tag{2-16b}$$

$$u\frac{\partial(\rho c_p T)}{\partial x}+v\frac{\partial(\rho c_p T)}{\partial y}=\frac{\partial}{\partial x}\left(k\frac{\partial T}{\partial x}\right)+\frac{\partial}{\partial y}\left(k\frac{\partial T}{\partial y}\right)+q_r \tag{2-17}$$

光学窗口玻璃区域的传热控制方程为

$$\frac{\partial}{\partial x}\left(k_g\frac{\partial T}{\partial x}\right)+\frac{\partial}{\partial y}\left(k_g\frac{\partial T}{\partial y}\right)+q_r=0 \tag{2-18}$$

式中,$u=u(x,y)$、$v=v(x,y)$为光学窗口玻璃通道在x、y方向上气体的速率矢量;ρ为光学窗口玻璃通道内气体的密度;P为光学窗口玻璃通道内气体的压力;μ为窗口玻璃通道内气体的动力黏度;g为Y方向重力加速度;k_g为光学窗口玻璃材料的导热系数;$T=T(x,y)$为氮气加热式恒温箱的温度场;q_r为辐射源项,通过求解辐射传输方程获得。

由于光学窗口玻璃具有半透明性,所以本书采用谱带模型来求解光学窗口玻璃的辐射传输,辐射传输方程满足[46]:

$$\frac{dI_\lambda(s,s)}{ds}=-\alpha_\lambda[I_\lambda(s,s)-I_{b,\lambda}(s,s)] \tag{2-19}$$

式中,$I_\lambda(s,s)$为在空间位置s及传输方向s上光学窗口玻璃的光谱辐射强度;α_λ为光学窗口玻璃的光谱吸收系数;$I_{b,\lambda}(s,s)$为在空间位置s及传输方向s上的黑体光谱辐射强度。通过光学窗口玻璃内的辐射传输方程求解得到其光谱辐射强度后,可以进一步通过式(2-20)计算获得能量方程中的辐射源项q_r[46]。

$$q_r=\int_{-\infty}^{+\infty}\int_{\Omega_i=4\pi}I_\lambda(s,s_i)\Omega d\Omega_i d\lambda \tag{2-20}$$

式中,λ为辐射光谱波长;Ω_i为空间立体角。

假定光学窗口玻璃通道内壁面条件均满足无滑移边界,则通道内壁面边界如下:

$$u(D,y)=0, \quad u(D+b,y)=0 \tag{2-21a}$$

$$v(D,y)=0, \quad v(D+b,y)=0 \tag{2-21b}$$

$$-k_g\frac{\partial T(D,y)}{\partial x}=-k\frac{\partial T(D,y)}{\partial x}+q_r \tag{2-21c}$$

$$-k_g\frac{\partial T(D+b,y)}{\partial x}=-k\frac{\partial T(D+b,y)}{\partial x}+q_r \tag{2-21d}$$

通道进出口边界满足:

$$u(x,0)=0, \quad v(x,0)=v_\infty, \quad T(x,0)=T_\infty \tag{2-22a}$$

$$\frac{\partial v(x,L)}{\partial y}=0, \quad \frac{\partial T(x,L)}{\partial y}=0 \quad (2\text{-}22\text{b})$$

通道外表面边界条件为

$$-k_g\frac{\partial T}{\partial x}=h(T-T_f)+\sigma\varepsilon_g(T^4-T_f^4) \quad (2\text{-}23)$$

通道对称面边界条件为

$$-k\frac{\partial T}{\partial x}=0 \quad (2\text{-}24)$$

式中，T_f 为光学窗口玻璃通道外的环境温度；σ 为玻尔兹曼常数；ε_g 为光学窗口玻璃的壁面黑度。

2.2.2 模型求解方法和网格验证

采用 SIMPLE 算法求解光学窗口玻璃通道中气体压力和速率的耦合方程，采用 DOM 计算光学窗口玻璃的半透明辐射，在模拟计算中通过不断更新通道温度来完成流固耦合传热的模拟。计算模型的模拟残差满足连续性计算控制方程残差为 10^{-6}，动量计算控制方程残差为 10^{-6}，能量计算控制方程残差为 10^{-8}，热辐射传输计算控制方程残差为 10^{-9}。

对光学窗口玻璃通道的网格数进行独立性验证，控制体内的网格均采取非均匀划分方式。在通道的网格数验证中，通道的环境温度为 293K，通道的外壁面对流换热系数为 $20\text{W}/(\text{m}^2 \cdot \text{K})$，通道的加热气体入口流速和温度分别为 2m/s、1273K；假设加热气体的热物性参数只与温度相关；光学窗口玻璃的密度与比热容之积满足 $2.31\times10^6 \text{J}/(\text{m}^3 \cdot \text{K})$，其导热系数为 $1.7\text{W}/(\text{m} \cdot \text{K})$，其热辐射物性参数见表 2-2[201]。以外侧光学窗口玻璃壁面的总传热热流和辐射热流为指标参数来分析网格的独立性，其计算结果见表 2-3，经过分析最终确定通道的网格数为 10 200 个。为检验计算模型的可靠性，采用文献[182]的算例和参数进行了模拟验算，其计算结果如图 2-17 所示。通过与文献[182]中的数据对比分析，可以看出本书模型的计算结果与文献中的基本一致，说明了计算模型及求解方法的可信性。

表 2-2 光学窗口玻璃的热辐射物性参数

波长/μm	折射率	吸收系数/m^{-1}
0.40~2.65	1.450	1
2.65~2.90	1.434	1000
2.90~4.20	1.420	5
4.20~7.00	1.350	5000
7.00~20.00	1.300	5000

表 2-3 网格验证结果

网格数/个	总传热热流/W	前后网格的总传热热流偏差/%	辐射热流/W	前后网格的辐射热流偏差/%
380	834.49	—	542.65	—
1 050	841.59	0.84	549.37	1.22
4 920	852.38	1.27	558.82	1.69
10 200	854.47	0.24	560.91	0.37
11 600	852.72	−0.21	559.40	−0.27

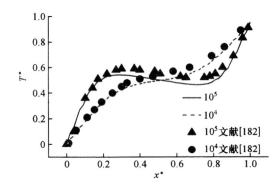

图 2-17 通道内中部的温度与 Xamán 等[182]的计算结果对比

2.2.3 结果与讨论

首先研究了氮气加热式恒温箱内光学窗口玻璃通道中光学窗口玻璃的半透明辐射作用对其通道内气体介质的影响。在此部分的模拟分析中,光学窗口玻璃通道入口气体的温度分别为 373K、673K 和 1273K,入口流速满足 0.1m/s、0.5m/s 和 1.0m/s,采用 FLUENT 软件的计算结果如图 2-18～图 2-21 所示。

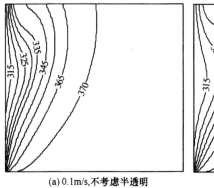

(a) 0.1m/s,不考虑半透明   (b) 0.1m/s,考虑半透明

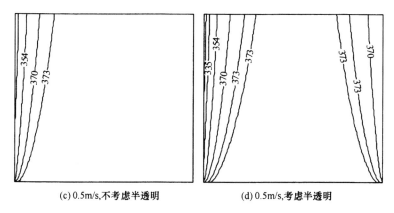

(c) 0.5m/s,不考虑半透明　　　　　(d) 0.5m/s,考虑半透明

图 2-18　入口气体温度 373K 时通道内的温度场

通过图 2-18 可以看出,光学窗口玻璃的半透明辐射对其通道内气体介质的温度分布影响较大。如图 2-18(a)所示,当通道入口气体满足低 Re(约 130)时,其通道内气体的温度在靠近光学窗口玻璃通道的外壁面处较低,而靠近光学窗口玻璃通道内侧的温度比较均匀并且明显偏高,其原因在于当计算中不考虑光学窗口玻璃的半透明辐射时,其通道内气体介质的温度主要受光学窗口玻璃外侧壁面的影响,导致靠近光学窗口玻璃内侧的温度和入口气体温度非常接近;当考虑光学窗口玻璃的半透明辐射时,其通道内靠近光学窗口玻璃壁面处气体的温度较低,与未考虑光学窗口玻璃的半透明辐射时相比,其温度梯度增加。这是由于光学窗口玻璃的半透明辐射的影响,光学窗口玻璃通道内的高温环境与外部低温环境通过热辐射传热方式透过光学窗口玻璃进行热交换,从而影响了通道内光学窗口玻璃壁面的温度分布,使其温度显著降低。同样由于这个影响,光学窗口玻璃通道内壁面的温度降低,造成通道内气体的对流换热温差增大,导致通道内气体的自然对流能力得到提升。

而图 2-18(b)则说明了光学窗口玻璃通道的半透明辐射对其通道内气体温度的影响。入口气体的流速增大,导致其 Re 进一步增加,气体的温度在靠近外侧光学窗口玻璃壁面处的梯度显著减小,虽然光学窗口玻璃的半透明辐射减弱了这种趋势,然而在入口气体高 Re 时(约 650),光学窗口玻璃的半透明辐射影响相比于 Re 增加所带来的影响已经很弱。由图 2-18(b)还可以看出,入口气体在高 Re 时,通道内气体介质的自然对流,同低 Re 相比已经得到明显的抑制,而此时通道内气体介质的流动传热主要以强制对流为主。

图 2-19 为光学窗口玻璃外壁面的 Nu。通过图 2-19 可以看出,光学窗口玻璃通道的半透明辐射显著影响了其通道外壁面的 Nu。如图 2-19(a)所示,未考虑光学窗口玻璃通道的半透明辐射,当加热气体的入口速率满足低 Re(约 130)时,通道内侧光学窗口玻璃外壁面的 Nu 随着入口气体温度的增加呈现先升高再降低的趋

势。与此同时,由于通道内气体自然对流的影响,其通道内光学窗口玻璃外壁面的 Nu 可分成三个区域进行分析,即通道入口区域(占通道长度的 43%)、通道内充分发展区域(占通道长度的 56%)和通道出口区域(占通道长度的 1%)。在通道入口区域,由于气体速率边界层正处于发展阶段,导致此时通道内光学窗口玻璃外壁面的 Nu 主要受其壁面邻近区域气体速率大小的影响,并且其随着通道入口处气体温度的增加而不断减小;在通道内充分发展区域,由于该区域在通道内气体边界层已处于充分发展区域,其通道内光学窗口玻璃外壁面的 Nu 主要受其邻近区域气体温度梯度变化的影响,随着通道入口气体温度的增加而呈现先升高再降低的趋势;在通道出口区域,该区域内气体的速率边界层受到其内部气体介质自然对流的影响,导致通道内光学窗口玻璃外壁面的 Nu 主要受其壁面邻近区域的气体速率的影响,随着通道入口气体温度的增加而不断减小。由图 2-19 还可知,由于光学窗口玻璃通道内充分发展区域占优势地位,从而导致通道内光学窗口玻璃外壁面的 Nu 随入口气体温度的升高而呈现先不断增加,再不断降低的现象。

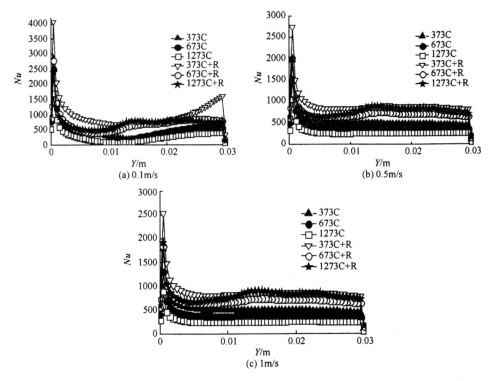

图 2-19 通道内光学窗口玻璃外壁面的 Nu
C. 对流换热;R. 辐射换热

考虑光学窗口玻璃通道的半透明辐射,入口气体满足低 Re 时,其通道内光学

窗口玻璃外壁面的 Nu 已经得到了明显的增加,在部分区域其值超过不考虑光学窗口玻璃通道半透明辐射时的 4 倍,从而进一步验证了图 2-18 所示通道内入口气体满足低 Re 时,光学窗口玻璃通道内的温度场分布的结论。虽然通道内的光学窗口玻璃外壁面 Nu 分布也存在三个区域,但由于光学窗口玻璃通道半透明辐射的影响,导致其区域的长度发生了明显改变,即通道入口区域(约为通道长度的 0.11)、通道内充分发展区域(约为通道长度的 0.66)和通道出口区域(约为通道长度的 0.23)的长度均发生了改变。通道入口和通道出口区域的光学窗口玻璃外壁面 Nu 分布,随通道内入口气体温度的变化趋势,与不考虑通道的半透明辐射时的结论基本一致。然而,在通道内充分发展区域,是否考虑光学窗口玻璃通道的半透明辐射影响,所导致的计算结果显著不同。当考虑光学窗口玻璃通道的半透明辐射时,光学窗口玻璃外壁面的 Nu 总体分布,随着其通道入口气体温度的增大而呈现先减小再增加的趋势。出现这种现象的原因在于,当通道入口气体满足低 Re 和较低温度时,光学窗口玻璃通道的半透明辐射对其通道内气体介质自然对流的影响显著。通道入口气体温度增加,由于通道外部的环境温度未发生改变,导致其壁面温度增加,致使通道内对流换热能力下降,表现为 Nu 先不断减小;当通道入口气体在高温时,此时由于通道内传热方式以辐射为主导,结合图 2-20 分析可知,氮气加热式恒温箱内光学窗口玻璃通道内外壁面传热温差进一步增加,从而造成其传热量不断增大,致使氮气加热式恒温箱内光学窗口玻璃通道内气体介质的自然对流能力增强,表现为 Nu 不断增加。

由图 2-19(b)、(c)可以看出,当不考虑氮气加热式恒温箱内光学窗口玻璃通道的半透明辐射,而通道入口气体满足高 Re 时,光学窗口玻璃外壁面 Nu 随着通道入口气体温度的增大而不断减小。通道入口气体温度相同时,随着通道入口气体流速的增大,光学窗口玻璃外壁面 Nu 在不同的区域表现出不同的变化趋势。在通道入口区域,光学窗口玻璃外壁面 Nu 表现为随着通道入口气体流速的增大,先快速下降再逐渐缓慢上升。在通道内充分发展区域,光学窗口玻璃外壁面 Nu 表现为随着通道入口气体流速的增大,增加的幅度先大后小。在通道出口区域,光学窗口玻璃外壁面 Nu 表现为随着通道入口气体流速的增大,不断地小幅度下降。由于通道入口气体受高 Re 影响,通道内气体的自然对流能力不断减弱,导致其通道内传热方式以强制对流为主;当通道入口继续通入高流速气体,通道入口气体 Re 的增加,可使通道内的对流换热能力得到显著提升。考虑光学窗口玻璃通道的半透明辐射,在通道入口气体满足高 Re 时,光学窗口玻璃外壁面 Nu 随着通道入口气体温度的增加,呈现出先下降再大幅度提升的变化趋势。在通道入口气体温度较低时,随着通道入口气体流速的增加,通道入口区域和通道出口区域的光学窗口玻璃外壁面 Nu 与不考虑光学窗口玻璃通道的半透明辐射相比,虽然有所增加,但其变化趋势却十分相似;然而,在通道内充分发展区域,与不考虑光学窗口玻璃

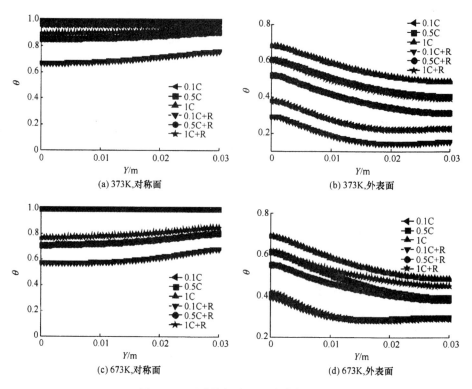

图 2-20 通道外部壁面 Y 方向的温度

$$\theta = (T - T_f)/(T_\infty - T_f)$$

通道的半透明辐射相比,光学窗口玻璃外壁面 Nu 明显增大,导致其总体的上升变化幅度不断减小。随着通道入口气体温度的继续增加,当其入口气体温度达到 673K 时,通道气体入口流速增加,光学窗口玻璃外壁面 Nu 的变化趋势同入口气体温度较低时的变化趋势类似;但是,在通道入口区域,光学窗口玻璃外壁面 Nu 的变化呈现下降趋势,而在通道内充分发展区域光学窗口玻璃外壁面 Nu 的曲线斜率有所增加。当通道入口气体温度达到 1273K 时,通道入口气体流速增加,通道入口区域和通道出口区域的光学窗口玻璃外壁面 Nu 的变化趋势有所放缓,然而在通道内充分发展区域光学窗口玻璃外壁面 Nu 的变化范围有所增加,其梯度却显著减小。这个现象是由于光学窗口玻璃通道在高温时,其半透明辐射的影响更加明显所导致的。

图 2-20 所示为通道内入口气体温度和流速不同时,光学窗口玻璃通道外部壁面(与外界环境接触面)及其对称面 Y 方向的无量纲温度。

通过图 2-20(a)可以看出,不考虑光学窗口玻璃通道的半透明辐射,在通道入口气体温度较低时,入口气体流速增大,通道外表面及其对称面的温度增加。在通道内入口气体满足低 Re 时,由于通道内气体介质的自然对流作用,导致通道内对称面的温度比通道入口空气的温度略低。继续增加通道内入口气体 Re,通道对称面的温度与通道入口空气的温度已经非常接近。考虑半透明辐射与未考虑半透明辐射的计算结果相比,通道的外表面温度和对称面温度均显著减小。但需要注意的是,通道入口气体流速增加,通道的外表面温度和对称面温度增加,而外表面升温的变化梯度有所降低,导致光学窗口玻璃通道内、外表面的传热温差增加,其原因在于外部的低温环境通过辐射传热透过光学窗口玻璃直接影响了光学窗口玻璃通道的温度分布,导致其对称面温度显著减小。

由图 2-20(b)可见,当考虑光学窗口玻璃通道的半透明辐射时,通道入口气体温度增加,其通道的对称面温度和外表面温度有所增加,但是入口温度继续增加,对称面温度却呈现减小的趋势。通过这个现象可以得出结论:在考虑通道加热时,利用气体加热通道的对称面容易受到外界低温环境的严重影响,会导致氮气加热式恒温箱内液态碳氢化合物快速加热失效。由此也可以看出,在光学窗口玻璃通道温度较高时,光学窗口玻璃的半透明辐射作用会对其加热过程造成很大的不利影响。虽然,在通道入口气体温度相同时,增加通道入口气体流速,通道的外表面温度有所增加,但未能补救光学窗口玻璃的半透明辐射作用对其加热过程带来的影响。

图 2-21 所示为通道入口气体温度为 1273K 时,通道内气体在不同位置的 Y 方向无量纲速率分布。从图 2-21(a)可以看出,当通道入口气体满足低 Re 时,通道的半透明辐射作用使通道内气体介质的自然对流能力增大,从而致使通道内部分气体流动速率变大,导致通道内壁面的边界层增厚。当通道入口气体满足较高 Re 时,通道内的传热以强制对流为主,此时光学窗口玻璃通道的半透明辐射对通道内气体介质的流动影响变弱。这说明通道入口气体在较低 Re 时,光学窗口玻璃通道的半透明辐射对通道内气体的流动影响更大。

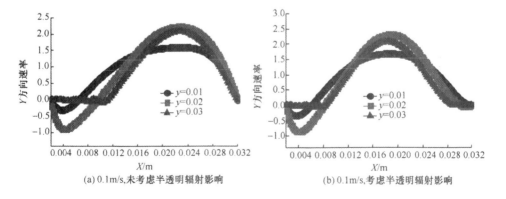

(a) 0.1m/s,未考虑半透明辐射影响　　(b) 0.1m/s,考虑半透明辐射影响

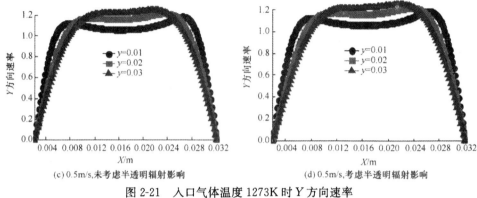

(c) 0.5m/s,未考虑半透明辐射影响　　(d) 0.5m/s,考虑半透明辐射影响

图 2-21　入口气体温度 1273K 时 Y 方向速率

$$V=v/v_\infty$$

2.3　光学腔的瞬态加热特性

封装液态碳氢化合物并实现其快速加热的光学腔是液态碳氢化合物高温透射特性测量中的核心装置。在将封装液态碳氢化合物的光学腔放置在恒温箱内的高温加热过程中,如何保证光学腔快速加热,并且保持光学腔内液态碳氢化合物温度的均匀性,对保证液态碳氢化合物高温透射特性测量实验的精度尤为关键。光学腔由本体结构、光学窗口玻璃和液体填充腔内的石墨垫等构成,其加热过程的传热计算属于半透明介质辐射和导热耦合传热问题。

2.3.1　物理模型和数学模型

由于封装液态碳氢化合物光学腔结构的对称性,所以在模拟中为了便于计算,仅选取光学腔的 1/4 结构进行区域建模,并且不考虑一些连接部件的传热,简化后光学腔二维传热模型结构如图 2-22 所示。

光学腔的本体结构直径为 0.08m,液体填充腔内的石墨垫直径为 0.036m,光学窗口玻璃的直径为 0.03m,厚度为 0.002m。光学腔本体材料为不锈钢,其封装装置外表面(x,40)与恒温箱的加热表面密切接触,即不考虑其接触热阻,从而认为该边界条件满足恒温条件;光学腔的封装装置与外界环境接触面热边界为复合换热条件,即同时考虑其对流和辐射的耦合换热,通过分析可知其中光路通道复合换热能力较弱;光学腔的封装装置与其内部的石墨垫接触面为耦合传热,假设光学腔其余的表面均为绝热边界。光学腔内的石墨垫与外界环境接触面的热边界条件为对流和辐射耦合换热,但由于该部分位于光学腔的光路通道内,导致其复合换热系数很小;光学腔内的石墨垫与光学窗口玻璃接触面为耦合换热,其余的表面均为绝热。位于光学腔光路通道内的光学窗口玻璃表面热边界为辐射和对流耦合的换

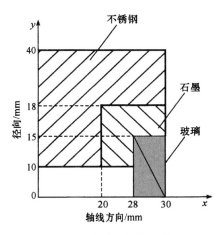

图 2-22 光学腔的物理模型

热边界,其余表面均为绝热边界。

光学腔不锈钢区域的传热计算方程为

$$\rho_s c_s \frac{\partial T_s}{\partial \tau} = \frac{\partial}{\partial x}\left(k_s \frac{\partial T_s}{\partial x}\right) + \frac{\partial}{\partial y}\left(k_s \frac{\partial T_s}{\partial y}\right) \quad (2\text{-}25)$$

光学腔石墨垫区域的传热计算方程为

$$\rho_m c_m \frac{\partial T_m}{\partial \tau} = \frac{\partial}{\partial x}\left(k_m \frac{\partial T_m}{\partial x}\right) + \frac{\partial}{\partial y}\left(k_m \frac{\partial T_m}{\partial y}\right) \quad (2\text{-}26)$$

光学腔光学窗口玻璃区域的传热计算方程为

$$\rho_g c_g \frac{\partial T_g}{\partial \tau} = \frac{\partial}{\partial x}\left(k_g \frac{\partial T_g}{\partial x}\right) + \frac{\partial}{\partial y}\left(k_g \frac{\partial T_g}{\partial y}\right) + q_r \quad (2\text{-}27)$$

式中,T_s、T_m 和 T_g 分别为光学腔内不锈钢、石墨垫、光学窗口玻璃的温度;τ 为时间;ρ_g、c_g、k_g 分别为光学窗口玻璃的密度、比热容和导热系数;ρ_s、c_s、k_s 分别为不锈钢的密度、比热容和导热系数;ρ_m、c_m、k_m 分别为石墨垫的密度、比热容和导热系数;q_r 为能量计算方程的辐射源,可以通过求解辐射传输方程式(2-19)和式(2-20)获得。

光学腔整个计算区域的初始条件满足:

$$T_s(0) = T_m(0) = T_g(0) = T_0 \quad (2\text{-}28)$$

光学腔的对流和辐射耦合换热边界条件满足:

$$-k\frac{\partial T}{\partial x} = h(T - T_f) + \sigma\varepsilon(T^4 - T_f^4) \quad (2\text{-}29)$$

光学腔对称面的传热边界条件满足:

$$-k\frac{\partial T}{\partial x} = 0 \quad (2\text{-}30)$$

式中,T_0 为光学腔的初始温度;T_f 为恒温箱的加热温度;σ 为辐射传热中的玻尔兹曼常数;ε 为壁面的黑度。光学腔的瞬态传热计算过程采用了隐式求解算法,其辐射传输方程计算采用了 DOM 模型。光学腔瞬态传热计算的控制精度满足能量计算方程为 10^{-7}、辐射传输计算方程为 10^{-7}。

2.3.2 结果与讨论

在光学腔的瞬态加热过程中,为了降低外界环境的干扰,恒温箱内部的光学通道采用了遮光和保温封闭处理,因此在计算过程中假设恒温箱内光学通道的进出口温度均为恒温箱的加热温度。光学腔的瞬态加热计算过程中光学窗口玻璃的热物性参数和辐射物性参数均参考 2.2 节所述内容。光学腔内不锈钢的密度为 8030kg/m³,不锈钢的比热容为 0.502kJ/(kg·K),不锈钢的导热系数为 16W/(m·K),不锈钢的黑度为 0.85。光学腔内石墨垫的密度为 1900kg/m³,石墨垫的比热容为 0.710kJ/(kg·K),石墨垫的导热系数为 129W/(m·K),石墨垫的黑度为 0.85。光学腔内光学通道内表面的对流传热系数为 10W/(m²·K),其余表面的对流传热系数为 20W/(m²·K)。光学腔计算区域的初始计算温度均为 293K。为了方便分析光学腔内温度场,采用无量纲温度数值来表示其温度场,计算中的无量纲温度表达式为

$$T^* = \frac{T - T_0}{T_f - T_0} \tag{2-31}$$

图 2-23 所示为考虑光学窗口玻璃半透明辐射前后,恒温箱加热温度为 673K 时,在不同时刻的绝热面、点(30,0)、点(28,20)和点(20,18)的无量纲温度。通过图 2-23(a)可以看出,光学腔在恒温箱内的加热时间增加,其绝热表面的温度分布梯度减小,当加热时间超过 600s 时,绝热表面温度分布相差很小;由图 2-23(a)还可以看出,光学窗口玻璃半透明辐射对光学腔内光学窗口玻璃的温度分布影响显著,但是其对石墨垫区域和不锈钢区域的影响相对较小,而且随着光学腔在恒温箱内加热时间的增加,这种影响明显减弱,当加热时间超过 600s 时,光学窗口玻璃半透明辐射的影响已经变得非常微弱。图 2-23(b)进一步说明光学窗口玻璃半透明辐射对恒温箱内光学腔加热过程的影响,在恒温箱内光学腔加热初始阶段,光学窗口玻璃半透明辐射对光学腔内光学窗口玻璃的表面点(30,0)的影响已经很强烈,然而随着恒温箱内光学腔加热时间的不断增加,光学窗口玻璃半透明辐射对光学腔内光学窗口玻璃的影响开始逐渐减弱,当加热时间超过 300s 后,光学窗口玻璃半透明辐射对光学腔内光学窗口玻璃的影响已经变得非常弱。由图 2-23(b)还可以看出,光学窗口玻璃半透明辐射对光学腔内点(28,20)和点(20,18)的影响也很弱,从而可以说明光学窗口玻璃半透明辐射对石墨垫区域和不锈钢区域的影响较小。

图 2-24 为考虑光学窗口玻璃半透明辐射影响,恒温箱的加热温度分别为

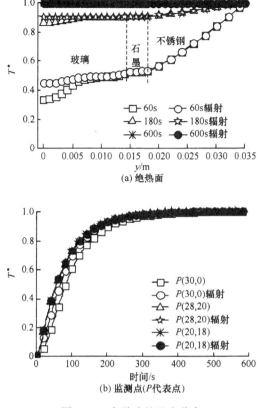

图 2-23 光学腔的温度分布

373K、673K、873K 和 1073K 时,在不同时刻的光学腔内光学窗口内表面(绝热面)的温度。通过图 2-24 可以看出,在恒温箱加热光学腔的温度较小时(373K),光学窗口玻璃以热传导为主,光学窗口玻璃半透明辐射对其加热过程的影响较小;然而,随着恒温箱加热光学腔的温度增加,光学窗口玻璃半透明特性对其加热过程的影响开始得到强化;当恒温箱加热光学腔的温度超过 673K 时,光学窗口玻璃的传热方式主要分为两部分,而光学窗口玻璃靠近石墨垫区域以热传导为主,光学窗口玻璃远离石墨垫区域则主要是热辐射。但随着恒温箱加热光学腔时间的延长,光学窗口玻璃温度分布的梯度更小,从而说明光学窗口玻璃的温度分布取决于其材料的导热性能。从图 2-24 可以看出,在恒温箱加热光学腔时间超过 600s 后,光学窗口玻璃的温度分布与恒温箱的加热温度相差非常小,从而可以得出一个结论:在利用恒温箱加热光学腔时,为了确保光学窗口玻璃表面温度足够大,要求恒温箱加热光学腔的时间不低于 600s。

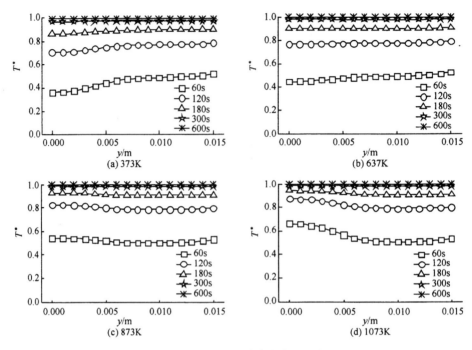

图 2-24 光学窗口玻璃内表面温度

在利用恒温箱加热光学腔的过程中,当光学腔内液态碳氢化合物的温度满足实验需要时,需要打开恒温箱光学通道两端的遮光装置,进行液态碳氢化合物透射光谱的测量实验。然而,在液态碳氢化合物的透射光谱测试过程中,开启恒温箱光学通道两端的遮光装置会对光学腔内液态碳氢化合物的温度分布产生一定的不利影响。为了分析开启恒温箱光学通道两端的遮光装置对光学腔内液态碳氢化合物温度分布的影响,假设在测试液态碳氢化合物的透射光谱实验中恒温箱光学通道进出口为封闭面且其温度与环境温度一致。在分析开启恒温箱光学通道两端的遮光装置对光学腔内液态碳氢化合物温度分布的影响时,采取恒温箱内加热光学腔稳定后温度满足 373K、673K、873K 和 1073K,而且假设环境温度不变,为 293K。

图 2-25 为恒温箱内加热光学腔稳定后其内部温度为 373K、673K、873K 和 1073K 时,开启恒温箱光学通道两端的遮光装置 60s 后,其靠近液态碳氢化合物侧光学窗口玻璃的表面温度。由图可以看出,开启恒温箱光学通道两端的遮光装置 60s 后,其靠近液态碳氢化合物侧光学窗口玻璃的表面温度已经明显降低,而且其温度分布开始变得不均匀,并且恒温箱内加热光学腔稳定后其内部温度越高,靠近液态碳氢化合物侧光学窗口玻璃的表面温度变化幅度也越大。由图 2-25 还可以看出,恒温箱内加热光学腔稳定后其内部温度分别为 373K、673K 和 873K 时,开启恒温箱光学通道两端的遮光装置 60s 后,其靠近液态碳氢化合物侧光学窗口玻

璃中心点(30,0)的温度变化率已经达到了0.6%、5.4%和13%,由此可以得出一个结论:利用恒温箱内加热光学腔内液态碳氢化合物时,为保证高温液态碳氢化合物透射光谱测量的准确性,该测试过程的时间应尽量短,而且也有必要修正液态碳氢化合物的测试温度。

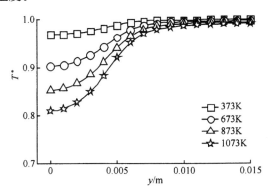

图 2-25　开启光学通道两端的遮光装置 60s 时光学窗口玻璃表面的温度

图 2-26 为开启恒温箱光学通道两端的遮光装置,恒温箱加热光学腔稳定后其内温度为 373K、673K、873K 和 1073K 时,光学腔内部点(30,0)在不同时刻的温度。由图可知,在打开恒温箱光学通道遮光罩的初期,光学腔内部监测点的温度变化明显,在恒温箱加热光学腔稳定后其内温度为 373K、673K 和 873K 时,光学腔内部监测点的温度变化率已达到了 0.7%、5.7%和 14%,并且随着开启恒温箱光学通道两端遮光装置时间的增加,光学腔内部监测点的温度变化梯度逐渐减小。

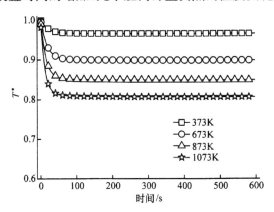

图 2-26　光学腔内部点(30,0)在不同时刻的温度

2.4 小　　结

本章首先研究了两种恒温箱内热环境和光学腔的瞬态加热特性,然后建立了电阻加热式恒温箱内热环境、氮气加热式恒温箱内热环境和光学腔的瞬态加热特性的计算模型,并分析了多种因素对两种恒温箱内热环境和光学腔瞬态加热特性的影响,得到的主要结论如下所述。

(1) 电阻加热式恒温箱内加热面的温度越高,箱内可用于光学腔加热区域温度的分布越均匀。为了防止光学窗口玻璃氧化,可以减小电阻加热式恒温箱内加热面的发射率,从而适当降低光学窗口玻璃温度,然而这种方法仅适用于有限的加热温度。通过增加光学窗口玻璃外表面的对流换热能力,可以减小光学窗口玻璃的温度,而且其对电阻加热式恒温箱内气体温度的影响很小。在电阻加热式恒温箱内加热面的温度较高时,仅通过降低电阻加热式恒温箱光学窗口玻璃外表面对流换热温度的方法并不能有效地降低其温度分布。

(2) 氮气加热式恒温箱通道光学窗口玻璃的半透明辐射对其内部气体加热的影响非常明显,使通道内气体的自然对流得到了显著提升。在通道入口气体满足低 Re 时,其通道内部光学窗口玻璃的外侧壁面 Nu 已经得到了大幅度提高,其局部区域 Nu 约为未考虑氮气加热式恒温箱通道光学窗口玻璃半透明辐射的 4 倍。在通道入口气体满足低 Re 时,通道光学窗口玻璃的半透明辐射使通道内部分气体的流动速率显著增加。在通道入口气体满足较高 Re 时,其通道内气体的传热方式以强制对流为主,此时通道光学窗口玻璃的半透明辐射对通道内气体的流动影响较小;通道光学窗口玻璃的半透明辐射使其通道外表面和对称面的温度减小,并且增加氮气加热式恒温箱通道入口气体速率对这个不利影响的作用较小。

(3) 在恒温箱加热光学腔时间超过 600s 后,光学腔光学窗口玻璃温度与恒温箱的加热温度基本一致,这表明通过恒温箱加热光学腔内液态碳氢化合物时,为了满足光学腔光学窗口玻璃温度的均匀分布,恒温箱加热光学腔时间不得低于 600s。在利用恒温箱加热光学腔内液态碳氢化合物后,开启恒温箱光学通道两端的遮光装置测量液态碳氢化合物高温透射光谱时,该测试过程的时间应尽量短,而且也有必要修正液态碳氢化合物的测试温度。

第 3 章　光学窗口玻璃热辐射物性的测量方法

　　光学窗口玻璃是电阻加热式恒温箱、氮气加热式恒温箱和光学腔的重要组成部分,也是光学腔实现液态碳氢化合物封装的关键部件。首先,光学窗口玻璃的透光性能对高温液态碳氢化合物的辐射特性测量过程影响很大;其次,在利用填充液态碳氢化合物光学腔的光谱透射比反演计算液态碳氢化合物的热辐射物性参数时,光学窗口玻璃的热辐射物性数据是其反演计算过程中所必需的参数。由此可见,光学窗口玻璃的热辐射物性数据对测量和反演高温液态碳氢化合物的热辐射物性参数至关重要。众所周知,光学窗口玻璃的热辐射物性可由其光学常数计算得到,而在其热辐射物性计算中涉及的光学常数主要为吸收指数和折射率。因此,本章主要讨论光学窗口玻璃的光学常数中吸收指数和折射率的获取方法,为后面章节所述光学窗口玻璃的热辐射物性测量和反演提供基本方法。

　　为了获取基于光学窗口玻璃的光谱透射比反演其光学常数中吸收指数和折射率,本章首先分析了单层和双层光学窗口玻璃的透射辐射特性,建立了单层和双层光学窗口玻璃光谱透射比计算的正问题模型。其次,基于 Tien 的双厚度法,引入和提出了三种基于单层和双层光学窗口玻璃光谱透射比反演其吸收指数和折射率的方法,通过合理的假设建立了反演光学窗口玻璃材料的吸收指数和折射率的反问题模型,并基于 FORTRAN 语言编写了对应的计算软件。最后,在常用光学窗口玻璃光学常数的范围内,探讨了本书采用三种方法的参数适用性,并研究了光学窗口玻璃的光谱透射比及其厚度测量的实验偏差对反演计算其吸收指数和折射率的影响。

3.1　基于光谱透射比方程简化的双厚度法

3.1.1　光学窗口玻璃光谱透射比的正问题模型

　　光学窗口玻璃的热辐射物性参数主要包括吸收系数和反射率,可由其光学常数计算得到,其主要受光学常数中光谱吸收指数 $k(\lambda)$(简写为 k)和折射率 $n(\lambda)$(简写为 n)两个参数的影响。因此,为了研究光学窗口玻璃的热辐射物性参数,首先需要确定光学窗口玻璃的光学常数。

　　当一束光强为 I_0 的光线沿光学窗口玻璃法线方向透射并穿过厚度为 L 的光学窗口玻璃时,假设其光线满足非偏振和漫射,且光学窗口玻璃材料满足各向同性。光学窗口玻璃界面的反射率为 $\rho(\lambda)$(简写为 ρ),其界面反射和透射如图 3-1 所

示。当透射光线经过各次透射 1,2,3,… 后,最终叠加形成光学窗口玻璃的透射辐射强度 I 为

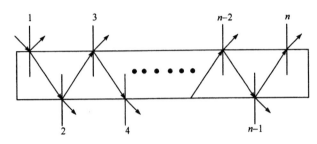

图 3-1 光学窗口玻璃反射和透射光线跟踪示意图

$$
\begin{aligned}
I &= (1-\rho)^2 I_0 e^{-\alpha L} + \rho^2 (1-\rho)^2 I_0 e^{-3\alpha L} + \rho^4 (1-\rho)^2 I_0 e^{-5\alpha L} + \cdots \\
&= (1-\rho)^2 I_0 e^{-\alpha L} (1 + \rho^2 e^{-2\alpha L} + \rho^4 e^{-4\alpha L} + \cdots) \\
&= \frac{(1-\rho)^2 I_0 e^{-\alpha L}}{1 - \rho^2 e^{-2\alpha L}}
\end{aligned} \tag{3-1}
$$

式中,α 为光学窗口玻璃材料的吸收系数,m^{-1}。

光学窗口玻璃光谱透射比和光谱反射比计算公式如下[46]:

$$T = \frac{I}{I_0} = \frac{(1-\rho)^2 e^{-\alpha L}}{1 - \rho^2 e^{-2\alpha L}} \tag{3-2a}$$

$$R = \rho + \rho T e^{-\alpha L} \tag{3-2b}$$

式中,R 为光学窗口玻璃的光谱反射比;T 为光学窗口玻璃的光谱透射比。

其中,光学窗口玻璃材料的吸收系数 α 满足:

$$\alpha = \frac{4\pi k}{\lambda} \tag{3-3}$$

由 Fresnel 定律可知,光学窗口玻璃界面的反射率 ρ 满足[47]:

$$\rho = \frac{(n-1)^2 + k^2}{(n+1)^2 + k^2} \tag{3-4}$$

3.1.2 光学窗口玻璃光学常数的反问题模型

由光学窗口玻璃的光谱透射比计算公式可见,其计算值主要与光学常数的吸收指数和折射率有关,所以需要得到吸收指数和折射率这两个参数。为此,通过透射法分别获得厚度为 L_1、L_2 的光学窗口玻璃在波长为 λ 时的两个法向光谱透射比测量值 T_1 和 T_2。同时由式(3-2)可知,两个法向光谱透射比 T_1、T_2 也满足以下关系式:

$$T_1 = \frac{(1-\rho)^2 e^{-\alpha L_1}}{1-\rho^2 e^{-2\alpha L_1}} \tag{3-5a}$$

$$T_2 = \frac{(1-\rho)^2 e^{-\alpha L_2}}{1-\rho^2 e^{-2\alpha L_2}} \tag{3-5b}$$

通过分析式(3-5)可以看出,当光学窗口玻璃的透射率和反射率较小时,可忽略式(3-5)中 $\rho^2 e^{-2\alpha L_1}$ 对其光谱透射比计算的影响。因此,对式(3-5)进行简化,则忽略式(3-5)中 $\rho^2 e^{-2\alpha L_1}$ 后两个法向光谱透射比 T_1、T_2 满足[54]:

$$T_1 = (1-\rho)^2 e^{\frac{-4\pi k L_1}{\lambda}} \tag{3-6a}$$

$$T_2 = (1-\rho)^2 e^{\frac{-4\pi k L_2}{\lambda}} \tag{3-6b}$$

当光学窗口玻璃的厚度满足 L_2 大于 L_1 的条件时,可由其光谱透射比计算式(3-6a)和式(3-6b)确定光学窗口玻璃材料的吸收指数,其计算公式为[54]

$$k = -\frac{\lambda \ln(T_1/T_2)}{4\pi(L_1 - L_2)} \tag{3-7}$$

获得光学窗口玻璃材料的吸收指数后,可以根据光学窗口玻璃界面的反射率 ρ 式(3-4)构建其材料的折射率和吸收指数之间的函数关系式,则光学窗口玻璃材料的折射率计算公式为

$$n = \frac{(1+\rho) + \sqrt{(1+\rho)^2 - (1-\rho)^2(1+k^2)}}{1-\rho} \tag{3-8}$$

然而,尚不能确定光学窗口玻璃材料折射率计算函数式(3-8)中的 ρ,导致无法利用式(3-8)求解光学窗口玻璃材料的折射率。为此,通过分析两个法向光谱透射比 T_1、T_2 计算函数式(3-6),可以发现得到的 ρ 计算关系式,其满足:

$$\rho = 1 - \frac{(T_1 e^{\frac{4\pi k L_1}{\lambda}})^{\frac{1}{2}} + (T_2 e^{\frac{4\pi k L_2}{\lambda}})^{\frac{1}{2}}}{2} \tag{3-9}$$

这样便获得了光学窗口玻璃光学常数的反问题模型,即基于光谱透射比方程简化的双厚度法(方法1)。为了计算光学窗口玻璃光学常数,首先需要获得厚度分别为 L_1、L_2 的光学窗口玻璃在波长为 λ 时的两个法向光谱透射比测量值 T_1 和 T_2,然后基于构建光学窗口玻璃光学常数的计算公式,确定光学窗口玻璃光学常数的吸收指数和折射率。

3.1.3 透射比方程简化的不利影响分析

在 3.1.2 节中忽略了 $\rho^2 e^{-\frac{8\pi k L}{\lambda}}$ 对其光学常数反演计算的影响。通过分析

$\rho^2 \mathrm{e}^{-\frac{8\pi kL}{\lambda}}$ 项,可以看出其值主要受光学窗口玻璃界面的反射率、材料的吸收系数、玻璃厚度及其入射光线波长的影响。如果光学窗口玻璃的吸收系数、厚度及其入射光线波长已知,则可以确定光学窗口玻璃的光谱透射率,其计算式为 $\mathrm{e}^{-\frac{4\pi kL}{\lambda}}$。

为了分析 $\rho^2 \mathrm{e}^{-\frac{8\pi kL}{\lambda}}$ 对光学窗口玻璃光学常数反演计算的影响,对式(3-5a)和式(3-6b)进行了相应的调整,改变后其满足:

$$T = \frac{(1-\rho)^2 \tau}{1-\rho^2 \tau^2} \tag{3-10}$$

$$T = (1-\rho)^2 \tau^2 \tag{3-11}$$

式中,光学窗口玻璃的光谱透射率 $\tau = \mathrm{e}^{-\frac{4\pi kL}{\lambda}}$。

由式(3-11)可知,光学窗口玻璃的光谱透射比仅与其界面的反射率及其光谱透射率有关。为此,需主要分析不同光学窗口玻璃界面的反射率及其光谱透射率,同时忽略 $\rho^2 \mathrm{e}^{-\frac{8\pi kL}{\lambda}}$ 对光学窗口玻璃光谱透射比计算的影响,也可以从侧面反映其对光学窗口玻璃光学常数反演计算的影响。如表 3-1 所示,可在光学窗口玻璃界面的反射率及其光谱透射率范围内合理取值,利用光学窗口玻璃光谱透射比计算函数式(3-10)和式(3-11),分别计算其忽略 $\rho^2 \mathrm{e}^{-\frac{8\pi kL}{\lambda}}$ 前后的两个法向光谱透射比,并分析两者之间的相对误差,其计算公式为

$$\Delta = \left| \frac{D_t - D_s}{D_t} \right| \times 100\% \tag{3-12}$$

式中,Δ 为忽略 $\rho^2 \mathrm{e}^{-\frac{8\pi kL}{\lambda}}$ 前后的两个法向光谱透射比的相对误差;D_t、D_s 分别为光学窗口玻璃光谱透射比计算函数式(3-10)和式(3-11)的计算值。

表 3-1 不同吸收区域的计算参数

区域分类	透射率/%	反射率
透明区	100	
弱吸收区	95	
中吸收区	50	0.01~0.99
高吸收区	20	
强吸收区	5	

图 3-2 所示为当光学窗口玻璃界面的反射率及其光谱透射率不同时,忽略 $\rho^2 \mathrm{e}^{-\frac{8\pi kL}{\lambda}}$ 对光学窗口玻璃光谱透射比计算的影响。

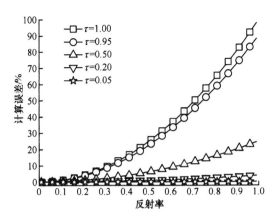

图 3-2 反射率和透射率的影响分析

由图 3-2 可以看出,忽略 $\rho^2 e^{-\frac{8\pi kL}{\lambda}}$ 对光学窗口玻璃光谱透射比计算的影响,计算误差随着光学窗口玻璃界面反射率和光学窗口玻璃透射率的增加而不断增加。光学窗口玻璃的透射率越大,忽略 $\rho^2 e^{-\frac{8\pi kL}{\lambda}}$ 对光学窗口玻璃光谱透射比计算值的影响越大;当光学窗口玻璃的透射率满足较低值时,忽略 $\rho^2 e^{-\frac{8\pi kL}{\lambda}}$ 对光学窗口玻璃光谱透射比计算的影响,随光学窗口玻璃界面反射率增加,其变化趋势变得相对平缓。在一定范围内可以适当的简化透射比方程,即在合适的光学窗口玻璃界面的反射率及其光谱透射率范围内,忽略 $\rho^2 e^{-\frac{8\pi kL}{\lambda}}$ 对光学窗口玻璃光谱透射比计算的影响很小,这为忽略 $\rho^2 e^{-\frac{8\pi kL}{\lambda}}$ 提供了理论依据。由图 3-2 还可看出,保持光学窗口玻璃的透射率不变,忽略 $\rho^2 e^{-\frac{8\pi kL}{\lambda}}$ 前后光学窗口玻璃光谱透射比的相对误差与光学窗口玻璃界面的反射率存在一定的二次乘方函数关系。

在透明区域,忽略 $\rho^2 e^{-\frac{8\pi kL}{\lambda}}$ 项前后光学窗口玻璃光谱透射比相对误差与光学窗口玻璃界面的反射率满足函数关系式

$$\Delta = 100\rho^2 \tag{3-13}$$

通过式(3-13)可知,当光学窗口玻璃界面的反射率为 10% 时,忽略 $\rho^2 e^{-\frac{8\pi kL}{\lambda}}$ 项前后光学窗口玻璃光谱透射比相对误差已经达到了 1%。

在弱吸收区域,忽略 $\rho^2 e^{-\frac{8\pi kL}{\lambda}}$ 项前后光学窗口玻璃光谱透射比相对误差与光学窗口玻璃界面的反射率满足函数关系式

$$\Delta = 90.25\rho^2 \tag{3-14}$$

通过式(3-14)可知,当光学窗口玻璃界面的反射率为 10% 时,忽略 $\rho^2 e^{-\frac{8\pi kL}{\lambda}}$ 项前后光学窗口玻璃光谱透射比相对误差已经达到了 0.90%。

在中吸收区域,忽略 $\rho^2 e^{-\frac{8\pi kL}{\lambda}}$ 项前后光学窗口玻璃光谱透射比相对误差与光学窗口玻璃界面的反射率满足函数关系式

$$\Delta = 25\rho^2 \tag{3-15}$$

通过式(3-15)可知,当光学窗口玻璃界面的反射率为 20% 时,忽略 $\rho^2 e^{-\frac{8\pi kL}{\lambda}}$ 项前后光学窗口玻璃光谱透射比相对误差已经达到了 1%。

在高吸收区域,忽略 $\rho^2 e^{-\frac{8\pi kL}{\lambda}}$ 项前后光学窗口玻璃光谱透射比相对误差与光学窗口玻璃界面的反射率满足函数关系式

$$\Delta = 4\rho^2 \tag{3-16}$$

通过式(3-16)可知,当光学窗口玻璃界面的反射率为 50% 时,忽略 $\rho^2 e^{-\frac{8\pi kL}{\lambda}}$ 项前后光学窗口玻璃光谱透射比相对误差已经达到了 1%。

在强吸收区域,忽略 $\rho^2 e^{-\frac{8\pi kL}{\lambda}}$ 项前后光学窗口玻璃光谱透射比相对误差与光学窗口玻璃界面的反射率满足函数关系式

$$\Delta = 0.25\rho^2 \tag{3-17}$$

通过式(3-17)可知,在强吸收区域,忽略 $\rho^2 e^{-\frac{8\pi kL}{\lambda}}$ 项前后光学窗口玻璃光谱透射比相对误差已经达到了 0.25%。

3.1.4 反问题模型的敏感度分析

在利用光学窗口玻璃的光谱透射比反演计算其材料的光学常数时,其光学窗口玻璃光学常数反问题模型的计算参数主要是光学窗口玻璃的光谱透射比、光学窗口玻璃的厚度、入射光线的波长、光学窗口玻璃材料的吸收指数和折射率等。由于不同的计算参数对光学窗口玻璃光学常数的反问题模型产生了不一致的影响,因此需要分析光学窗口玻璃光学常数的反问题模型对光学窗口玻璃的光谱透射比、光学窗口玻璃的厚度、入射光线的波长、光学窗口玻璃材料的吸收指数和折射率这些参数的敏感程度,以确定这些参数在对光学窗口玻璃光学常数反演计算的影响,从而为更好地指导光学窗口玻璃的光谱透射比测量实验和光学窗口玻璃光学常数反演提供理论指导。由分析可知,光学窗口玻璃的厚度、入射光线的波长、光学窗口玻璃材料的吸收指数和折射率构成了光学窗口玻璃界面的反射率及其光谱透射率,因此本节重点分析光学窗口玻璃界面的反射率及其光谱透射率对反演光学窗口玻璃光学常数计算中所用的光谱透射比方程的敏感程度。

针对光学窗口玻璃的光谱透射比方程式(3-10),对光学窗口玻璃界面的反射率 ρ 进行偏导数处理,从而可以确定光学窗口玻璃的光谱透射比方程对其反射率的敏感度系数,其计算公式为

$$\frac{\partial T}{\partial \rho} = \frac{2\rho\tau^3(1-\rho)^2 - 2\tau(1-\rho)}{(1-\rho^2\tau^2)^2} \quad (3\text{-}18)$$

针对光学窗口玻璃的光谱透射比方程式(3-10),对光学窗口玻璃界面光谱透射率 τ 进行偏导数处理,从而可以确定光学窗口玻璃的光谱透射比方程对其透射率的敏感度系数,其计算公式为

$$\frac{\partial T}{\partial \tau} = \frac{2\rho^2\tau^2(1-\rho)^2 + (1-\rho)^2}{(1-\rho^2\tau^2)^2} \quad (3\text{-}19)$$

采用表 3-1 中的计算参数,分析光学窗口玻璃界面的反射率及其光谱透射率对光学窗口玻璃光谱透射比计算函数的敏感程度,其计算结果如图 3-3 和图 3-4 所示。

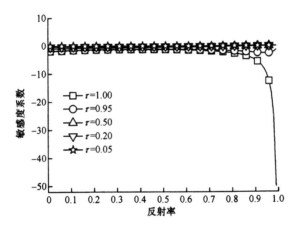

图 3-3 反射率的敏感性分析

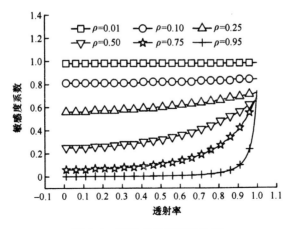

图 3-4 透射率的敏感性分析

从图 3-3 可以看出,光学窗口玻璃的光谱透射比方程对其界面反射率的敏感程度受光学窗口玻璃透射率的影响很大。透射率低于 50% 时,光学窗口玻璃的光谱透射比方程对其界面反射率的敏感度接近 -1。当透射性能变弱时,即当其处于高吸收区域时,光学窗口玻璃的光谱透射比方程对其界面反射率的敏感程度变得更加强烈。例如,光学窗口玻璃界面反射率为 99%、光学窗口玻璃透射率为 100% 时,光学窗口玻璃的光谱透射比方程对其界面反射率的敏感度为 -50,这也验证了 3.1.4 节中得出的结论。

从图 3-4 可以看出,光学窗口玻璃的光谱透射比方程对其透射率的敏感程度较小。在研究的光学窗口玻璃界面反射率范围内,光学窗口玻璃的光谱透射比方程对其透射率敏感程度的最大敏感度低于 0.99。光学窗口玻璃界面反射率越小,光学窗口玻璃的光谱透射比方程对其透射率敏感程度的变化越小。在光学窗口玻璃满足高反射、高吸收的区域,光学窗口玻璃的光谱透射比方程对其透射率的敏感程度随着光学窗口玻璃透射率的变化梯度较大。

3.1.5 反问题模型的适用范围

通过前面的分析可知,当光学窗口玻璃的厚度和入射光线波长不变时,光学窗口玻璃的光谱透射比主要受其材料光学常数中吸收指数和折射率的影响。为了分析光学窗口玻璃光学常数反问题模型的适用范围,在表 3-2 中所示的吸收指数和折射率范围内,合理选取吸收指数和折射率的参数值,将其作为模型分析中的真实值,利用光学窗口玻璃光谱透射比的正问题模型,确定当量厚度(当量厚度是指光学窗口玻璃厚度和入射光线波长的比值)1、当量厚度 2 对应的光学窗口玻璃的光谱透射比 T_1、T_2,将其作为实验获得的实验测量值,并利用光学窗口玻璃光学常数反问题模型计算吸收指数和折射率的反演值,结合反演得到的数据及其真实值进行相对误差分析,可以确定吸收指数和折射率对光学窗口玻璃光学常数反问题计算的影响,从而确定光学窗口玻璃光学常数反问题模型的适用范围。其中,适用范围分析中所用的相对误差计算式为

$$\Delta = \left| \frac{D_{\text{cal}} - D_{\text{exp}}}{D_{\text{exp}}} \right| \times 100\% \quad (3-20)$$

式中,Δ 为光学窗口玻璃的相关计算值和实验测量值的相对误差;D_{cal}、D_{exp} 分别为适用范围分析中所用的光学窗口玻璃的相关计算值和实验测量值。

表 3-2 适用范围分析参数

折射率	吸收指数	当量厚度1	当量厚度2
1~10	10^{-7}	20 000	40 000
	10^{-6}	2 000	4 000
	10^{-5}	200	400
	10^{-4}	20	40
	10^{-3}	2	4
	10^{-2}	0.2	0.2
	10^{-1}	0.02	0.04
	1	0.002	0.004

当吸收指数为1时,利用光学窗口玻璃光谱透射比的正问题模型计算其透射比和界面反射率,计算结果如图3-5所示。基于当量厚度1、当量厚度2对应的光学窗口玻璃的光谱透射比 T_1、T_2,通过光学窗口玻璃光学常数的反问题模型反演计算得到吸收指数、折射率和界面反射率。然后,通过式(3-20)计算光学窗口玻璃的相关计算值和实验测量值的相对误差,其计算结果如图3-5所示。

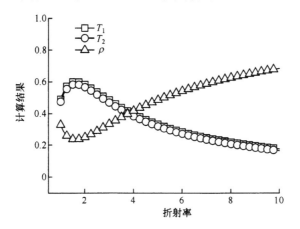

图 3-5 正问题模型的计算结果(方法1,吸收指数为1)

从图3-5可以看出,当量厚度1、当量厚度2对应的光学窗口玻璃的光谱透射比 T_1、T_2 在其材料折射率为1.62处均存在一个峰值。当折射率大于1.62时,即过峰值后光学窗口玻璃的光谱透射比均随其材料折射率的增大而不断减小。光学窗口玻璃的界面反射率在其材料折射率为1.62处恰为最小值,而且当折射率大于1.62后其值随着材料折射率的增大而不断增大。

由图3-6可知,通过光学窗口玻璃光学常数的反问题模型反演得到的吸收指数和折射率,计算得到的光学窗口玻璃光谱透射比与其实验测量值的相对误差最大值接近 36%;通过光学窗口玻璃光谱透射比曲线分析,可以说明利用反演得到的吸收指数和折射率计算的光学窗口玻璃光谱透射比,在某些范围是能够反映出光学窗口玻璃材料的原始光谱性质的。由图 3-6 还可以看出,光学窗口玻璃的吸收指数和折射率的反演结果与实际值相差很大,其中吸收指数的相对误差最大值已经超过 140%,而折射率的相对误差最大值已大于 160%,从而导致了光学窗口玻璃界面反射率的相对误差最大值大于 16%。尤其需要说明的是,在部分折射率范围内,如折射率取值为 1.62~2.77,其反演结果的相对误差最大值均低于 20%。这也说明方法 1 由于忽略 $\rho^2 e^{-\frac{8\pi kL}{\lambda}}$ 项,导致其不适用于强吸收性光学窗口玻璃光学常数的反演,如当吸收指数大于 1 时。

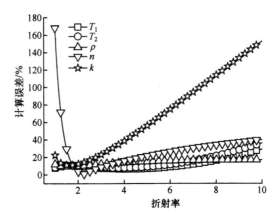

图 3-6　反演结果的计算误差(方法 1,吸收指数为 1)

当吸收指数为 0.1 时,利用光学窗口玻璃的光谱透射比正问题模型计算其透射比和界面反射率,计算结果如图 3-7 所示。基于当量厚度 1、当量厚度 2 对应的光学窗口玻璃的光谱透射比 T_1、T_2,通过光学窗口玻璃光学常数的反问题模型反演计算得到吸收指数、折射率和界面反射率。然后通过式(3-20)计算光学窗口玻璃的相关计算值和实验测量值的相对误差,计算结果如图 3-8 所示。

从图 3-7 可以看出,光学窗口玻璃材料的吸收指数为 0.1 时,光学窗口玻璃的光谱透射比曲线与光学窗口玻璃材料的吸收指数为 1 时的光谱透射比曲线显著不同,已经没有了峰值。然而,光学窗口玻璃的光谱透射比仍随着光学窗口玻璃材料折射率的增大而不断减小,光学窗口玻璃的界面反射率随着其材料折射率的增大而不断增大。

从图 3-8 可以看出,通过光学窗口玻璃光学常数的反问题模型反演得到的吸收指数和折射率,计算得到的光学窗口玻璃光谱透射比与其实验测量值的相对误差随着光学窗口玻璃材料折射率的增加而不断增加,在折射率为 1.01~3.00 时,光学窗口玻璃光学常数的反问题模型计算的误差均小于 5%。光学窗口玻璃材料

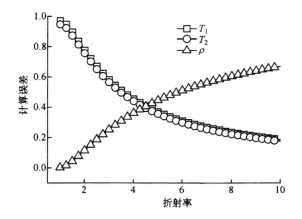

图 3-7　正问题模型的计算结果(方法 1,吸收指数为 0.1)

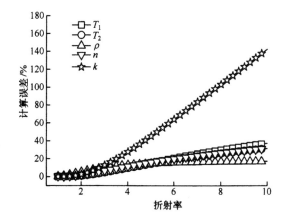

图 3-8　反演结果的计算误差(方法 1,吸收指数为 0.1)

的吸收指数为 0.1 时,通过光学窗口玻璃光学常数的反问题模型反演得到的吸收指数和折射率与实际值的差距仍然较大,反演光学窗口玻璃材料吸收指数的相对误差最大值大于 140%,反演光学窗口玻璃材料折射率的相对误差最大值为 30%,导致利用光学窗口玻璃光学常数反演值计算的光学窗口玻璃界面反射率得到的相对误差最大值大于 16%。由图 3-8 还可以看出,与吸收指数为 1 时的反演结果相比,反演光学窗口玻璃材料的折射率相对误差已经得到明显减小。在有限的折射率范围,如 1.01～2.82,光学窗口玻璃光学常数反问题模型的计算误差均低于 10%,但这说明了当利用方法 1 反演光学窗口玻璃光学常数且吸收指数超过 0.1 时,仍然需要注意光学窗口玻璃光学常数反问题模型的适用范围。

当吸收指数为 0.01 时,利用光学窗口玻璃光谱透射比的正问题模型计算其透射比和界面反射率,计算结果如图 3-9 所示。基于当量厚度 1、当量厚度 2 对应的光学窗口玻璃的光谱透射比 T_1、T_2,通过光学窗口玻璃光学常数的反问题模型反演计算得到吸收指数、折射率和界面反射率。然后通过式(3-20)计算光学窗口玻璃的相关计算值和实验测量值的相对误差,其计算结果如图3-10所示。

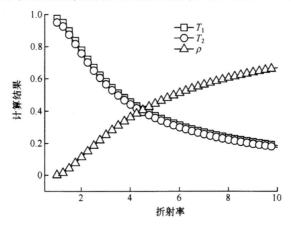

图 3-9　正问题模型的计算结果(方法1,吸收指数为0.01)

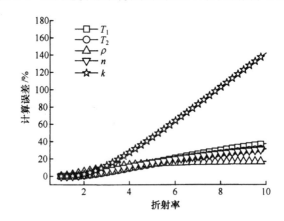

图 3-10　反演结果的计算误差(方法1,吸收指数为0.01)

从图3-9可以看出,吸收指数为0.01时,由于光学窗口玻璃的当量厚度为0.2,从而导致光学窗口玻璃界面的反射率与光学窗口玻璃材料的吸收指数为0.1时的界面反射率相差很小,致使光学窗口玻璃的两条光谱透射比曲线与光学窗口玻璃材料的吸收指数为0.1时光谱透射比曲线的变化趋势基本一致。

从图3-10可以看出,通过光学窗口玻璃光学常数反问题模型反演得到的吸收指数和折射率,计算得到的光学窗口玻璃光谱透射比与其实验测量值的相对误差,随着折射率的增加而不断增大,当折射率取值为1.01~3.00时,光学窗口玻璃光学常数的反问题模型反演误差与光学窗口玻璃材料吸收指数为0.1时的变化趋势基本一致,其计算误差均低于5%。当吸收指数为0.01时,光学窗口玻璃光学常数的反问题模型反演得到的计算数据与实际值的误差仍然较大,吸收指数反演值的相对误差最大值为140%,折射率反演值的相对误差最大值为30%,从而导致吸收指数和折射率计算的光学窗口玻璃界面反射率的相对误差最大值超过16%。与光学窗口玻璃材料的吸收指数为0.1时的计算结果相比,折射率反演值的相对误差显然已经减小。在光学窗口玻璃折射率的部分范围,如折射率取值为1.01~2.82时,利用光学窗口玻璃光学常数反问题模型计算的误差已经小于10%;在折射率取值为1.01~1.75时,计算的误差已经小于1%,这说明当利用方法1计算其光学常数且吸收指数大于0.01时,需要适当的注意其光学常数的适用范围。

当光学窗口玻璃材料的吸收指数为0.001时,利用光学窗口玻璃光谱透射比的正问题模型计算其透射比和界面反射率,计算结果如图3-11所示。基于当量厚度1、当量厚度2对应的光学窗口玻璃的光谱透射比 T_1、T_2,通过光学窗口玻璃光学常数的反问题模型反演计算得到其材料的吸收指数、折射率和光学窗口玻璃的界面反射率。然后通过式(3-20)计算光学窗口玻璃的相关计算值和实验测量值的相对误差,其计算结果如图3-12所示。

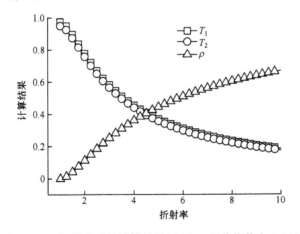

图3-11 正问题模型的计算结果(方法1,吸收指数为0.001)

从图3-11可以看出,当光学窗口玻璃材料的吸收指数为0.001时,由于光学窗口玻璃的当量厚度为2,造成了光学窗口玻璃界面反射率与吸收指数为0.01时的基本一致,从而导致了光学窗口玻璃的光谱透射比曲线与光学窗口玻璃材料吸收指数为0.01时的非常相近。从图3-12可以看出,通过光学窗口玻璃光学常数反问题模型反演得到的吸收指数和折射率,计算得到的光学窗口玻璃光谱透射比与其实验测量值的相对误差,随着折射率的增大而不断增大,在折射率取值为1.01~3.00时,光学窗口玻璃光学常数的反问题模型计算误差与光学窗口玻璃材料吸收指数为0.01时的非常相似,其计算相对误差均低于5%。当吸收指数为0.001时,光学窗口玻璃光学常数的反问题模型计算吸收指数和折射率与实际值差距也较大,吸收指数的相对误差最大值超过140%,折射率的相对误差最大值超

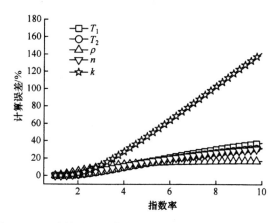

图 3-12 反演结果的计算误差(方法 1,吸收指数为 0.001)

过 30%,导致其计算的光学窗口玻璃界面反射率超过 16%。与光学窗口玻璃材料吸收指数为 0.01 时的计算数据相比,光学窗口玻璃折射率的反演误差已经明显下降。在部分折射率取值范围内,如折射率为 1.01~2.82 时,光学窗口玻璃光学常数的反问题模型计算误差已经小于 10%;而折射率为 1.01~1.75 时,光学窗口玻璃光学常数的反问题模型计算光学常数的误差已经小于 1%。这说明了当利用方法 1 计算光学常数且吸收指数大于 0.001 时,需要注意其适当的反演区间。

当光学窗口玻璃材料的吸收指数为 10^{-4} 时,利用光学窗口玻璃光谱透射比的正问题模型确定其透射比和玻璃表面反射率,计算结果如图 3-13 所示。基于光学窗口玻璃的光谱透射比,通过光学窗口玻璃光学常数的反问题模型反演计算得到其材料的吸收指数、折射率和光学窗口玻璃的界面反射率。然后通过式(3-20)计算光学窗口玻璃的相关计算值和实验测量值的相对误差,计算结果如图 3-14 所示。

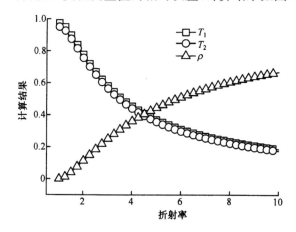

图 3-13 正问题模型的计算结果(方法 1,吸收指数为 10^{-4})

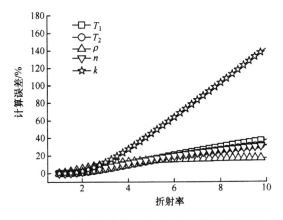

图3-14 反演结果的计算误差(方法1,吸收指数为10^{-4})

由图3-13可以看出,当光学窗口玻璃材料的吸收指数为10^{-4}时,由于光学窗口玻璃的当量厚度为20,使光学窗口玻璃界面反射率与吸收指数为0.001时的界面反射率非常接近,其光谱透射比曲线与光学窗口玻璃材料的吸收指数为0.001时的也相似。由图3-14可以看出,通过光学窗口玻璃光学常数反问题模型反演得到的吸收指数和折射率,计算得到的光学窗口玻璃光谱透射比与其实验测量值的相对误差,随着折射率的增加而不断增大,在折射率为1.01~3.00时,光学窗口玻璃光学常数反问题模型的计算误差与吸收指数为0.01时的非常相近,其计算误差均小于5%。当吸收指数为10^{-4}时,通过光学窗口玻璃光学常数的反问题模型反演得到的吸收指数和折射率与实际值的差距也很大,光学窗口玻璃材料吸收指数的计算误差最大值大于140%,光学窗口玻璃材料折射率的相对误差最大值大于30%,导致其计算的光学窗口玻璃界面反射率大于16%。在部分光学窗口玻璃材料的折射率取值区域,如折射率取值为1.01~2.82时,光学窗口玻璃光学常数反问题模型的相对误差均小于10%;而折射率取值为1.01~1.75时,计算误差均小于1%。这说明当利用方法1计算光学常数且吸收指数大于10^{-4}时,需要注意其适当的反演范围。

当吸收指数为10^{-5}时,利用光学窗口玻璃光谱透射比的正问题模型计算其透射比和界面反射率,计算结果如图3-15所示。基于当量厚度1、当量厚度2对应的光学窗口玻璃的光谱透射比T_1、T_2,通过光学窗口玻璃光学常数的反问题模型反演计算得到其材料的吸收指数、折射率和光学窗口玻璃的界面反射率。然后,通过式(3-20)计算光学窗口玻璃的相关计算值和实验测量值的相对误差,计算结果如图3-16所示。

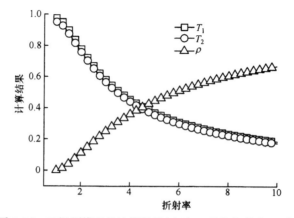

图 3-15 正问题模型的计算结果(方法 1,吸收指数为 10^{-5})

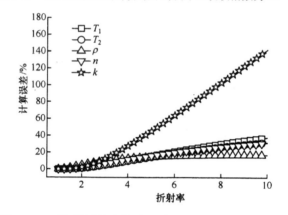

图 3-16 反演结果的计算误差(方法 1,吸收指数为 10^{-5})

由图 3-15 可见,当光学窗口玻璃材料的吸收指数为 10^{-5} 时,由于光学窗口玻璃的当量厚度为 200,使光学窗口玻璃界面反射率与吸收指数为 10^{-4} 时的界面反射率基本一致,导致光学窗口玻璃的光谱透射比曲线与光学窗口玻璃材料的吸收指数为 10^{-4} 时的非常接近。由图 3-16 可以看出,通过光学窗口玻璃光学常数的反问题模型反演得到的吸收指数和折射率,计算得到的光学窗口玻璃光谱透射比与其实验测量值的相对误差,随着折射率的增加而不断增大,在折射率为 1.01~3.00 时,光学窗口玻璃光学常数的反问题模型计算误差与光学窗口玻璃材料的吸收指数为 0.01 时的非常相似,其计算误差均小于 5%。当吸收指数为 10^{-5} 时,光学窗口玻璃光学常数反问题模型计算的数据与实际值仍然偏差较大,吸收指数的反演误差最大值已大于 140%,折射率的反演误差最大值已大于 30%,导致其计算的光学窗口玻璃界面反射率误差最大值大于 16%。在部分光学窗口玻璃材料的折射率取值区域,如折射率取值为 1.01~2.82 时,光学窗口玻璃光学常数反问题模型的计算误差均小于 10%;而折射率取值为 1.01~1.75 时,计算误差均小于

1%。这说明当利用方法 1 计算光学常数且吸收指数超过 10^{-5} 时,需要注意其适当的反演范围。

当光学窗口玻璃材料的吸收指数为 10^{-6} 时,利用光学窗口玻璃光谱透射比的正问题模型计算其透射比和界面反射率,计算结果如图 3-17 所示。基于光学窗口玻璃的光谱透射比,通过光学窗口玻璃光学常数的反问题模型反演计算得到其材料的吸收指数、折射率和光学窗口玻璃的界面反射率。然后通过式(3-20)计算光学窗口玻璃的相关计算值和实验测量值的相对误差,计算结果如图 3-18 所示。

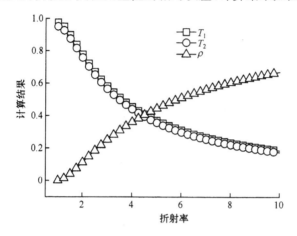

图 3-17 正问题模型的计算结果(方法 1,吸收指数为 10^{-6})

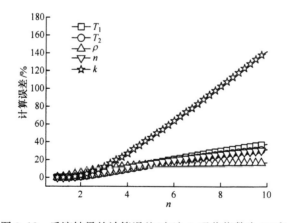

图 3-18 反演结果的计算误差(方法 1,吸收指数为 10^{-6})

由图 3-17 可以看出,当光学窗口玻璃材料的吸收指数为 10^{-6} 时,由于光学窗口玻璃的当量厚度为 2000,其光学窗口玻璃界面反射率与吸收指数为 10^{-5} 时的基本一致,其光学窗口玻璃光谱透射比曲线与吸收指数为 10^{-5} 时的非常接近。由图 3-18 可以看出,通过光学窗口玻璃光学常数的反问题模型反演得到的吸收指数和折射率,计算得到的光学窗口玻璃光谱透射比与其实验测量值的相对误差,随着折射率的增加而不断增大。当折射率为 1.01～3.00 时,光学窗口玻璃光学常数的反问题模型计算误差与光学窗口玻璃材料的吸收指数为 10^{-5} 时的非常相似,其计算结果均小于 5%。当吸收指数为 10^{-6} 时,光学窗口玻璃光学常数的反问题模型计算值与实际值差距比较大,吸收指数的计算误差最大值大于 140%,折射率的计算误差最大值大于 30%,导致其计算的光学窗口玻璃界面反射率大于 16%。在部分光学窗口玻璃材料的折射率取值区域,如折射率取值为 1.01～2.82 时,光学窗口玻璃光学常数反问题模型的计算误差均小于 10%;而折射率取值为 1.01～1.75 时,计算误差均小于 1%。这说明当利用方法 1 计算光学常数且吸收指数超过 10^{-6} 时,需要注意其适当的反演范围。

从上述方法 1 的适用范围分析可以看出,基于光谱透射比方程简化的双厚度法,即反演方法 1 在反演吸收指数和折射率时,对吸收指数小于 10^{-2}、折射率为 1.01～1.75 时,光学窗口玻璃光学常数的反问题模型计算误差均小于 1%;而当折射率为 1.01～2.82 时,计算误差均低于 10%。由此可见,在利用基于光谱透射比方程简化的双厚度法进行反演光学窗口玻璃光学常数时,需要注意其一定的适用范围。

3.2 基于透射比方程的双厚度法

3.2.1 反问题模型

通过 3.1 节方法 1 的模型适用性范围分析可知,由于忽略了透射比计算公式中的 $\rho^2 e^{-\frac{8\pi k L}{\lambda}}$ 项,对光学窗口玻璃的光学常数反演计算带来了较大的影响。为此,需要考虑 $\rho^2 e^{-\frac{8\pi k L}{\lambda}}$ 对光学窗口玻璃光学常数反演计算的影响,因此可通过式(3-5)直接构建光学窗口玻璃光学常数的反问题模型,即基于透射比方程的双厚度法(方法 2),其求解关系式如下:

$$\rho = \frac{1-\sqrt{T_1^2 + T_1(e^{4\pi k L_1/\lambda} - e^{-4\pi k L_1/\lambda})}}{1 + T_1 e^{-4\pi k L_1/\lambda}} \tag{3-21}$$

$$k = \frac{\lambda}{4\pi L_2}\ln[(1+\sqrt{1+4c^2\rho^2})/2c] \tag{3-22a}$$

$$c = \frac{T_2}{(1-\rho)^2} \tag{3-22b}$$

光学窗口玻璃光学常数的反问题模型方法 2 的求解过程:①假定光学窗口玻璃材料的吸收指数 k;②通过式(3-21)计算光学窗口玻璃界面反射率 ρ,通过式(3-22)计算新的光学窗口玻璃材料的吸收指数 k;③分析吸收指数 k 假定值与计算值的计算误差,若其计算误差满足精度要求,则可以结束该反演计算过程,否则以吸收指数 k 计算值替换其假定值返回第②步;④吸收指数收敛后,利用式(3-8)计算光学窗口玻璃材料的折射率 n。

3.2.2 反问题模型的适用范围

为了分析方法 2 的适用范围,在表 3-2 所示的吸收指数和折射率范围内,合理选取吸收指数和折射率的参数值,将其作为模型分析中的真实值,利用光学窗口玻璃光谱透射比的正问题模型,确定当量厚度 1、当量厚度 2 对应的光学窗口玻璃的光谱透射比 T_1、T_2,将其作为实验获得的实验测量值,并利用光学窗口玻璃光学常数反问题模型计算吸收指数和折射率的反演值,结合反演得到的数据及其真实值进行相对误差分析,可以确定吸收指数和折射率对光学窗口玻璃光学常数反问题模型计算的影响,从而确定该模型的适用范围。

当吸收指数为 1 时,利用光学窗口玻璃的光谱透射比正问题模型计算其透射比和界面反射率,计算结果如图 3-5 所示。基于光谱透射比,通过光学窗口玻璃光学常数的反问题模型反演计算得到吸收指数、折射率和界面反射率。然后通过式(3-20)计算光学窗口玻璃的相关计算值和实验测量值的相对误差,计算结果如图 3-19 所示。

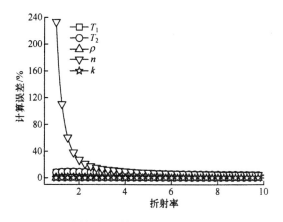

图 3-19 反演结果的计算误差(方法 2,吸收指数为 1)

由图 3-19 可以看出,通过光学窗口玻璃光学常数反演数据计算的光谱透射比与其实验测量值的相对误差最大值约为 9.34%,与方法 1 相比,方法 2 考虑 $\rho^2 e^{-\frac{8\pi k L}{\lambda}}$ 对光学窗口玻璃光学常数反演计算的影响后,其光学窗口玻璃光学常数反演数据计算的光谱透射比更能反映其材料的基本光谱特性。当吸收指数为 1 时,方法 2 反演吸收指数的相对误差均低于 10^{-7},这表明在强吸收区域,方法 2 也能很好地计算吸收指数。当折射率大于 2.33 时,方法 2 反演的折射率误差均小于

20%,并且其误差随着折射率的增大而不断减小。

当吸收指数为 0.5、当量厚度 1 为 0.02 和当量厚度 2 为 0.04 时,利用光学窗口玻璃光谱透射比的正问题模型计算透射比和界面反射率,计算结果如图 3-20 所示。基于光谱透射比,通过光学窗口玻璃光学常数的反问题模型反演计算得到吸收指数、折射率和界面反射率。然后通过式(3-20)计算光学窗口玻璃的相关计算值和实验测量值的相对误差,计算结果如图 3-21 所示。

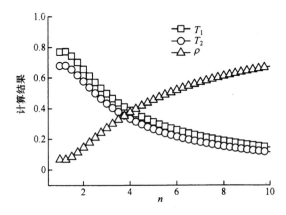

图 3-20　正问题模型的结果(方法 2,吸收指数为 0.5)

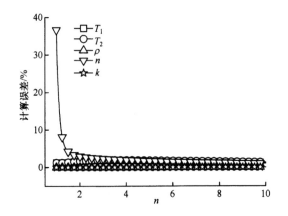

图 3-21　反演结果的计算误差(方法 2,吸收指数为 0.5)

由图 3-20 可以看出,当吸收指数为 0.5 时,光学窗口玻璃的两条光谱透射比均随折射率的增加而不断减小,而界面反射率曲线的变化趋势却与光谱透射比曲线的变化趋势恰好相反。由图 3-21 可以看出,通过光学窗口玻璃光学常数反演值计算的光谱透射比与实验测量值的相对误差明显减小,其中相对误差的最大值为 1.98%,与吸收指数为 1 时相比,反演精度有了很大的提高。在整个反演区域,吸收指数反演值的相对误差均低于 10^{-7}。当折射率大于 1.21 时,折射率反演值的计算误差小于10%,而且随着折射率的增大而不断减小。

当吸收指数为0.25、当量厚度1为0.02和当量厚度2为0.04时,利用光学窗口玻璃光谱透射比的正问题模型计算透射比和界面反射率,计算结果如图3-22所示。基于光谱透射比,通过光学窗口玻璃光学常数的反问题模型反演计算得到吸收指数、折射率和界面反射率。然后通过式(3-20)计算光学窗口玻璃的相关计算值和实验测量值的相对误差,计算结果如图3-23所示。

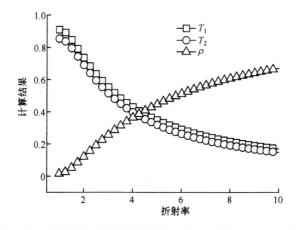

图3-22 正问题模型的计算结果(方法2,吸收指数为0.25)

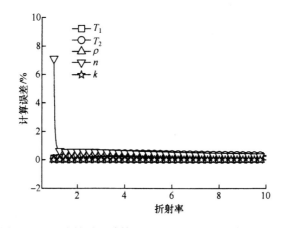

图3-23 反演结果的计算误差(方法2,吸收指数为0.25)

由图3-22可以看出,当吸收指数为0.25时,光学窗口玻璃的两条光谱透射比曲线值均随折射率的增加而不断减小,而界面反射率曲线的变化趋势与光谱透射比曲线的变化趋势恰好相反。

由图3-23可以看出,通过光学窗口玻璃的光学常数反演值计算的光谱透射比与实验测量值的相对误差明显减小,其中相对误差的最大值为0.46%,与吸收指数为0.5时相比,其反演精度有了很大提高。在整个反演区域,吸收指数反演值的相对误差小于10^{-7},折射率反演值的相对误差均小于8%,且其随着折射率的增大而不断减小。

当吸收指数为0.1时,利用光学窗口玻璃光谱透射比的正问题模型计算透射比和界面反射率,计算结果如图3-7所示。基于光谱透射比,通过光学窗口玻璃光学常数的反问题模型反演计算得到吸收指数、折射率和界面反射率。然后通过式(3-20)计算光学窗口玻璃的相关计算值和实验测量值的相对误差,计算结果如图3-24所示。

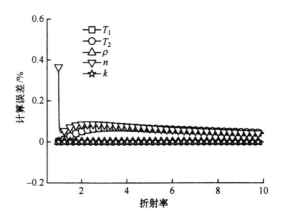

图3-24　反演结果的计算误差(方法2,吸收指数为0.1)

由图3-24可以看出,通过光学窗口玻璃光学常数反演值计算的光谱透射比与实验测量值的相对误差显著减小,其相对误差的最大值为0.069%。在整个光学窗口玻璃光学常数反演区域,反演光学窗口玻璃材料吸收指数的计算误差均小于10^{-7}。当折射率大于1.03时,反演的折射率的计算误差均小于0.1%,且随着折射率的增大而不断减小。

当吸收指数为0.001时,利用光学窗口玻璃光谱透射比的正问题模型计算透射比和界面反射率,计算结果如图3-11所示。基于光谱透射比,通过光学窗口玻璃光学常数的反问题模型反演计算得到吸收指数、折射率和界面反射率。然后通过式(3-20)计算光学窗口玻璃的相关计算值和实验测量值的相对误差,计算结果如图3-25所示。

由图3-25可以看出,通过光学窗口玻璃光学常数反演值计算的光谱透射比与实验测量值的相对误差显著减小,其相对误差的最大值为0.02%。在整个反演区域,吸收指数反演值的相对误差均小于10^{-7}。当折射率大于1.03时,折射率反演值的相对误差均小于10^{-7},且其随着折射率的增大而不断减小。

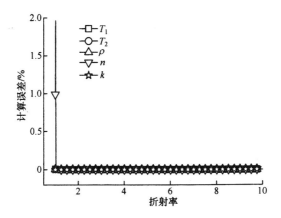

图 3-25 反演结果的计算误差(方法 2,吸收指数为 0.001)

从上述方法 2 的模型适用性范围分析可以看出,当考虑光谱透射比方程中 $\rho^2 e^{-\frac{8\pi k L}{\lambda}}$ 项对其反演计算的影响后,在反演光学常数时,方法 2 比方法 1 的适用范围更广。在吸收指数小于 0.1、折射率为 1.03~10 时,方法 2 反演光学窗口玻璃光学常数的相对误差可以小于 0.1%。

3.3 一种新的双厚度法

3.3.1 双层光学窗口玻璃透射特性的正问题模型

在实际光学窗口玻璃透射光谱的测量中,经常会遇到厚度均一的光学窗口玻璃样品,只能获得一个厚度下的光学窗口玻璃透射光谱。然而,利用方法 1 和方法 2 反演光学窗口玻璃的光学常数时,由于仅有单一厚度的光谱透射比数据,导致计算模型无法工作。为了解决单一厚度光谱透射比数据下光学窗口玻璃的光学常数的反演问题,提出将两块厚度均一的光学窗口玻璃叠加在一起,然后再测量两块光学窗口玻璃厚的透射光谱,就可以得到单块光学窗口玻璃和两块叠加光学窗口玻璃的两组光谱透射比数据 T_1 和 T_{1+2},但光学窗口玻璃间留有一定的空气间隙。

单层厚度为 L 的双层光学窗口玻璃的透射光线跟踪如图 3-26 所示。

通过分析双层光学窗口玻璃的透射光线,得出双层光学窗口玻璃的总反射比 R_{1+2} 和透射比 T_{1+2} 的计算公式,其关系式如下:

$$R_{1+2} = R + RT^2(1+R^2+R^4+\cdots) \approx R + \frac{RT^2}{1-R^2} \tag{3-23}$$

$$T_{1+2} = T^2(1+R^2+R^4+\cdots) \approx \frac{T^2}{1-R^2} \tag{3-24}$$

式中,R、T 为单层光学窗口玻璃的反射比和透射比。

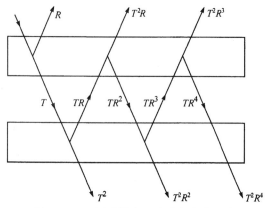

图 3-26 双层光学窗口玻璃的光线跟踪

3.3.2 反问题模型

为通过单块光学窗口玻璃和两块叠加光学窗口玻璃的两组光谱透射比数据 T_1 和 T_{1+2} 反演光学窗口玻璃的光学常数,将式(3-2)和式(3-24)进行联合,得出反演光学窗口玻璃光学常数的反问题模型,即一种新的双厚度法(方法3),且其计算关系式如下:

$$\rho = \frac{\sqrt{1-\dfrac{T_1^2}{T_{1+2}}}}{1+T_1 \mathrm{e}^{-4\pi k L/\lambda}} \tag{3-25}$$

$$k = -\frac{\lambda}{4\pi L} \ln \frac{\sqrt{(1-\rho)^4 + 4T_1^2\rho^2} - (1-\rho)^2}{2T_1\rho^2} \tag{3-26}$$

光学窗口玻璃光学常数的反问题模型方法 3 的反演计算过程:①假定光学窗口玻璃材料的吸收指数 k;②通过式(3-25)计算光学窗口玻璃界面的反射率 ρ,通过式(3-26)计算光学窗口玻璃材料的新吸收指数 k;③分析假定光学窗口玻璃材料的假定吸收指数 k 与计算吸收指数 k 的计算误差,若计算误差满足精度要求,则结束光学窗口玻璃材料吸收指数 k 的计算,否则将光学窗口玻璃材料的计算吸收指数 k 替换假定吸收指数 k 返回第②步;④光学窗口玻璃材料的吸收指数 k 收敛后,利用式(3-8)计算光学窗口玻璃材料的折射率 n。

3.3.3 反问题模型的适用范围

为了分析光学窗口玻璃光学常数反问题模型方法 3 的适用范围,在表 3-3 中所给出的吸收指数和折射率范围内,合理选取吸收指数和折射率的参数值,将其作为模型分析中的真实值,利用光学窗口玻璃光谱透射比的正问题模型,确定当量厚度对应的单层和双层光学窗口玻璃的光谱透射比 T_1、T_{1+2},将其作为实验获得的实验测量值,并利用光学窗口玻璃光学常数反问题模型方法3计算吸收指数和折射率的反演值,结合反演得到的数据及其真实值进行相对误差分析,可以确定吸收指数和折射率对光学窗口玻璃光学常数反问题计算的影响,从而确定光学窗口玻璃光学常数反问题模型的适用范围。

表 3-3 方法 3 计算用参数

折射率	吸收指数	当量厚度
	1	0.002
	0.5	—
1~10	0.25	0.02
	0.1	—
	0.01	0.2

当吸收指数为1时,利用光学窗口玻璃光谱透射比的正问题模型计算透射比和界面反射率,计算结果如图3-27所示。通过光学窗口玻璃光学常数的反问题模型反演计算得到吸收指数、折射率和界面反射率。然后通过式(3-20)计算光学窗口玻璃的相关计算值和实验测量值的相对误差,计算结果如图3-28所示。

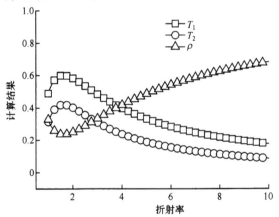

图 3-27 正问题模型的计算结果(方法 3,吸收指数为 1)

由图3-27可以看出,双层光学窗口玻璃的光谱透射比曲线变化趋势与单层光学窗口玻璃的基本一致,而且其透射比曲线在光学窗口玻璃材料折射率等于1.62处存在一个峰值,当折射率大于1.62后,双层光学窗口玻璃和单层光学窗口玻璃的光谱透射比均随着折射率的增大而不断减小。通过对比分析图3-27和图3-5中的透射比曲线可以看出,在相同计算条件下,双层光学窗口玻璃的光谱透射比要比单层2倍厚度光学窗口玻璃的光谱透射比小很多。究其原因在于双层光学窗口玻璃间的空气层造成其透射能力显著减弱,两层光学窗口玻璃间存在的空气层,加强了空气层两侧光学窗口玻璃的反射能力,进而导致两层光学窗口玻璃透射能力

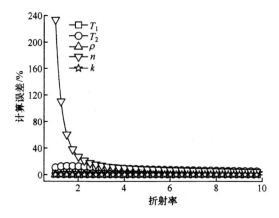

图 3-28 反演结果的计算误差(方法 3,吸收指数为 1)

显著下降。

由图 3-28 可以看出,通过光学窗口玻璃光学常数反演值计算的光学窗口玻璃光谱透射比与实验测量值的相对误差最大值为 13%,这比方法 1 的相对误差有所改善,但与方法 2 相比其相对误差却有所增大。在整个反演区域,吸收指数反演值的相对误差均小于 10^{-8},但是折射率反演值的误差较大。当折射率处于低折射率区域时,折射率反演值的误差达到了 234%;然而,折射率超过 4.02 时,折射率反演值的误差随着折射率的增大而不断减小。

当吸收指数为 0.5 时,利用光学窗口玻璃光谱透射比的正问题模型计算透射比和界面反射率,计算结果如图 3-29 所示。通过光学窗口玻璃光学常数的反问题模型反演计算得到吸收指数、折射率和界面反射率。然后通过式(3-20)计算光学窗口玻璃的相关计算值和实验测量值的相对误差,计算结果如图 3-30 所示。

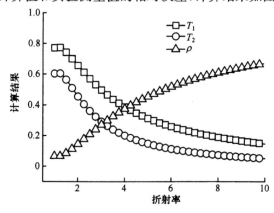

图 3-29 正问题模型的计算结果(方法 3,吸收指数为 0.5)

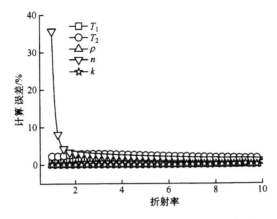

图 3-30　反演结果的计算误差(方法 3,吸收指数为 0.5)

由图 3-29 可见,双层光学窗口玻璃和单层光学窗口玻璃的光谱透射比曲线的变化趋势发生了改变,而且光谱透射比均随着折射率的增大而不断减小。

由图 3-30 可以看出,通过光学窗口玻璃的光学常数反演值计算得到的光学窗口玻璃光谱透射比与实验测量值的相对误差最大值为 2.88%,这比方法 1 的计算误差有所减小,但与方法 2 相比其计算误差有所增大。在整个反演区域,吸收指数反演值的相对误差均低于 10^{-8},但是折射率反演值的误差较大。当折射率处于低折射率区域时,折射率反演值的误差达到了 36%;然而,折射率超过 1.21 时,折射率反演值的误差低于 10%,且其随着折射率的增大而不断减小。

当吸收指数为 0.25 时,利用光学窗口玻璃光谱透射比的正问题模型计算透射比和界面反射率,计算结果如图 3-31 所示。通过光学窗口玻璃光学常数的反问题模型反演计算得到吸收指数、折射率和界面反射率。然后通过式(3-20)计算光学窗口玻璃的相关计算值和实验测量值的相对误差,计算结果如图 3-32 所示。

如图 3-31 所示,当吸收指数为 0.25 时,与吸收指数为 0.5 时相比,双层光学窗口玻璃和图 3-20 所示的单层光学窗口玻璃的光谱透射比曲线的变化趋势显著不同,但光谱透射比均随着折射率的增大而不断减小。

由图 3-32 可以看出,通过光学窗口玻璃的光学常数反演值计算得到的光学窗口玻璃光谱透射比与实验测量值的相对误差最大值为 0.65%,这比方法 1 的计算误差有所减小,但与方法 2 相比其计算误差却有所增大。在整个反演区域,吸收指数反演值的相对误差均低于 10^{-8},折射率反演值的误差为 7.1%,而且折射率反演值的误差随着折射率的增大而不断减小。

当吸收指数为 0.1 时,利用光学窗口玻璃光谱透射比的正问题模型计算透射比和界面反射率,计算结果如图 3-33 所示。通过光学窗口玻璃光学常数的反问题模型反演计算得到吸收指数、折射率和界面反射率。然后通过式(3-20)计算光学窗口玻璃的相关计算值和实验测量值的相对误差,计算结果如图 3-34 所示。

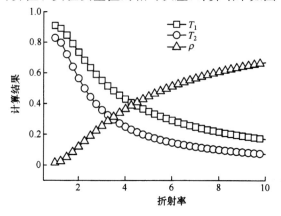

图 3-31　正问题模型的计算结果(方法 3,吸收指数为 0.25)

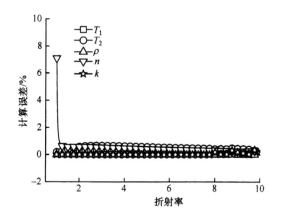

图 3-32　反演结果的计算误差(方法 3,吸收指数为 0.25)

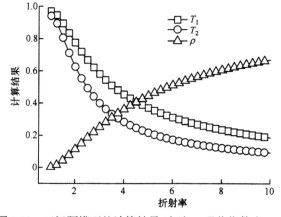

图 3-33　正问题模型的计算结果(方法 3,吸收指数为 0.1)

如图3-33所示,当吸收指数为0.1时,双层光学窗口玻璃光谱透射比曲线的变化趋势与单层光学窗口玻璃的已经明显不同,但其光谱透射比随着折射率的增大而不断减小。

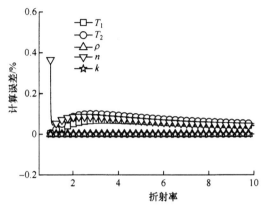

图3-34　反演结果的计算误差(方法3,吸收指数为0.1)

由图3-34可以看出,通过光学窗口玻璃光学常数反演值计算的光学窗口玻璃光谱透射比与实验测量值的相对误差最大值为0.1%。在整个反演区域,吸收指数反演值的相对误差均低于10^{-7},折射率反演值的误差为0.4%,而且折射率反演值的误差随着折射率的增大而不断减小。

当吸收指数为0.001时,利用光学窗口玻璃光谱透射比的正问题模型计算透射比和界面反射率,计算结果如图3-35所示。通过光学窗口玻璃光学常数的反问题模型反演计算得到吸收指数、折射率和界面反射率。然后通过式(3-20)计算光学窗口玻璃的相关计算值和实验测量值的相对误差,计算结果如图3-36所示。

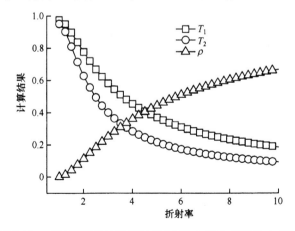

图3-35　正问题模型的计算结果(方法3,吸收指数为0.001)

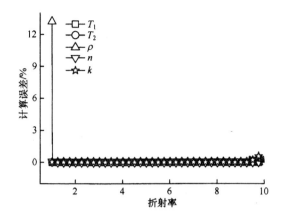

图 3-36　反演结果的计算误差(方法 3,吸收指数为 0.001)

从图 3-35 可见,当吸收指数为 0.001 时,双层光学窗口玻璃和单层光学窗口玻璃的光谱透射比曲线的变化趋势截然不同,但其光谱透射比均随着折射率的增大而不断减小。由图 3-36 可以看出,通过光学窗口玻璃的光学常数反演值计算的光谱透射比与实验测量值的相对误差最大值为 10^{-7}。在整个反演区域,吸收指数反演值的相对误差均低于 0.001%,折射率反演值的误差为 0.002%,而且折射率反演值的误差随着折射率的增大而不断减小。

3.4　光学窗口玻璃光谱透射比范围的影响

众所周知,同一光学窗口玻璃的光谱透射比在强吸收区域较小,在弱吸收区域较大。在相同波段区域,厚度大的光学窗口玻璃的光谱透射比比厚度小的光学窗口玻璃的光谱透射比明显小。利用光学窗口玻璃光学常数反演模型计算光学常数时,应该分析光学窗口玻璃的光谱透射比对其反演计算的影响,从而为光学窗口玻璃的光谱透射比实验测量提供指导。为此,本节主要分析光学窗口玻璃的光谱透射比范围对光学窗口玻璃光学常数反演模型计算其光学常数的影响。由上述分析可知,反演模型受光学常数范围的影响,因此为了摆脱反演模型对光学常数适用范围依赖所造成的不利影响,在分析光学窗口玻璃的光谱透射比对其反演计算的影响时,光学窗口玻璃光学常数的计算数据采用本书三种反演方法均适合的范围,即本节计算中光学窗口玻璃材料的折射率为 1.25～1.75、光学窗口玻璃材料的吸收指数为 10^{-6}。

3.4.1　光学窗口玻璃高透射比区域

为了分析在高透射比区域(光谱透射比超过 80%)内光学窗口玻璃的光谱透射比对光学窗口玻璃光学常数反演模型计算光学常数的影响,在表 3-4 中给出的吸收指数和折射率范围内,合理选取吸收指数和折射率的参数值,将其作为模型分析中的真实值,利用光学窗口玻璃光谱透射比的正问题模型,确定当量厚度 1、当量厚度 2 对应的光谱透射比 T_1、T_2,计算结果如图 3-37 所示。然后将 T_1、T_2 作为实验获得的实验测量值,并利用光学窗口玻璃光学常数反问题模型方法 1 和方法 2 计算吸收指数和折射率的反演值,结合反演得到的数据及其真实值进行相对误差分析,可以确定吸收指数和折射率对光学窗口玻璃光学常数反问题计算的影响。

表 3-4 方法 1 和方法 2 计算用参数(高透射比区域)

T_1 与 T_2 相对差值/%	吸收指数	折射率	当量厚度 1	当量厚度 2
0.1				2 080
1	10^{-6}	1.25～1.74	2 000	2 800
5				6 085
10				10 400

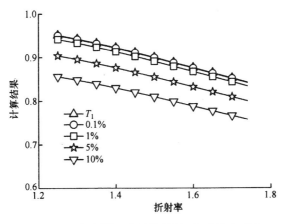

图 3-37 正问题模型的计算结果(高透射比区域)

图 3-38 为方法 1 反演结果的计算误差,由此可以看出,在高透射比区域光谱透射比的取值对方法 1 反演吸收指数的影响很小。当两种当量厚度光学窗口玻璃的光谱透射比的相对差值为 0.1% 和 1% 时,方法 1 反演吸收指数的相对误差为 1%;而当相对差值超过 5% 时,光谱透射比的取值对光学窗口玻璃光学常数反演模型方法 1 反演吸收指数的影响更小。由图 3-38 还可以看出,在高透射比区域,当相对差值为 0.1% 和 10% 时,方法 1 反演折射率的相对误差仅为 0.47%,可见光谱透射比的取值对方法 1 反演折射率的影响也较小。但是需要注意的是,在一定程度上,方法 1 仍然受光谱透射比取值的影响。因此,即使光谱透射比在高透射比区域,在利用方法 1 进行反演时,相对差值不宜小于 0.1%。

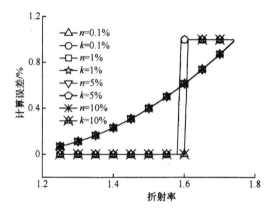

图 3-38　方法 1 的反演结果（高透射比区域）

由图 3-39 可以看出,光谱透射比对方法 2 的反演计算影响很小。与方法 1 相比较可以看出,在高透射比区域,方法 2 比方法 1 具有更广的适用范围。

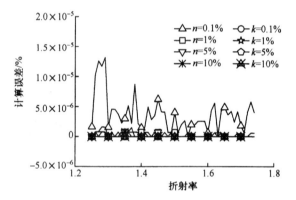

图 3-39　方法 2 的反演结果（高透射比区域）

3.4.2　光学窗口玻璃低透射比区域

为了分析在低透射比区域（光谱透射比约为 10%）内光学窗口玻璃的光谱透射比对光学窗口玻璃光学常数反演模型计算光学常数的影响,在表 3-5 中给出的吸收指数和折射率范围内,合理选取吸收指数和折射率的参数值,将其作为模型分析中的真实值,利用光学窗口玻璃光谱透射比的正问题模型,确定当量厚度 1、当量厚度 2 对应的光谱透射比 T_1、T_2,计算结果如图 3-40 所示。然后将 T_1、T_2 作为实验获得的实验测量值,并利用方法 1 和方法 2 计算吸收指数和折射率的反演值,结合反演得到的数据及真实值进行相对误差分析,可以确定吸收指数和折射率对光学窗口玻璃光学常数反问题计算的影响。

表 3-5　方法 1 和方法 2 计算用参数(低透射比区域)

T_1 与 T_2 相对差值/%	吸收指数	折射率	当量厚度 1	当量厚度 2
0.1				175 080
1	10^{-6}	1.25~1.74	175 000	175 800
5				179 100
10				183 390

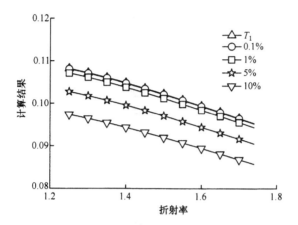

图 3-40　正问题模型的计算结果(低透射比区域)

图 3-41 为方法 1 反演结果的计算误差,由此可以看出,在低透射比区域光谱透射比的取值对方法 1 反演吸收指数的影响较小。当两种当量厚度光学窗口玻璃的光谱透射比的相对差值为 0.1% 和 1% 时,方法 1 反演折射率的相对误差为 0.038%,从而可见光谱透射比的取值对方法 1 反演折射率的影响也较小。

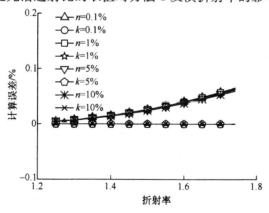

图 3-41　方法 1 的反演结果(低透射比区域)

由图 3-42 可以看出,光学窗口玻璃光谱透射比在低透射比区域时,当两种当量厚度光学窗口玻璃的光谱透射比的相对差值为 0.1% 时,方法 2 反演折射率的相对误差达到 29%。但是,两种当量厚度的光学窗口玻璃光谱透射比的相对差值超过 1% 后,光谱透射比取值对方法 2 反演折射率的影响很小。由图 3-42 还可以看出,透射比在低透射比区域时,方法 2 反演吸收指数受两种当量厚度的光学窗口玻璃光谱透射比相对差值的影响非常小。这说明在光学窗口玻璃低透射比区域,为了保证方法 2 的可靠性,两种当量厚度的光学窗口玻璃光谱透射比的相对差值不宜小于 1%。

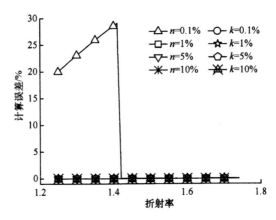

图 3-42 方法 2 的反演结果(低透射比区域)

3.4.3 光学窗口玻璃弱透射比区域

为了分析在弱透射比区域(光谱透射比约为 1%)内光学窗口玻璃的光谱透射比对光学窗口玻璃光学常数反演模型计算光学常数的影响,在表 3-6 中给出的吸收指数和折射率范围内,合理选取吸收指数和折射率的参数值,将其作为模型分析中的真实值,利用光学窗口玻璃光谱透射比的正问题模型,确定当量厚度 1、当量厚度 2 对应的光谱透射比 T_1、T_2,计算结果如图 3-43 所示。然后将 T_1、T_2 作为实验获得的实验测量值,并利用光学窗口玻璃光学常数反问题模型方法 1 和方法 2 计算吸收指数和折射率的反演值,结合反演得到的数据及其真实值进行相对误差分析,可以确定吸收指数和折射率对光学窗口玻璃光学常数反问题计算的影响。

表 3-6 方法 1 和方法 2 计算用参数（弱透射比区域）

T_1 与 T_2 相对差值/%	吸收指数	折射率	当量厚度 1	当量厚度 2
0.1				360 080
1				360 800
5	10^{-6}	1.25～1.74	360 000	364 090
10				368 400
98				675 000

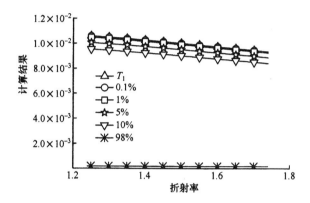

图 3-43 正问题模型的计算结果（弱透射比区域）

图 3-44 为方法 1 反演结果的计算误差，由此可以看出，在弱透射比区域光谱透射比的取值对方法 1 反演结果的影响较小，而且随着两种当量厚度的光学窗口玻璃光谱透射比相对差值的增大，其影响变得更小。由图 3-44 还可以看出，光谱透射比的取值对方法 1 反演吸收指数的影响很小。当两种当量厚度的光学窗口玻璃光谱透射比的相对差值为 0.1% 时，方法 1 反演光学窗口玻璃材料折射率的误差为 1.49%，且其误差随着两种当量厚度的光学窗口玻璃光谱透射比相对差值的增大而不断减小。

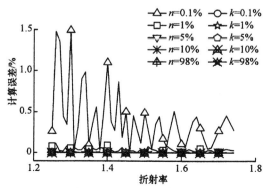

图 3-44 方法 1 的反演结果（弱透射比区域）

由图 3-45 可见,光谱透射比在弱透射比区域时,两种当量厚度的光学窗口玻璃光谱透射比的相对差值对折射率的反演影响很大,其计算误差达到 42%,而方法 2 反演吸收指数受两种当量厚度的光学窗口玻璃光谱透射比相对差值的影响非常小。由此可以看出,方法 2 在弱透射区域的适用性很差,即使通过增加两种当量厚度的光学窗口玻璃光谱透射比的相对差值,也不能弥补光学窗口玻璃弱光谱透射比所带来的不利影响。因此,方法 2 不适合光学窗口玻璃弱透射比区域的反演计算,但可以合理地结合使用方法 1 来保证一定的光学窗口玻璃光学常数反演精度。

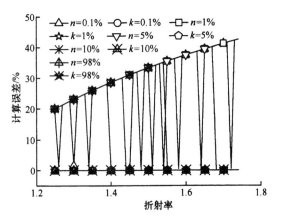

图 3-45　方法 2 的反演结果(弱透射比区域)

通过对光学窗口玻璃光谱透射比在高透射比区域、低透射比区域和弱透射比区域中取值的分析比较可以发现,方法 1 对光谱透射比的取值范围要求较低,但方法 2 则要求较高,而且方法 2 的反演精度随着光谱透射比的降低而不断减小。由此说明在实验中可通过合理选择光学窗口玻璃的厚度来确保一定的光学窗口玻璃高透射比数据,这也是保证反演方法计算精度的措施之一。

为了分析光谱透射比对方法 3 计算光学常数的影响,在表 3-7 中给出的吸收指数和折射率范围内,合理选取吸收指数和折射率的参数值,将其作为模型分析中的真实值,利用光谱透射比的正问题模型,确定单层和双层光学窗口玻璃的光谱透射比 T_1、T_{1+2}。然后将 T_1、T_{1+2} 作为实验获得的实验测量值,并利用方法 3 计算吸收指数和折射率的反演值,结合反演得到的数据及其真实值进行相对误差分析,可以确定吸收指数和折射率对光学窗口玻璃光学常数反问题计算的影响,计算结果如图 3-46 所示。

表 3-7 方法 3 计算用参数

类型	T_1 与 T_{1+2} 相对差值/%	吸收指数	折射率	当量厚度
高透射比区域	4~14			2 000
低透射比区域	89	10^{-6}	1.25~1.74	175 000
弱透射比区域	98			360 000

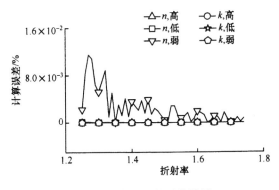

图 3-46 方法 3 的反演结果

由图 3-46 可以看出,只要保证适当的光学窗口玻璃厚度,方法 3 在光学窗口玻璃高透射比区域、低透射比区域和弱透射比区域都具有很高的计算精度。

3.5 实验测量值偏差对其反演方法的影响

前面所述光学窗口玻璃光学常数反演模型适用范围分析中采用的实验值是精确的,即没有考虑其测量误差的影响。然而,由于实验中测量仪器精度、环境条件和操作条件等影响,用于光学窗口玻璃光学常数反演计算的实验数据往往存在一定的测量偏差,该偏差会对光学窗口玻璃光学常数反演计算造成一定的影响。因此,分析实验偏差对光学窗口玻璃光学常数反演计算的不利影响,是保证反演方法得到改善的关键所在。在三种光学窗口玻璃光学常数反演方法中,实验偏差主要来源于光学窗口玻璃光谱透射比和光学窗口玻璃厚度的测量过程。为此,本节只分析光学窗口玻璃光谱透射比和光学窗口玻璃厚度的测量偏差对光学窗口玻璃光学常数反演计算的影响。

3.5.1 光学窗口玻璃光谱透射比测量偏差的影响

首先,从表 3-8 中给出的吸收指数和折射率范围内,合理选取吸收指数和折射率的参数值,将其作为模型分析中的真实值,利用光学窗口玻璃光谱透射比的正问题模型,确定光学窗口玻璃当量厚度 1、当量厚度 2 下单层和双层光学窗口玻璃的光谱透射比 T_1、T_2、T_{1+2}。其次,将 T_1、T_2、T_{1+2} 添加一定的人工偏差(假设其为真实值和实验测量值的相对误差),并将其作为实验获得的实验测量值,计算结果如图 3-43 所示。最后,分别利用方法 1、方法 2 和方法 3 计算吸收指数和折射率的反演值,结合反演得到的数据及其真实值进行相对误差分析,可以确定吸收指数和折射率对光学窗口玻璃光学常数反问题计算的影响,计算结果如图 3-47~图 3-52 所示。

表 3-8 光学窗口玻璃的光谱透射比实验偏差

偏差/%	吸收指数	折射率	当量厚度 1	当量厚度 2
0.1				
1	10^{-6}	1.25~1.74	2 000	10 400
5				

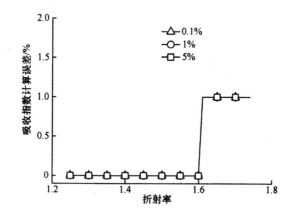

图 3-47 透射比测量偏差对反演吸收指数的影响(方法 1)

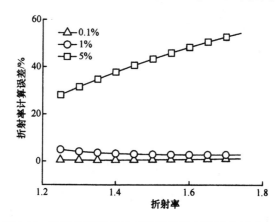

图 3-48 透射比测量偏差对反演折射率的影响(方法 1)

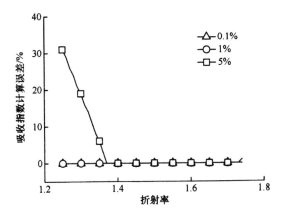

图3-49 透射比测量偏差对反演吸收指数的影响(方法2)

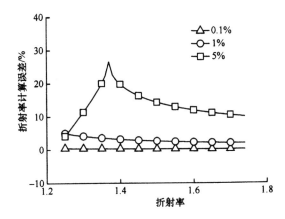

图3-50 透射比测量偏差对反演折射率的影响(方法2)

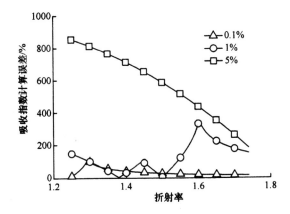

图3-51 透射比测量偏差对反演吸收指数的影响(方法3)

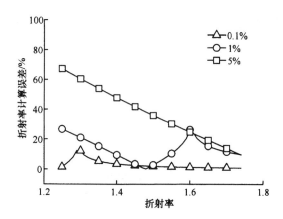

图 3-52 透射比测量偏差对反演折射率的影响(方法 3)

由图 3-47 可以看出,方法 1 反演光学窗口玻璃材料的吸收指数受光学窗口光谱透射比实验偏差的影响较小。当透射比的实验偏差为 5% 时,方法 1 反演吸收指数相对误差的最大值小于 1%。这是由于光学窗口玻璃材料吸收指数的反演与两种当量厚度光学窗口玻璃光谱透射比的比值有关,而光谱透射比具有相同的测量实验偏差,因此在光学窗口玻璃光学常数反问题计算中可以忽略该测量实验偏差的影响。由图 3-48 可知,方法 1 反演折射率受光学窗口光谱透射比实验偏差的影响较大。例如,当光学窗口光谱透射比的实验偏差小于 1% 时,其折射率的反演误差小于 5%;当实验偏差为 5% 时,方法 1 反演折射率的相对误差最大值超过 40%。

由图 3-49 可以看出,当光学窗口光谱透射比的实验偏差较小时(如其测量实验偏差小于 1% 时),在方法 2 反演吸收指数的过程中,其受光学窗口光谱透射比测量实验偏差的影响很小;当实验偏差为 5% 时,方法 2 反演吸收指数的相对误差最大值超过 30%。由图 3-50 可知,方法 2 反演折射率时,受光学窗口光谱透射比实验偏差的影响较大。例如,当实验偏差小于 1% 时,方法 2 反演折射率误差小于 5%;当实验偏差为 5% 时,方法 2 反演折射率的相对误差最大值超过 20%。

由图 3-51 和图 3-52 可以看出,所用两种光学窗口光谱透射比的相对差值为 4% 时,方法 3 受光学窗口光谱透射比实验偏差的影响很大。当实验偏差为 0.1% 时,方法 3 反演吸收指数的相对误差最大值已为 97%,而其反演折射率相对误差的最大值为 12%。

在表 3-8 中给出的光学窗口玻璃材料吸收指数和折射率范围内,合理选取吸收指数和折射率的参数值,将其作为模型分析中的真实值,利用光学窗口玻璃光谱透射比的正问题模型,确定光学窗口玻璃当量厚度为 175 000 时单层和双层光学窗口玻璃的光谱透射比 T_1、T_{1+2}(此时透射比的相对差值为 89%)。然后将 T_1、

T_{1+2} 添加 0.1%、1% 的人工偏差,并将其作为实验获得的实验测量值,利用方法 3 计算吸收指数和折射率的反演值,结合反演得到的数据及其真实值进行相对误差分析,可以确定吸收指数和折射率对光学窗口玻璃光学常数反问题计算的影响,计算结果如图 3-53 和图 3-54 所示。

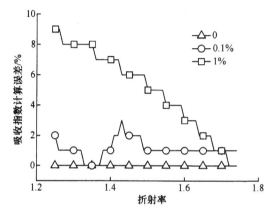

图 3-53　透射比测量偏差对反演吸收指数的影响(方法 3)

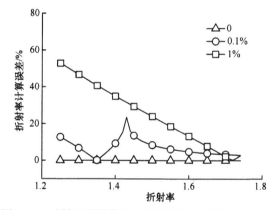

图 3-54　透射比测量偏差对反演折射率的影响(方法 3)

由图 3-53 可以看出,当两种光学窗口玻璃光谱透射比的相对差值增大后,方法 3 反演吸收指数时,其计算精度得到了明显提高,但是相对方法 1 和方法 2 而言,其反演误差还是较大。由图 3-54 可知,当两种光学窗口光谱透射比的相对差值增大后,方法 3 反演折射率时,其受光谱透射比实验偏差的影响也很大。例如,当实验偏差小于 0.1% 时,方法 3 反演折射率的误差小于 25%;而当实验偏差为 5% 时,方法 3 反演折射率的误差最大值已超过 40%。

3.5.2　光学窗口玻璃厚度测量偏差的影响

首先,在表 3-9 中所给出的吸收指数和折射率范围内,合理选取吸收指数和折射率的参数值,将其作为模型分析中的真实值,利用光学窗口玻璃光谱透射比的正问题模型,确定光学窗口玻璃当量厚度 1、当量厚度 2 下单层和双层光学窗口玻璃的光谱透射比 T_1、T_2、T_{1+2},并将其作为实验获得的实验测量值。其次,将光学窗口玻璃厚度添加一定的人工偏差(假设其为真实厚度和计算厚度的相对误差)后作为计算厚度。最后,分别利用方法 1、方法 2 和方法 3 计算吸收指数和折射率的反演值,结合反演得到的数据及真实值进行相对误差分析,可以确定吸收指数和折射率对光学窗口玻璃光学常数反问题计算的影响,计算结果如图 3-55~图 3-60 所示。

表 3-9 光学窗口玻璃厚度的实验偏差

厚度偏差/%	吸收指数	折射率	当量厚度 1	当量厚度 2
0.1				
1	10^{-6}	1.25~1.74	2 000	10 400
10				

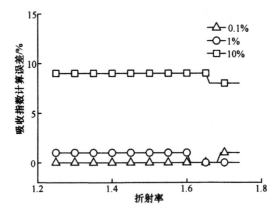

图 3-55 厚度测量偏差对反演吸收指数的影响(方法 1)

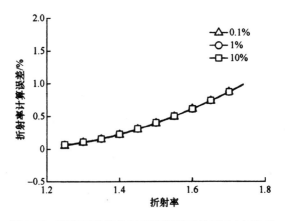

图 3-56 厚度测量偏差对反演折射率的影响(方法 1)

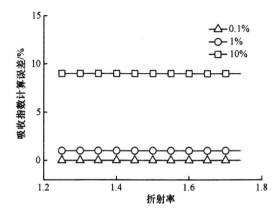

图 3-57　厚度测量偏差对反演吸收指数的影响(方法 2)

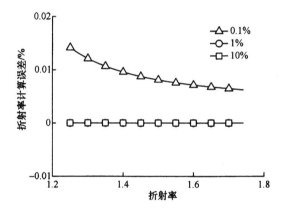

图 3-58　厚度测量偏差对反演折射率的影响(方法 2)

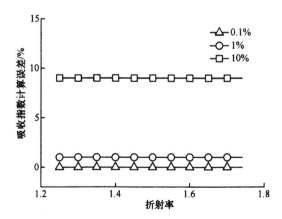

图 3-59　厚度测量偏差对反演吸收指数的影响(方法 3)

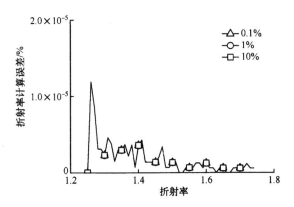

图 3-60 厚度测量偏差对反演折射率的影响(方法 3)

从图 3-55 可以看出,当光学窗口玻璃的厚度测量偏差为 1%时,方法 1 反演吸收指数的相对误差最大值为 1%;当厚度测量偏差为 10%时,其相对误差的最大值为 9%,可见光学窗口玻璃的厚度测量偏差对方法 1 反演吸收指数的影响较小。由图 3-56 可以看出,当光学窗口玻璃的厚度测量偏差小于 10%时,方法 1 反演折射率的相对误差较小,其最大值仅为 0.99%。

由图 3-57 和图 3-59 可以看出,光学窗口玻璃的厚度测量偏差对方法 2 和方法 3 反演吸收指数的影响,与方法 1 的基本一致。由图 3-58 和图 3-60 可以看出,光学窗口玻璃的厚度测量偏差对方法 2 和方法 3 反演折射率的影响也很小,其中方法 2 的相对误差最大值小于 0.02%,而方法 3 的相对误差最大值小于 10^{-7}。

3.6 小　　结

本章首先分析了单层和双层光学窗口玻璃的透射特性,在此基础上引入和提出了三种基于光学窗口玻璃光谱透射比反演光学常数的方法,建立了相关的反问题模型。然后分析了三种光学窗口玻璃光学常数反问题模型的适用范围。最后分析了光学窗口玻璃的光谱透射比和光学窗口玻璃厚度的测量实验偏差对光学窗口玻璃光学常数反问题模型反演的影响,主要结论如下所述。

(1) 给出的光学窗口玻璃光学常数反问题模型方法 1,理论上当光学窗口玻璃材料的吸收指数满足小于 10^{-2}、折射率为 1.01～1.75 时,方法 1 反演光学窗口玻璃光学常数的相对误差小于 1%;而当折射率为 1.01～2.82 时,方法 1 反演光学窗口玻璃光学常数的相对误差小于 10%。

(2) 给出的光学窗口玻璃光学常数反问题模型方法 2,由于考虑了光学窗口玻璃光谱透射比方程中 $\rho^2 e^{-\frac{8\pi k L}{\lambda}}$ 项的影响,方法 2 比方法 1 具有更广的适用范围。理论上当光学窗口玻璃材料的吸收指数小于 0.1、折射率为 1.03～10 时,方法 2 反演光学窗口玻璃光学常数的相对误差小于 0.1%。

（3）给出的光学窗口玻璃光学常数反问题模型方法 3,可以通过单厚度光学窗口玻璃的光谱透射比数据进行光学常数的反演。当光学窗口玻璃材料的吸收指数小于 0.1 时,方法 3 反演吸收指数的相对误差小于 10^{-7},反演折射率的相对误差小于 0.4%,而且随着折射率的增加而不断减小。

（4）方法 1 和方法 3 对光学窗口玻璃光谱透射比的取值范围敏感性较弱,而方法 2 则较强。在光学窗口玻璃光谱透射比的高透射比区域,方法 2 的反演精度比方法 1 高,而在光学窗口玻璃光谱透射比的低透射比区域两者相差很小。但是,在光学窗口玻璃光谱透射比的弱透射比区域,方法 1 比方法 2 具有更强的适用性。方法 2 不适合在光学窗口玻璃光谱透射比的弱透射比区域中使用。方法 3 在光学窗口玻璃光谱透射比的高透射比区域、低透射比区域和弱透射比区域的反演精度均较高。

（5）三种光学窗口玻璃光学常数反问题模型均易受光学窗口玻璃光谱透射比实验偏差的影响,其中方法 3 对其敏感性最强。当光学窗口玻璃光谱透射比实验偏差超过 1% 时,方法 1 和方法 2 的反演精度受限;当实验偏差超过 0.1% 时,方法 3 的反演精度则难以保证。三种光学窗口玻璃光学常数反问题模型受光学窗口玻璃厚度偏差的影响均较小,当光学窗口玻璃厚度偏差为 10% 时,三种光学窗口玻璃光学常数反问题模型的反演精度仍能保证在 10% 以内。

第4章 液态碳氢化合物热辐射物性的反演方法

由前文可知,封装液态碳氢化合物的光学腔一般由光学窗口玻璃-液态碳氢化合物-光学窗口玻璃三层结构组成。因此,在液态碳氢化合物透射光谱的测量实验中,由于液态碳氢化合物封装在光学腔内,仅能通过实验手段获取填充液态碳氢化合物光学腔的透射光谱,而如何从其光谱中直接提取液态碳氢化合物自身的透射光谱还是一个难题。液态碳氢化合物的热辐射物性可由其光学常数计算得到,而在其热辐射物性计算中涉及的光学常数主要为吸收指数和折射率。因此,本章主要讨论液态碳氢化合物光学常数中吸收指数和折射率的获取方法,为液态碳氢化合物的热辐射物性测量和反演提供基本方法。

基于填充液态碳氢化合物光学腔的光谱透射比来获取其光学常数中的吸收指数和折射率,本章首先分析了填充液态碳氢化合物光学腔的透射辐射特性,建立了填充液态碳氢化合物光学腔光谱透射比计算的正问题模型;其次引入和提出了三种基于填充液态碳氢化合物光学腔透射比反演液态碳氢化合物吸收指数和折射率的方法,通过合理的假设建立了反演液态碳氢化合物吸收指数和折射率的反问题模型,并基于FORTRAN语言编写了对应的计算软件。最后在常用液态碳氢化合物光学常数范围内,探讨了本书采用三种方法的参数适用性。

4.1 填充液态碳氢化合物光学腔光谱透射比计算公式推导

填充液态碳氢化合物光学腔的结构如图4-1所示,主要由光学窗口玻璃层Ⅰ、液态碳氢化合物层Ⅱ和光学窗口玻璃层Ⅲ组成。其中,光学窗口玻璃层Ⅰ和光学窗口玻璃层Ⅲ的材料为同一类玻璃材料,厚度均为 $L_Ⅰ$,假设其光谱折射率和光谱吸收指数分别为 n_1 和 k_1;液态碳氢化合物层Ⅱ的厚度为 $L_Ⅱ$,假设其光谱折射率和光谱吸收指数分别为 n_2 和 k_2;假设填充液态碳氢化合物光学腔中所有材料的热辐射物性参数均与温度无关。填充液态碳氢化合物光学腔中的各层表面连接处的光线反射和光线折射过程均遵循Fresnel定律和Snell定律,而且不考虑图4-1中2界面和3界面间光线的相互干涉影响。

当入射光线沿光学腔的法线方向透射并穿过填充液态碳氢化合物光学腔时,入射光线在透射、反射和吸收过程中,假设其光线满足非偏振和漫射条件,并且光学腔中的所有材料满足各向同性,则光学窗口玻璃层Ⅰ、液态碳氢化合物层Ⅱ和光学窗口玻璃层Ⅲ的光谱反射比 $R_Ⅰ$、$R_Ⅱ$、$R_Ⅲ$ 满足[46]:

第 4 章 液态碳氢化合物热辐射物性的反演方法

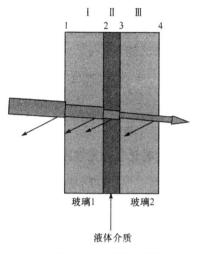

图 4-1 光学腔示意图

$$R_{\mathrm{I}} = \rho_1 + \frac{(1-\rho_1)^2 \rho_2 \tau_1^2}{1-\rho_1 \rho_2 \tau_1^2} \tag{4-1}$$

$$R_{\mathrm{II}} = \rho_2 + \frac{(1-\rho_2)^2 \rho_3 \tau_2^2}{1-\rho_2 \rho_3 \tau_2^2} \tag{4-2}$$

$$R_{\mathrm{III}} = \rho_3 + \frac{(1-\rho_3)^2 \rho_4 \tau_3^2}{1-\rho_3 \rho_4 \tau_3^2} \tag{4-3}$$

光学窗口玻璃层 I、液态碳氢化合物层 II 和光学窗口玻璃层 III 的光谱透射比 T_{I}、T_{II}、T_{III} 满足[46]：

$$T_{\mathrm{I}} = \frac{(1-\rho_1)(1-\rho_2)\tau_1}{1-\rho_1 \rho_2 \tau_1^2} \tag{4-4}$$

$$T_{\mathrm{II}} = \frac{(1-\rho_2)(1-\rho_3)\tau_2}{1-\rho_2 \rho_3 \tau_2^2} \tag{4-5}$$

$$T_{\mathrm{III}} = \frac{(1-\rho_3)(1-\rho_4)\tau_3}{1-\rho_3 \rho_4 \tau_3^2} \tag{4-6}$$

其中,光学窗口玻璃层 I、液态碳氢化合物层 II 和光学窗口玻璃层 III 的界面反射率 ρ_1、ρ_2、ρ_3 和 ρ_4 满足[46]：

$$\rho_1 = \rho_4 = \frac{(n_1-1)^2 + k_1^2}{(n_1+1)^2 + k_1^2} \tag{4-7}$$

$$\rho_2 = \rho_3 = \frac{(n_2-n_1)^2 + (k_2-k_1)^2}{(n_2+n_1)^2 + (k_2+k_1)^2} \tag{4-8}$$

光学窗口玻璃层Ⅰ和光学窗口玻璃层Ⅲ的内部透射率相等,则认为光学窗口玻璃的内部透射率 τ_1 和液态碳氢化合物层Ⅱ的内部透射率 τ_2 均符合 Lambert-Beer 光吸收基本定律,其计算公式如下[46]:

$$\tau_1 = e^{\frac{-4\pi k_1 L_\text{I}}{\lambda}} \tag{4-9}$$

$$\tau_2 = e^{\frac{-4\pi k_2 L_\text{II}}{\lambda}} \tag{4-10}$$

由此,可以得出填充液态碳氢化合物光学腔的光谱透射比 $T_{\text{I}+\text{II}+\text{III}}$ 为

$$T_{\text{I}+\text{II}+\text{III}} = \frac{T_\text{I} T_\text{II} T_\text{III}}{1 - R_\text{I} - R_\text{I} R_\text{II} + R_\text{I} R_\text{II} R_\text{III} + R_\text{II} R_\text{III} T_\text{I}^2} \tag{4-11}$$

由于光学窗口玻璃层Ⅰ和光学窗口玻璃层Ⅲ为同一类玻璃材料,而且其厚度和热辐射物性参数均一致,因此填充液态碳氢化合物光学腔的光谱透射比式(4-11)变为

$$T_{\text{I}+\text{II}+\text{III}} = \frac{T_\text{I}^2 T_\text{II}}{1 - R_\text{I} - R_\text{I} R_\text{II} + R_\text{I}^3 + R_\text{II} R_\text{I} T_\text{I}^2} \tag{4-12}$$

4.2 反演液态碳氢化合物光学常数的简化双透射法

4.2.1 正问题模型

如4.1所述,在液态碳氢化合物透射光谱测量实验中,由于液态碳氢化合物封装在光学腔中,通过测量实验仅可以获取光学窗口玻璃层Ⅰ、液态碳氢化合物层Ⅱ和光学窗口玻璃层Ⅲ这三层结构光学腔的透射光谱。然而,液态碳氢化合物光学常数未知,因此在液态碳氢化合物透射光谱测量实验中难以用理论模型直接分离出液态碳氢化合物自身的光谱透射特性。

为了简化计算过程,在分析入射光线沿光学腔的法线方向透射并穿过光学腔时,考虑入射光线在光学窗口玻璃层Ⅰ、液态碳氢化合物层Ⅱ和光学窗口玻璃层Ⅲ内的多次反射和吸收过程,通过采用3.1节和3.3节中所述的方法来计算这些多次反射和吸收过程。而对光学窗口玻璃层Ⅰ、液态碳氢化合物层Ⅱ和光学窗口玻璃层Ⅲ相互之间的多次反射过程,仅考虑其单次反射过程。因此,经过简化处理后,填充液态碳氢化合物光学腔的光谱透射比计算函数变为

$$T_{\text{I}+\text{II}+\text{III}} = T_\text{I} T_\text{II} T_\text{III} \tag{4-13}$$

在液态碳氢化合物透射光谱测量实验中,可以测量得到的光学腔透射光谱主要包括未填充液态碳氢化合物光学腔和填充液态碳氢化合物光学腔两类透射光谱

数据。由第 1 章可知,Tuntomo 等认为光学腔封装液态碳氢化合物前后光学窗口玻璃界面反射率变化造成的透射损失较小,因此他们假设未填充液态碳氢化合物光学腔和填充液态碳氢化合物光学腔两类透射光谱之比为液态碳氢化合物本身的透射光谱,从而可以利用封装液态碳氢化合物前后光学腔的透射光谱实验数据来获取液态碳氢化合物本身的透射光谱[54]。然而,这种假设仅适用在特定条件下,而且利用这种方法得到的液态碳氢化合物的透射光谱本身误差就较大,笔者定义利用这种方法得到的液态碳氢化合物的透射光谱为其当量透射特性,计算式满足:

$$T_{\mathrm{II}} = \frac{T_{\mathrm{I}+\mathrm{II}+\mathrm{III}}}{T'_{\mathrm{I}+\mathrm{II}+\mathrm{III}}} \qquad (4-14)$$

式中, $T'_{\mathrm{I}+\mathrm{II}+\mathrm{III}}$ 和 $T_{\mathrm{I}+\mathrm{II}+\mathrm{III}}$ 分别为光学腔填充液态碳氢化合物前后的光谱透射比测量实验数据。在填充液态碳氢化合物光学腔中所有材料的光学常数和尺寸参数均已知时,可由式(4-12)求得 $T'_{\mathrm{I}+\mathrm{II}+\mathrm{III}}$ 和 $T_{\mathrm{I}+\mathrm{II}+\mathrm{III}}$ 的值。

4.2.2 正问题模型简化的影响

忽略光学腔封装液态碳氢化合物前后光学窗口玻璃界面反射率变化造成的影响,为获取液态碳氢化合物的透射光谱带来了便利,然而需要知道其影响的大小,以便为液态碳氢化合物的透射光谱误差分析提供依据。由于光学窗口玻璃的光学常数是计算其界面反射率的基本参数,因此分析忽略封装液态碳氢化合物对反射率变化的影响,实质上也就是分析光学窗口玻璃的光学常数对其影响。

目前,在液态碳氢化合物透射光谱测量实验中,常用的光学窗口玻璃材料主要为氟化钙(CaF_2)、溴化钾(KBr)、蓝宝石(sapphire)和硒化锌(ZnSe)等。这些材料的透射性能很好,一般在液态碳氢化合物透射光谱测量实验中不考虑其吸收指数的影响,因此在本节的分析中也不考虑其吸收指数对液态碳氢化合物透射光谱测量实验的影响。光学窗口玻璃材料 CaF_2、KBr、蓝宝石和硒化锌 ZnSe 的折射率分别为 1.41、1.54、1.7 和 2.44。

根据第 1 章的国内外研究成果分析,可知多数液态碳氢化合物的吸收指数一般为 $10^{-5} \sim 0.1$,折射率一般为 $1.1 \sim 2$,因此在这个范围内分析液态碳氢化合物的光学常数。为了分析光学窗口玻璃光学常数对液态碳氢化合物透射光谱的影响,在表 4-1 中给出的液态碳氢化合物吸收指数和折射率范围内,合理选取吸收指数和折射率的参数值,将其作为模型分析中的真实值,利用式(4-5)和式(4-14)确定液态碳氢化合物当量厚度对应的光谱透射比,对其进行相对误差分析,计算结果如图 4-2 所示。

表 4-1　液态碳氢化合物的计算参数

区域分类	吸收指数	折射率	当量厚度
弱吸收	10^{-5}		3000
中吸收	10^{-3}	$1.1 \sim 2$	100
强吸收	10^{-1}		1

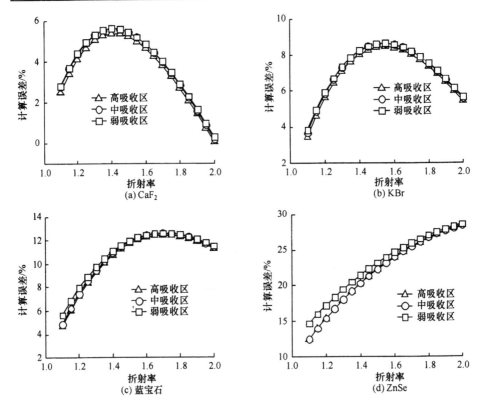

图 4-2　正问题模型简化的影响

从图 4-2 可以看出,忽略光学腔封装液态碳氢化合物前后光学窗口玻璃的界面反射率变化,对获取液态碳氢化合物光谱透射比的影响很大,而且不同光学窗口玻璃,对正问题模型简化带来的影响也不同。光学窗口玻璃材料的折射率越大,利用正问题模型计算液态碳氢化合物光谱透射比的相对误差越大。由图 4-2 还可以看出,当液态碳氢化合物材料的折射率小于光学窗口玻璃的折射率时,其正问题模型计算液态碳氢化合物光谱透射比的相对误差随着液态碳氢化合物折射率的增加而不断增大;当液态碳氢化合物的折射率等于光学窗口玻璃的折射率时,其正问题模型计算的液态碳氢化合物光谱透射比的相对误差达到了峰值;当液态碳氢化合物的折射率大于光学窗口玻璃的折射率时,其正问题模型计算的液态碳氢化合物光谱透射比的相对误差随着液态碳氢化合物折射率的增加而不断降低。

4.2.3 反问题模型

由液态碳氢化合物的光谱透射比计算公式可见,其计算值主要与光学常数的吸收指数和折射率有关,所以需要得到吸收指数和折射率这两个参数。通过透射法获得了在波长为λ,液态碳氢化合物厚度分别为L_1、L_2时的两个填充液态碳氢化合物光学腔对应的两组法向光谱透射比实验值T_{m1}和T_{m2}。同时,也可以得到未填充液态碳氢化合物光学腔时的法向光谱透射比T_{m0},通过式(4-14)可以获取液态碳氢化合物厚度为L_1和L_2时的当量光谱透射比,计算关系式如下:

$$T_{l,m1} = \frac{T_{m1}}{T_{m0}} \approx \frac{(1-\rho_l)^2 e^{-\frac{4\pi k_2 L_1}{\lambda}}}{1-\rho_l^2 e^{-\frac{8\pi k_2 L_1}{\lambda}}} \tag{4-15a}$$

$$T_{l,m2} = \frac{T_{m2}}{T_{m0}} \approx \frac{(1-\rho_l)^2 e^{-\frac{4\pi k_2 L_2}{\lambda}}}{1-\rho_l^2 e^{-\frac{8\pi k_2 L_2}{\lambda}}} \tag{4-15b}$$

式中,$T_{l,m1}$、$T_{l,m2}$分别为液态碳氢化合物厚度为L_1和L_2时的当量光谱透射比;ρ_l为液态碳氢化合物与光学窗口玻璃接触表面的界面反射率。

1. 方法1

当液态碳氢化合物的透射率和反射率较小时,可忽略式(4-15)中$\rho^2 e^{-\frac{8\pi k L}{\lambda}}$对其光谱透射比计算的影响。借鉴3.1.2节中的光学窗口玻璃光学常数的反演方法,引入Tuntomo等的反演方法[54],即简化和忽略的双厚度法(simplified omitted double thickness method,SODTM)。因此,经过式(4-15)中$\rho^2 e^{-\frac{8\pi k L}{\lambda}}$对其光谱透射比计算的影响,可通过式(4-15)得到求解液态碳氢化合物的光谱吸收指数和光谱反射率的模型,其计算式如下:

$$k = -\frac{\lambda \ln\left(\frac{T_{l,m1}}{T_{l,m2}}\right)}{4\pi(L_1-L_2)} \tag{4-16}$$

$$\rho = 1 - \frac{\left(T_{l,m1} e^{\frac{4\pi k_2 L_1}{\lambda}}\right)^{0.5} + \left(T_{l,m2} e^{\frac{4\pi k_2 L_2}{\lambda}}\right)^{0.5}}{2} \tag{4-17}$$

获得液态碳氢化合物的光谱吸收指数和光谱反射率后,可根据界面反射率式(4-8)构建液态碳氢化合物折射率和吸收指数之间的函数关系式,满足[当液态碳氢化合物的折射率大于光学窗口玻璃材料的折射率时选用式(4-18a),当液态碳氢化合物的折射率小于光学窗口玻璃材料的折射率时选用式(4-18b)]。

$$n_2=\frac{2n_1(1+\rho_l)+\sqrt{[2n_1(1+\rho_l)]^2-4(1-\rho_l)[(1-\rho_l)n_1^2-\rho_l(k_1+k_2)^2+(k_1-k_2)^2]}}{2(1-\rho_l)}$$

(4-18a)

$$n_2=\frac{2n_1(1+\rho_l)-\sqrt{[2n_1(1+\rho_l)]^2-4(1-\rho_l)[(1-\rho_l)n_1^2-\rho_l(k_1+k_2)^2+(k_1-k_2)^2]}}{2(1-\rho_l)}$$

(4-18b)

2. 方法 2

为考虑 $\rho^2 e^{-\frac{8\pi kL}{\lambda}}$ 对液态碳氢化合物光谱透射比计算的影响,借鉴 3.2.1 节中的光学窗口玻璃光学常数的反演方法,提出了考虑 $\rho^2 e^{-\frac{8\pi kL}{\lambda}}$ 项的反演方法,即简化双厚度法(simplified double thickness method, SDTM)。通过式(4-15)可得到求解液态碳氢化合物光谱吸收指数和光谱反射率的模型,其计算式如下:

$$\rho_l=\frac{1-\sqrt{T_{l,m1}^2+T_{l,m1}\left(e^{\frac{4\pi k_2 L_1}{\lambda}}-e^{-\frac{4\pi k_2 L_1}{\lambda}}\right)}}{1+T_{l,m12}e^{-\frac{4\pi k_2 L_1}{\lambda}}} \quad (4\text{-}19)$$

$$k_2=\frac{\lambda}{4\pi L_2}\ln\frac{1+\sqrt{1+4c^2\rho_l^2}}{2c} \quad (4\text{-}20a)$$

$$c=\frac{T_{l,m2}}{(1-\rho_l)^2} \quad (4\text{-}20b)$$

计算过程:①假定液态碳氢化合物吸收指数 k_2;②通过式(4-19)计算界面反射率 ρ_l,通过式(4-20)计算新吸收指数 k_2;③分析吸收指数 k_2 假定值与计算值的误差,若计算精度满足要求,则吸收指数的计算结束,否则将吸收指数 k_2 计算值替换吸收指数 k_2 假定值并返回第②步;④吸收指数 k 收敛后,利用式(4-18)计算液态碳氢化合物折射率 n_2。

4.2.4 反问题模型的适用范围

由于光学窗口玻璃的透射性能较好,一般在液态碳氢化合物透射光谱测量实验中不考虑其吸收指数的影响,因此在本节的分析中也不考虑光学窗口玻璃材料吸收指数对液态碳氢化合物透射光谱测量实验的影响,而且假定光学窗口玻璃材料的折射率与入射光线波长不相关。在本节反问题模型分析中所用的光学窗口玻璃材料为 CaF_2,其折射率为 1.41。

在表 4-2 中给出的吸收指数和折射率范围内,合理选取吸收指数和折射率的参数值,将其作为模型分析中的真实值,利用液态碳氢化合物光谱透射比的正问题模型,确定当量厚度(当量厚度为液态碳氢化合物厚度与入射光线波长之比)1、当量厚度 2 对应的液态碳氢化合物光谱透射比和当量光谱透射比(均用 T_1、T_2 表示),将其作为实验获得的实验测量值,并利用液态碳氢化合物光学常数反问题模型方法 1、方法 2 计算液态碳氢化合物吸收指数和折射率的反演值,结合反演得到的数据及真实值进行相对误差分析,可以确定吸收指数和折射率对液态碳氢化合物光学常数反演计算的影响,从而确定液态碳氢化合物光学常数反问题模型的适用范围,计算结果如图 4-3～图 4-5 所示。

表 4-2 液态碳氢化合物计算参数

区域分类	吸收指数	折射率	当量厚度 1	当量厚度 2
弱吸收	10^{-5}		3000	6000
中吸收	10^{-3}	$1.1\sim 2$	100	200
高吸收	10^{-2}		1	2
强吸收	10^{-1}		1	2

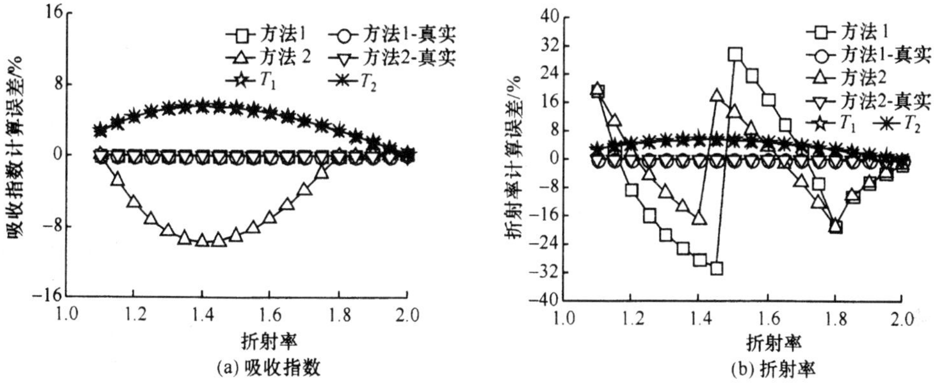

图 4-3 弱吸收区反演结果
图中真实代表计算中采用真实值

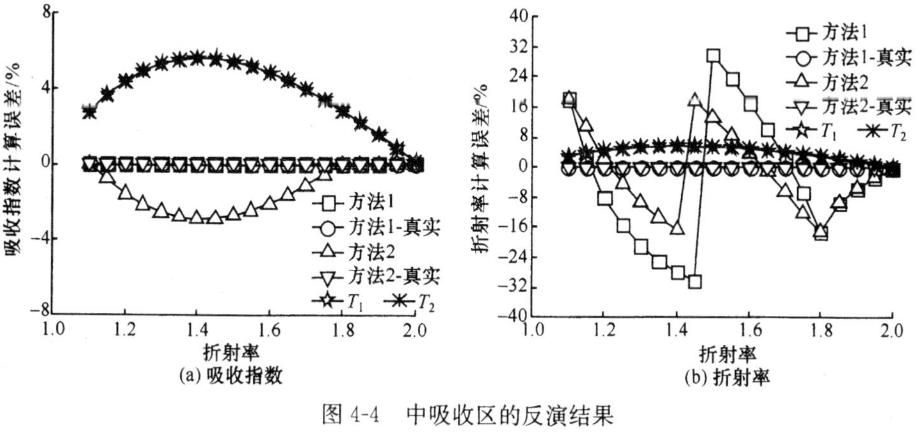

图 4-4 中吸收区的反演结果

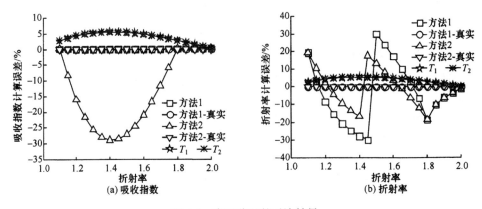

图 4-5 高吸收区的反演结果

从图 4-3 可以看出,当液态碳氢化合物光谱透射比位于弱吸收区域时,液态碳氢化合物的当量光谱透射比误差随着液态碳氢化合物折射率的增大先增加再减小,从而导致在反演液态碳氢化合物的光学常数时反演值波动很大,这说明了反演方法的不稳定性。借鉴 3.5 节中的光学窗口玻璃光谱透射比偏差的分析结论,发现方法 1 反演吸收指数时,液态碳氢化合物的当量光谱透射比对其反演计算的影响较小,而对液态碳氢化合物折射率反演计算的影响较大,其中方法 1 反演折射率的相对误差最大绝对值为 31%;利用方法 2 反演吸收指数和折射率时,液态碳氢化合物当量光谱透射比对其吸收指数和折射率反演计算的影响均非常明显,其中方法 2 反演吸收指数和折射率的相对误差最大绝对值已经接近 20%。由图 4-3 还可以看出,利用液态碳氢化合物的当量光谱透射比反演液态碳氢化合物的光学常数,当液态碳氢化合物的折射率与光学窗口玻璃的折射率相等时其反演计算的相对误差最大,所以在选择光学腔光学窗口玻璃的材料时,尽量不要选择其折射率与液态碳氢化合物相近的光学窗口玻璃材料。同时由图 4-3 可以看出,在利用液态碳氢化合物的实际光谱透射比数据反演时,方法 1 和方法 2 的反演计算误差都很小,其中方法 1 的计算误差小于 0.3%,方法 2 的计算误差很小且趋于零。

从图 4-4 可以看出,当液态碳氢化合物光谱透射比位于中吸收区域时,方法 1 和方法 2 利用液态碳氢化合物的当量光谱透射比,反演液态碳氢化合物光学常数造成的不利影响,与在弱吸收区域的结论基本类似。方法 2 利用液态碳氢化合物的当量光谱透射比反演液态碳氢化合物光学常数时,其反演吸收指数的相对误差接近 -2.91%,这个最大的计算误差发生在折射率为 1.40 处。当液态碳氢化合物光谱透射比位于中吸收区域时,液态碳氢化合物光学常数反问题模型的计算误差与弱吸收区域相比有所减小,原因在于当液态碳氢化合物光谱透射比位于弱吸收区域时,用两种当量光谱透射比反演的相对差值为 48%,而在中吸收区域用两种当量光谱透射比反演的相对差值为 250%,并且在这两个吸收区域其当量光谱透射比的误差相同,从而导致在中吸收区域液态碳氢化合物光学常数反问题模型的计算误差有所提高。方法 1 和方法 2 反演液态碳氢化合物折射率的计算精度比弱吸收区域改善很大,但通过增加液态碳氢化合物两种当量光谱透射比的相对差值,并未能有效消除由于液态碳氢化合物当量光谱透射比自身存在的误差所带来的不利影响,这与 3.4 节得出的结论基本一致。同时由图 4-4 可以看出,当液态碳氢化合物光谱透射比位于中吸收区域,利用实际光谱透射比数据反演时,方法 1 和方法 2 的反演计算误差都很小,其中方法 1 的计算误差小于 0.4%,方法 2 的计算误差很小且趋于零。

从图 4-5 可以看出,当液态碳氢化合物光谱透射比位于高吸收区域时,方法 1 和方法 2 利用液态碳氢化合物的当量光谱透射比,反演液态碳氢化合物光学常数造成的不利影响,与在弱吸收区域和中吸收区域的结论类似。方法 2 利用液态碳氢化合物的当量光谱透射比反演液态碳氢化合物光学常数时,其反演吸收指数的相对误差接近于-29%,这个最大的计算误差发生在折射率为 1.40 处,其计算误差与弱吸收区域和中吸收区域相比大幅度提高,原因在于当液态碳氢化合物光谱透射比位于高吸收区域时,其反演用两种当量光谱透射比的相对差值为 13%,其相对差值与弱吸收区域和中吸收区域的相对差值相比大幅度下降,并且这些吸收区域的当量光谱透射比的误差相同,从而导致在高吸收区域液态碳氢化合物光学常数反问题模型的计算误差有所提高。方法 1 和方法 2 反演液态碳氢化合物折射率的计算精度与弱吸收区域和中吸收区域相比也有所下降,这是方法 1 和方法 2 反演液态碳氢化合物吸收指数的误差增大所造成的,这与 3.1 节和 3.2 节适用范围分析的结论类似。同时由图 4-5 可以看出,当液态碳氢化合物光谱透射比位于高吸收区域时,利用液态碳氢化合物的实际光谱透射比数据反演时,方法 1 和方法 2 的反演计算误差都很小。

从图 4-6 可以看出,当液态碳氢化合物光谱透射比位于强吸收区域时,方法 1 和方法 2 利用液态碳氢化合物的当量光谱透射比,反演液态碳氢化合物光学常数造成的不利影响与其他吸收区域基本类似。方法 2 利用液态碳氢化合物的当量光谱透射比反演液态碳氢化合物光学常数时,其反演吸收指数的相对误差约为-2.65%,与中吸收区域的计算精度相比有所提高,这是由于强吸收区域两种液态碳氢化合物的当量光谱透射比的相对偏差为 252%,而且这两个区域液态碳氢化合物的当量光谱透射比误差相同,从而造成了液态碳氢化合物光学常数反问题模型在强吸收区域的计算精度比在中吸收区域的计算精度高的现象。方法 1 和方法 2 反演液态碳氢化合物折射率的计算精度比弱吸收区域的计算精度有所提高,但与中吸收区域相比还是有所降低,这进一步说明了通过增加两种液态碳氢化合物当量光谱透射比的相对差值是不能弥补其自身误差所带来的损失的。同时由图 4-6 可知,当液态碳氢化合物光谱透射比位于强吸收区域时,利用液态碳氢化合物的实际光谱透射比数据反演时,方法 1 和方法 2 的反演计算误差也很小。

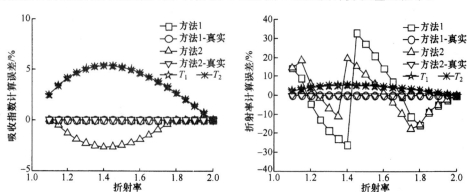

图 4-6 强吸收区的反演结果

通过上面的适用范围分析,可以看出利用液态碳氢化合物的当量光谱透射比反演液态碳氢化合物的光学常数时,方法 1 和方法 2 受液态碳氢化合物当量光谱透射比的误差、两种液态碳氢化合物当量光谱透射比的相对偏差、液态碳氢化合物吸收指数和折射率的影响很大。然而,在合适的液态碳氢化合物光学常数范围内,方法 1 和方法 2 利用液态碳氢化合物的当量光谱透射比反演液态碳氢化合物光学常数时的计算精度还是令人满意的。同时,方法 1 反演获得的液态碳氢化合物吸收指数受液态碳氢化合物的当量光谱透射比误差及其两种当量光谱透射比相对偏差的影响较小,而方法 2 则受其影响相对来说较大。因此,建议在采用方法 1 和方法 2 反演液态碳氢化合物的光学常数时,可以适当提高两种液态碳氢化合物的当量光谱透射比的相对偏差,以提高其计算精度。

4.3 反演液态碳氢化合物光学常数的透射比与 KK 结合法

4.3.1 反问题模型

反演液态碳氢化合物光学常数所采用的简化双透射法需要两组填充液态碳氢化合物光学腔光谱透射比数据,而本节主要探讨利用一组填充液态碳氢化合物光学腔光谱透射比数据反演其光学常数的方法。为此,将填充液态碳氢化合物光学腔光谱透射比测量数据作为反演液态碳氢化合物光学常数的测量值,并构造反演液态碳氢化合物光学常数的目标函数

$$\mathrm{OF}(\lambda) = \sum \left[T_m(\lambda) - T_c(\lambda)\right]^2 \tag{4-21}$$

式中,$T_m(\lambda)$、$T_c(\lambda)$ 为在同一入射光线波数下,填充液态碳氢化合物光学腔的光谱透射比的测量值和正问题模型的计算值。

反演液态碳氢化合物光学常数实验中，光学窗口玻璃材料的光学常数、光学窗口玻璃的厚度及液态碳氢化合物层的厚度均已知，通过式(4-21)可知填充液态碳氢化合物光学腔的光谱透射比只与液态碳氢化合物的光学常数（光谱吸收指数和光谱折射率）有关。然而由于式(4-21)中存在液态碳氢化合物的光谱吸收指数和光谱折射率两个未知参数，而仅有一个方程，造成了目标函数解的非唯一性。因此，需要再引入一个方程，使之变成封闭的求解方程组。由经典光学的色散理论可知，液态碳氢化合物的光谱吸收指数和光谱折射率共同构成了其复折射率方程的实部和虚部，由第1章可知液态碳氢化合物的复折射率方程满足：

$$m(\lambda) = n(\lambda) - ik(\lambda) \tag{4-22}$$

式中，$m(\lambda)$为入射光线波长λ下的液态碳氢化合物复折射率。

通过分析经典光学的色散理论可知，液态碳氢化合物的光谱吸收指数和光谱折射率也是复折射率方程中的实部和虚部，存在某种关联关系，即可以通过KK关系式架构其关联关系[52,53]，从而构造了液态碳氢化合物的光谱吸收指数和光谱折射率之间的联系函数，其满足：

$$n(\lambda) = 1 + \frac{2\lambda^2}{\pi} P \int_0^\infty \frac{k(\lambda_0)}{\lambda_0(\lambda^2 - \lambda_0^2)} d\lambda_0 \tag{4-23}$$

$$k(\lambda) = \frac{2\lambda}{\pi} P \int_0^\infty \frac{n(\lambda_0) - 1}{\lambda^2 - \lambda_0^2} d\lambda_0 \tag{4-24}$$

式中，P为方程中的Cauchy主值积分。

由此可见，通过引入液态碳氢化合物光谱吸收指数和光谱折射率之间的联系函数式(4-23)作为目标函数的补充条件，可对液态碳氢化合物的光谱吸收指数和光谱折射率的反演计算目标函数进行约束。此方法即为反演液态碳氢化合物光学常数的透射比与KK结合法，其具体的反演计算步骤如下所述。

（1）假设液态碳氢化合物的光谱折射率初值满足$n(\lambda) = n_0$（液态碳氢化合物的光谱折射率假定值应尽量接近其真实值），根据液态碳氢化合物的透射光谱范围设定液态碳氢化合物光谱吸收指数$k(\lambda)$的数据区间，根据蒙特卡罗(Monte-Carlo, MC)法和区间逼近法共同搜索，保证液态碳氢化合物的光谱吸收指数和光谱折射率满足单值性条件范围，根据反演液态碳氢化合物光学常数的目标函数式(4-22)搜索液态碳氢化合物的光谱吸收指数$k(\lambda)$。

（2）利用求解得到的液态碳氢化合物的光谱吸收指数$k(\lambda)$，通过光谱吸收指数和光谱折射率之间的联系函数式(4-23)求得新光谱折射率$n(\lambda)$，根据光谱折射率$n(\lambda)$搜索新光谱吸收指数$k(\lambda)$。

（3）如此反复迭代，当两相邻迭代的液态碳氢化合物的光谱吸收指数$k(\lambda)$和光谱折射率$n(\lambda)$均满足计算精度控制方程式(4-25)时，则当前的光谱吸收指数$k(\lambda)$和光谱折射率$n(\lambda)$即为所需要的光学常数。

$$\frac{1}{M}\sqrt{\sum_{i=0}^{M}\left(\frac{k_i^j - k_i^{j-1}}{k_i^j}\right)^2} \leqslant \delta \qquad (4\text{-}25\text{a})$$

$$\frac{1}{M}\sqrt{\sum_{i=0}^{M}\left(\frac{n_i^j - n_i^{j-1}}{n_i^j}\right)^2} \leqslant \delta \qquad (4\text{-}25\text{b})$$

式中，M 为填充液态碳氢化合物光学腔透射光谱波段的等间距划分间隔数；k_i^j（或 n_i^j）为第 i 节点第 j 次迭代的液态碳氢化合物的光谱吸收指数（或光谱折射率）；δ 为迭代计算过程的收敛误差（一般为 10^{-5}）。

在填充液态碳氢化合物光学腔透射光谱测量实验中，只能得到有限波长 $[\lambda_l, \lambda_h]$ 的透射光谱的测量数据，然而光谱吸收指数和光谱折射率之间的联系函数式（4-23）中包含一个无限波长范围内的 Cauchy 主值积分，光谱吸收指数和光谱折射率之间的联系函数式（4-23）可直接计算光谱折射率 $n(\lambda)$。因此，根据前人的研究成果将填充液态碳氢化合物光学腔透射光谱测量实验中的有限波长 $[\lambda_l, \lambda_h]$ 向外做合理地外推，同时根据半透明介质的光学色散理论可知：

$$\lambda \leqslant \lambda_l, \quad k(\lambda) = C_l \lambda^3 \qquad (4\text{-}26\text{a})$$

$$\lambda \geqslant \lambda_h, \quad k(\lambda) = C_h \frac{1}{\lambda} \qquad (4\text{-}26\text{b})$$

式中，$C_l = \dfrac{k(\lambda_l)}{\lambda_l^3}$；$C_h = k(\lambda_h)\lambda_h$。

为了方便液态碳氢化合物光学常数的反演计算，采用假设方法将填充液态碳氢化合物光学腔透射光谱有限区域外推到全波长范围，但实际上即使是长波也并没有趋向无穷远处，而短波也不能趋向零，从而在液态碳氢化合物光学常数的反演计算中，人为地引入了不可避免的计算误差。为解决此类问题，很多学者在类似的计算中采用相减的 KK 关系式来弥补此方面的缺陷[49,51-53,202,203]，计算过程如下。

当入射光线 λ 等于 λ_l 时，液态碳氢化合物的光谱吸收指数与光谱折射率之间的联系函数式（4-23）变为

$$n(\lambda_l) = 1 + \frac{2\lambda_l^2}{\pi} P \int_0^\infty \frac{k(\lambda_0)}{\lambda_0(\lambda_l^2 - \lambda_0^2)} \mathrm{d}\lambda_0 \qquad (4\text{-}27)$$

由式（4-27）减去式（4-23）可得

$$n(\lambda) = n(\lambda_l) + \frac{2(\lambda_l^2 - \lambda^2)}{\pi} P \int_0^\infty \frac{\lambda_0 k(\lambda_0)}{(\lambda_l^2 - \lambda_0^2)(\lambda^2 - \lambda_0^2)} \mathrm{d}\lambda_0 + N_l + N_h \qquad (4\text{-}28)$$

式中，N_h、N_l 分别为长波和短波外推区间的积分，其满足：

$$N_h = \frac{C_h}{\lambda^2 - \lambda_1^2}\left[\frac{1}{2\lambda}\ln\left(\frac{\lambda_h + \lambda}{\lambda_h - \lambda}\right) - \frac{1}{2\lambda_1}\ln\left(\frac{\lambda_h + \lambda_1}{\lambda_h - \lambda_1}\right)\right] \qquad (4\text{-}29)$$

$$N_l = C_l \lambda_l + \frac{C_l(\lambda_1^2 + \lambda^2)}{2\lambda}\ln\left(\frac{\lambda - \lambda_l}{\lambda + \lambda_l}\right) + \frac{C_l \lambda^4}{\lambda^2 - \lambda_1^2}\frac{1}{2\lambda}\ln\left(\frac{\lambda - \lambda_l}{\lambda + \lambda_l}\right)$$

$$-\frac{C_l\lambda_1^4}{\lambda^2-\lambda_1^2}\frac{1}{2\lambda_l}\ln\left(\frac{\lambda_1-\lambda_l}{\lambda_1+\lambda_l}\right) \tag{4-30}$$

在式(4-29)和式(4-30)的积分中，需要注意的是，当 $\lambda_0=\lambda$、$\lambda_0=\lambda_l$ 时容易出现奇点，需要对这两点进行特殊处理。本书借鉴哈尔滨工业大学齐宏教授的研究成果，利用 $[\lambda-\Delta\lambda,\lambda+\Delta\lambda]$ 内的 Cauchy 主值积分计算（$\Delta\lambda$ 为一微小间隔），将 Cauchy 主值积分进行 Hilbert 变换，变为

$$P\int_{\lambda-\Delta\lambda}^{\lambda+\Delta\lambda}\frac{k(\lambda)}{\lambda(\lambda_1^2-\lambda^2)}\mathrm{d}\lambda=\frac{k(\lambda+\Delta\lambda)}{(\lambda+\Delta\lambda)(2\lambda+\Delta\lambda)}-\frac{k(\lambda-\Delta\lambda)}{(\lambda-\Delta\lambda)(2\lambda-\Delta\lambda)} \tag{4-31}$$

其值由式(4-32)和式(4-33)进行求解：

$$\int_{\lambda-\Delta\lambda}^{\lambda+\Delta\lambda}\frac{k(\lambda_0)}{\lambda_0(\lambda_0^2-\lambda^2)}\mathrm{d}\lambda_0=\frac{k(\lambda+\Delta\lambda)}{(\lambda+\Delta\lambda)(2\lambda+\Delta\lambda)}-\frac{k(\lambda-\Delta\lambda)}{(\lambda-\Delta\lambda)(2\lambda-\Delta\lambda)} \tag{4-32}$$

$$\int_{\lambda_l-\Delta\lambda}^{\lambda_l+\Delta\lambda}\frac{k(\lambda_0)}{\lambda(\lambda_0^2-\lambda_l^2)}\mathrm{d}\lambda_0=\frac{k(\lambda_l+\Delta\lambda)}{(\lambda_l+\Delta\lambda)(2\lambda_l+\Delta\lambda)}-\frac{k(\lambda_l-\Delta\lambda)}{(\lambda_l-\Delta\lambda)(2\lambda_l-\Delta\lambda)} \tag{4-33}$$

由上面的函数分析可知，积分函数很难直接通过显式的方法进行求解，$[\lambda-\Delta\lambda,\lambda+\Delta\lambda]$ 内的积分也不能通过解析法进行直接求解，一般通过复合 Simpson 求积公式进行计算，具体计算过程参见相关的参考文献。

4.3.2 反演模型的适用范围

由于液态碳氢化合物光学常数反演计算是典型的反问题研究，而这类反问题的难点在于计算过程中存在解的多值性和非唯一性。本书利用填充液态碳氢化合物光学腔的光谱透射比数据反演其光学常数的方法，计算过程中的多值性和非唯一性具体表现在：由一组填充液态碳氢化合物光学腔光谱透射比实验数据，可能得出多组液态碳氢化合物光学常数（光谱折射率、光谱吸收指数）值。液态碳氢化合物光学常数反演计算中的多值性问题主要是由光学常数反演计算目标函数的复杂性造成的，但也可以通过确定光学常数的单值性条件来满足求解其光学常数反演值的唯一性。当光学窗口玻璃材料的光学常数、光学窗口玻璃和液态碳氢化合物的厚度一定时，填充液态碳氢化合物光学腔的光谱透射比仅与液态碳氢化合物的光学常数有关。反之，已知光学窗口玻璃的光学常数、填充液态碳氢化合物光学腔的光谱透射比、光学窗口玻璃和液态碳氢化合物的厚度时，液态碳氢化合物的光学常数（光谱折射率、光谱吸收指数）仅与液态碳氢化合物光学腔光谱透射比有关，因此可通过构建关联关系，由液态碳氢化合物光学腔光谱透射比求液态碳氢化合物的光学常数，而液态碳氢化合物光学腔光谱透射比的取值范围会影响求解液态碳氢化合物光学常数的精度。

根据前面的分析可知，不考虑光学窗口玻璃材料吸收指数对液态碳氢化合物透射光谱测量实验的影响，且假定光学窗口玻璃材料的折射率与入射光线波长不

相关,在本节液态碳氢化合物光学腔光谱透射比取值范围对求解液态碳氢化合物的光学常数的单值性条件影响分析中,所用的光学窗口玻璃材料分别为 CaF_2、KBr 和 ZnSe,其折射率分别为 1.41、1.54 和 2.44。在液态碳氢化合物的吸收指数和折射率范围内,合理选取吸收指数和折射率的参数值,利用填充液态碳氢化合物光学腔光谱透射比的正问题模型,确定填充当量厚度为 x 的液态碳氢化合物光学腔光谱透射比,计算结果如图 4-7~图 4-9 所示。

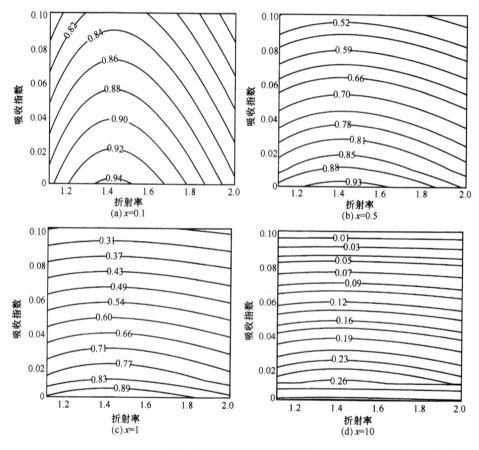

图 4-7　CaF_2 光学腔的影响

由图 4-7 可以看出,当液态碳氢化合物的光学常数和当量厚度一定时,CaF_2 光学腔的光谱透射比为单值;已知光谱透射比且当量厚度一定时,光学常数随着当量厚度取值存在多值现象。例如,当量厚度为 0.1 时,只有在液态碳氢化合物折射率为 1.41 的峰值处才能满足光谱透射比对应的光学常数是固定的。由图 4-7 还可以看出,随着当量厚度的增加,光谱透射比等值线变得更加平坦;当量厚度超过 10 时,光谱透射比等值线几乎变成一条直线。这说明光谱透射比和当量厚度一定时,

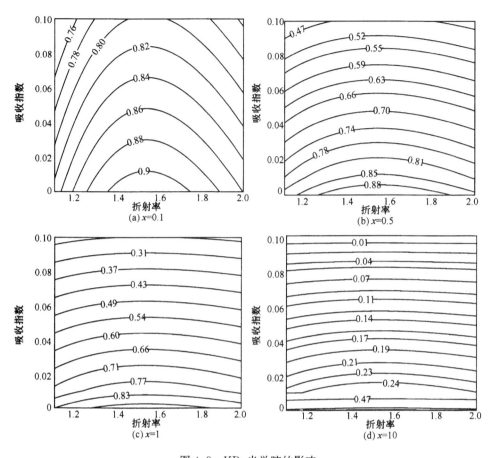

图 4-8 KBr 光学腔的影响

如果已知液态碳氢化合物的吸收指数，由于对应的液态碳氢化合物折射率是多值的，很难利用反演液态碳氢化合物光学常数的透射比与 KK 结合法计算确定唯一的液态碳氢化合物折射率。

从图 4-8 可见，当液态碳氢化合物的光学常数和当量厚度一定时，KBr 光学腔的光谱透射比为单值；已知光谱透射比且当量厚度一定时，光学常数随着当量厚度取值出现多值现象。由此可见 KBr 光学腔和 CaF_2 光学腔的多值性条件基本类似。只有液态碳氢化合物的折射率与 KBr 光学窗口玻璃的折射率相等，即折射率等于 1.54 时，才能保证反演态碳氢化合物光学常数的透射比与 KK 结合法利用填充液态碳氢化合物 KBr 光学腔的光谱透射比反演液态碳氢化合物光学常数的唯一性。由此可见，通过 KBr 光学腔的光谱透射比反演液态碳氢化合物的光学常数时，需要考虑光学窗口玻璃光学常数对反演液态碳氢化合物光学常数的影响。

从图 4-9 可见，当液态碳氢化合物的光学常数和当量厚度一定时，ZnSe 光学

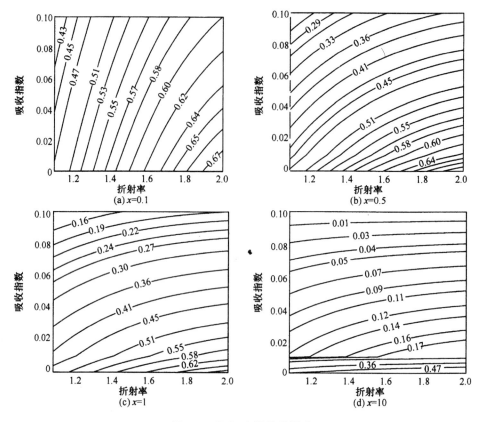

图 4-9 ZnSe 光学腔的影响

腔的光谱透射比为单值;已知光谱透射比且当量厚度一定时,光学常数并没有随着当量厚度取值出现多值现象,其值是唯一的。这是由于 ZnSe 光学窗口玻璃的折射率大于液态碳氢化合物的折射率,使 ZnSe 光学腔的光谱透射比曲线成为单调的曲线。

4.3.3 算例分析

本节通过一个算例来分析反演液态碳氢化合物光学常数的透射比与 KK 结合法的可靠性。通过文献[50]中水的光学常数 n 和 k 的数据作为其光学常数的真实值,算例中所用光学窗口玻璃材料为 ZnSe 且其折射率为 2.44,然后利用本书正问题模型计算填充厚度为 $1\mu m$ 水的 ZnSe 光学腔的光谱透射比作为实验数据,将填充 $1\mu m$ 厚度水的 ZnSe 光学腔的光谱透射比实验数据带入反演液态碳氢化合物光学常数的透射比与 KK 结合法的反问题模型计算水的光学常数,计算结果和文献结果如图 4-10 所示。

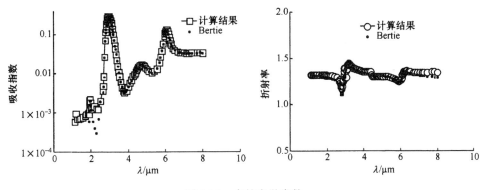

图 4-10 水的光学常数

如图 4-10 所示,反演液态碳氢化合物光学常数的透射比与 KK 结合法反演计算大部分水的吸收指数与文献值吻合较好,然而在水的透明区域,反演液态碳氢化合物光学常数的透射比与 KK 结合法反演水的吸收指数与"真实值"的偏差很大,从而导致在透明区域反演数据的计算误差最大值达 100%,这就说明在透明区域反演液态碳氢化合物光学常数的透射比与 KK 结合法的适用性很差。由图还可以看出,反演液态碳氢化合物光学常数的透射比与 KK 结合法反演计算水的折射率其结果大部分与真实值吻合较好,其反演数据的计算误差小于 10%。由此可以发现,对于反演液态碳氢化合物光学常数的透射比与 KK 结合法,虽然其求解过程只需要一组填充液态碳氢化合物光学腔光谱透射比数据计算其光学常数,但在部分透明区域其适用性有待进一步讨论。

4.4 反演液态碳氢化合物光学常数的新双厚度法

4.4.1 反问题模型

反演液态碳氢化合物光学常数的透射比与 KK 结合法是目前应用较为普遍的方法之一,但由其推导过程可知 KK 关系式是采用大量的假设条件实现对液态碳氢化合物折射率求解的方式,在反演液态碳氢化合物光学常数过程中很难去掉因 KK 关系假设条件而引入的计算误差。虽然有些学者提出采用相减的 KK 关系式来消除部分计算误差,但在利用相减的 KK 关系式计算时也需要知道液态碳氢化合物的高波数折射率才能进行合理的外推。Tuntomo 提出的反演液态碳氢化合物光学常数的简化双透射法原理很简单,而且不需要引入 KK 关系式,从而去掉了因 KK 关系假设条件而引入的计算误差,但是通过前面的分析可知,反演液态碳氢化合物光学常数的简化双透射法仅适用于忽略光学窗口玻璃界面反射损失的情况。因此,本节在借鉴反演液态碳氢化合物光学常数的简化双透射法的基础上,不引入 KK 关系式,但考虑光学窗口玻璃的光学参数变化,通过实验测量两个不同液态碳氢化合物厚度下填充其光学腔的光谱透射比作为液态碳氢化合物光学常数计算中的测量值,然后架构了满足反演计算液态碳氢化合物光学常数的方程组,该方法即为反演液态碳氢化合物光学常数的新双厚度法。

通过透射法测量填充液态碳氢化合物厚度分别为 L_1 和 L_2 的光学腔法向光谱透射比实验值 T_{m1} 和 T_{m2},可以构造反演计算液态碳氢化合物光学常数的方程组:

$$T(n_2,k_2,L_1)-T_{m1}=0 \quad (4\text{-}34\text{a})$$

$$T(n_2,k_2,L_2)-T_{m2}=0 \quad (4\text{-}34\text{b})$$

式中,$T(n_2,k_2,L_1)$、$T(n_2,k_2,L_2)$ 分别为填充液态碳氢化合物厚度为 L_1 和 L_2 时光学腔法向光谱透射比计算值。

当光学窗口玻璃材料的光学常数、光学窗口玻璃的厚度和液态碳氢化合物的厚度一定时,填充液态碳氢化合物光学腔的光谱透射比仅与液态碳氢化合物的光学常数(光谱吸收指数和光谱折射率)有关,由于反演计算液态碳氢化合物光学常数的方程组中两个方程是独立的,因此从理论上可以确定方程组解的唯一性,即可确定唯一的液态碳氢化合物光学常数。

1. 反演方法1

借鉴 4.2.3 节的 SODTM,基于填充液态碳氢化合物光学腔光谱透射比的计算公式构建反演液态碳氢化合物光学常数的新双厚度法 MC 双厚度法(MC double thickness method,MCDTM)。在 MCDTM 的计算过程中,基于厚度分别为 L_1 和 L_2 的光学腔法向光谱透射比实验值 T_{m1} 和 T_{m2},使用 MC 法和区间逼近法混合搜索方法来求解其反演计算模型。由于 MC 法在搜索液态碳氢化合物光学常数的过程中,当光学常数偏离真值较远时,其收敛的速率很慢。为此,先通过 MC 法对光学常数解进行初步搜索,达到一定的计算精度后,采用区间逼近法减小光学常数反演范围。MCDTM 的具体反演计算过程如下所述。

(1) 给出液态碳氢化合物光学常数折射率 n 和吸收指数 k 的合理参数区间、最大迭代次数、计算控制误差、初始计算误差、区间逼近步长。

(2) 通过 MC 法搜索液态碳氢化合物光学常数折射率和吸收指数合理值。

(3) 通过式(4-11)计算厚度分别为 L_1 和 L_2 的光学腔法向光谱透射比 $T(n_2,k_2,L_1)$ 和 $T(n_2,k_2,L_2)$,并分析光谱透射比计算值和实验值的误差。当计算值和实验值的误差低于初始计算误差时,采用区间逼近法缩小液态碳氢化合物光学常数折射率和吸收指数的取值范围,并将光谱透射比的计算值和实验值的误差取代目前的初始计算误差。

(4) 计算精度控制,如果填充液态碳氢化合物光学腔光谱透射比的计算值和实验值的误差低于最小的计算控制误差,或累加计算次数大于迭代最大次数,则反演液态碳氢化合物光学常数计算结束,否则返回第(2)步。

2. 反演方法 2

由于在 MCDTM 中采用 MC 法进行液态碳氢化合物光学常数搜索,导致反演计算量很大,使求解时间较长。为此,提出了一种反演液态碳氢化合物光学常数的改进的双厚度法(improved double thickness method,IDTM)。在 IDTM 中,假设先将填充液态碳氢化合物光学腔的光谱透射比的测量数据作为厚度为 L_1 和 L_2 的液态碳氢化合物光谱透射比实验值 $T_{l,m1}$ 和 $T_{l,m2}$,这样就可以通过 4.2.3 节中的 SDTM 法得到液态碳氢化合物光学常数的初始 k_2 和 n_2。然后利用得到的 k_2 和 n_2,通过填充液态碳氢化合物光学腔光谱透射比的正问题模型计算厚度分别为 L_1 和 L_2 的光学腔法向光谱透射比计算值 T_{c1} 和 T_{c2}。最后通过比较光谱透射比计算值与实验值的偏差,对原来的液态碳氢化合物光谱透射比实验值 $T_{l,m1}$ 和 $T_{l,m2}$ 进行适当修正,其修正关系的计算式满足:

$$\widetilde{T}_{l,m1} = T_{l,m1} + T_{m1} - T_{c1} \tag{4-35a}$$

$$\widetilde{T}_{l,m2} = T_{l,m2} + T_{m2} - T_{c2} \tag{4-35b}$$

式中,$\widetilde{T}_{l,m1}$、$\widetilde{T}_{l,m2}$ 分别为厚度为 L_1 和 L_2 的液态碳氢化合物光谱透射比的修正值。

将液态碳氢化合物光谱透射比的修正值代替原来的液态碳氢化合物光谱透射比的实验值,再次计算液态碳氢化合物光学常数 k_2 和 n_2,直到液态碳氢化合物光谱透射比的修正关系满足计算误差要求为止。

4.4.2 反演方法的适用范围

根据前面分析可知,不考虑光学窗口玻璃材料吸收指数对液态碳氢化合物透射光谱测量实验的影响,且假定光学窗口玻璃材料的折射率与入射光线波长不相关,因此本节所用的光学窗口玻璃材料为 ZnSe,折射率为 2.44。在表 4-2 所示的液态碳氢化合物的吸收指数和折射率范围内,合理选取吸收指数和折射率的参数值,利用式(4-11)计算当量厚度 1、当量厚度 2 对应的液态碳氢化合物当量光谱透射比和实际光谱透射比(统一用 T_1、T_2 表示)作为实验测量值,并利用 MCDTM 和 IDTM 反演计算液态碳氢化合物光学常数折射率、吸收指数,结合光学常数反演数据的计算误差,分析光学常数取值范围对 MCDTM 和 IDTM 的影响,计算结果如图 4-11 和图 4-12 所示。

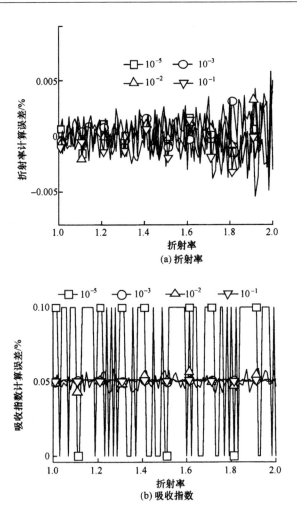

图 4-11 MCDTM 的反演结果

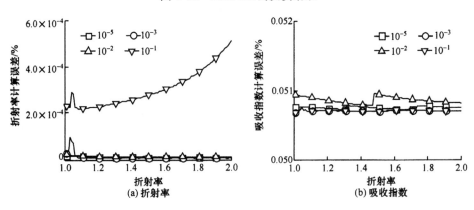

图 4-12 IDTM 的反演结果

从图 4-11 可以看出,MCDTM 反演液态碳氢化合物折射率的相对误差最大值为 5×10^{-5}。当液态碳氢化合物折射率位于高折射率区域时,其反演计算的误差不断增大,而且 MCDTM 反演液态碳氢化合物折射率的相对误差随着液态碳氢化合物吸收指数的增大而不断增大。MCDTM 反演液态碳氢化合物吸收指数的相对误差最大值为 10^{-3},受折射率的影响较弱,并且随着吸收指数的增大而不断减弱。

由图 4-12 可知,IDTM 的精度明显高于 MCDTM 的精度,IDTM 计算液态碳氢化合物折射率的相对误差最大值为 5×10^{-6},计算液态碳氢化合物吸收指数的相对误差最大值为 5×10^{-4}。由图还可以看出,IDTM 受液态碳氢化合物光学常数的影响较小,这说明 IDTM 具有更广的适用范围。

前面所述的反演液态碳氢化合物光学常数的新双厚度法的适用范围分析中,所采用的实验值是精确的,即没有考虑测量误差的影响。然而,由于实验中测量仪器精度、环境条件和操作条件等的影响,用于液态碳氢化合物光学常数反演计算的实验数据往往存在一定的测量偏差,该偏差会对反演液态碳氢化合物光学常数的新双厚度法造成一定影响。因此,分析实验偏差对液态碳氢化合物光学常数反演计算的不利影响,是保证反演方法得到改善的关键所在。在反演方法中,实验偏差主要来源于光谱透射比和厚度的测量过程。由前面对厚度的偏差分析表明,厚度偏差对反演过程的影响较小,为此本节只分析光谱透射比测量偏差对液态碳氢化合物光学常数反演计算的影响。

在表 4-2 所示的液态碳氢化合物的吸收指数和折射率范围内,合理选取吸收指数和折射率的参数值,利用式(4-11)计算当量厚度 1、当量厚度 2 对应的液态碳氢化合物当量光谱透射比和实际光谱透射比(统一用 T_1、T_2 表示),并将其添加填充液态碳氢化合物光学腔的光谱透射比实验数据存在 $\pm 0.1\%$、$\pm 1\%$、$\pm 5\%$ 和 $\pm 10\%$ 的相对偏差后作为实验测量值,其他计算条件保持不变,通过 MCDTM 和 IDTM 计算液态碳氢化合物光学常数,光学常数计算值与真实值的误差计算结果如图 4-13～图 4-20 所示。

从图 4-13(a)、(b)可以看出,在强吸收区域($k=0.1$),填充液态碳氢化合物光学腔的光谱透射比实验偏差绝对值较小时(如实验正偏差不超过 1%,实验负偏差不超过 -1%),MCDTM 反演液态碳氢化合物吸收指数误差较小(其值约为 10^{-3});当光谱透射比实验偏差绝对值超过 5% 后,在部分区域 MCDTM 计算液态碳氢化合物吸收指数的误差已经达到了 100%。光谱透射比正偏差会导致 MCDTM 在高折射率区域的计算误差增大,而其负偏差则会导致 MCDTM 在低折射率区域的计算误差增大,而且光谱透射比正偏差对 MCDTM 反演液态碳氢化合物光学常数造成的不利影响远大于负偏差。由图还可以看出,在液态碳氢化合物折射率为 1.08～1.68 时,MCDTM 反演液态碳氢化合物光学常数受其实验偏差的影响相对较小,即使光谱透射比实验偏差绝对值达到 10%,而其反演误差仅为 10^{-3} 或 0.1%。

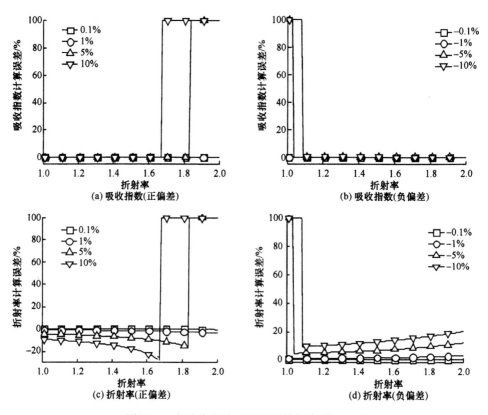

图 4-13 实验偏差对 MCDTM 的影响（$k=0.1$）

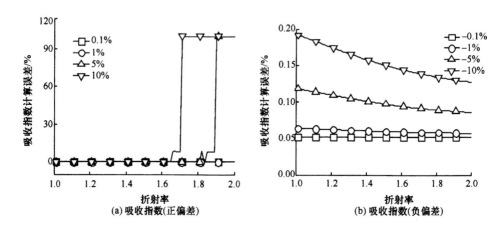

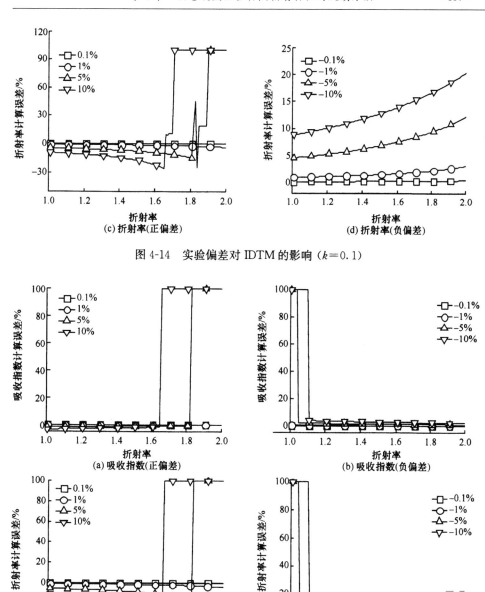

图 4-14 实验偏差对 IDTM 的影响（$k=0.1$）

图 4-15 实验偏差对 MCDTM 的影响（$k=0.01$）

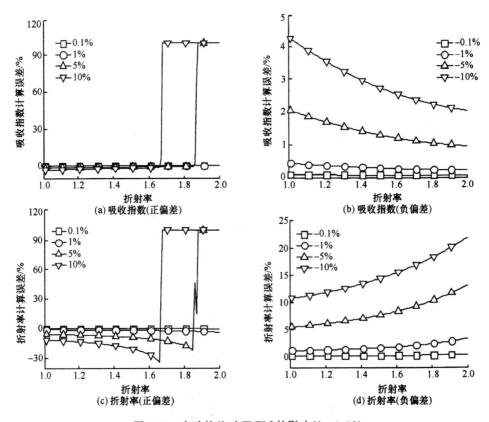

图 4-16 实验偏差对 IDTM 的影响($k=0.01$)

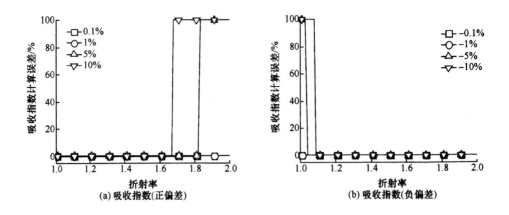

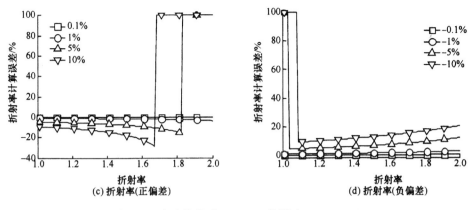

图 4-17 实验偏差对 MCDTM 的影响 ($k=0.001$)

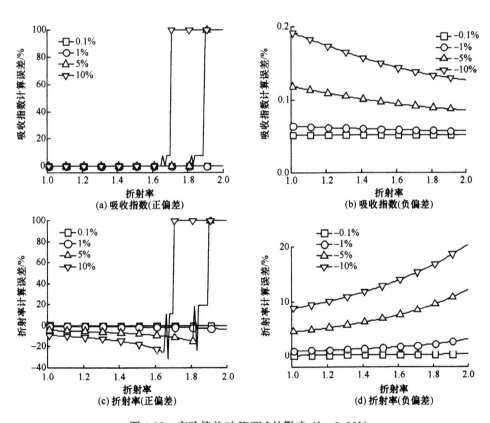

图 4-18 实验偏差对 IDTM 的影响 ($k=0.001$)

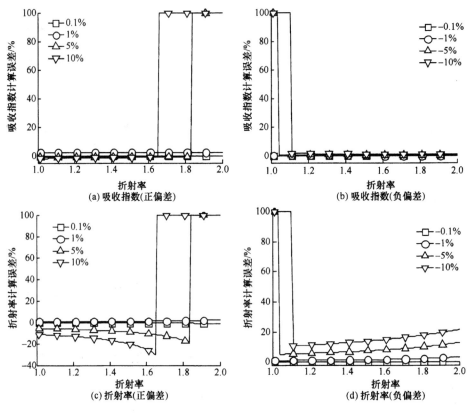

图 4-19 实验偏差对 MCDTM 的影响（$k=10^{-5}$）

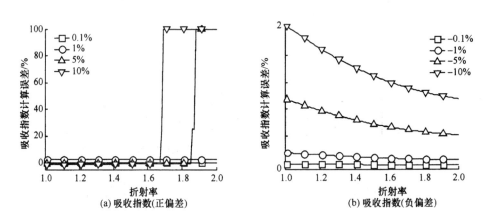

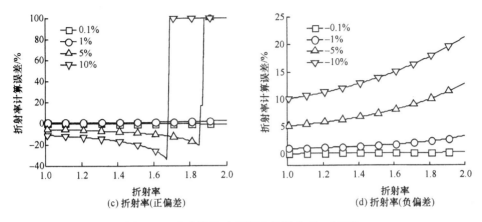

图 4-20 实验偏差对 IDTM 的影响 ($k=10^{-5}$)

由图 4-13(c)、(d)可以看出,在强吸收区域($k=0.1$),MCDTM 反演液态碳氢化合物折射率受实验偏差的影响较大,反演误差随填充液态碳氢化合物光学腔光谱透射比实验偏差绝对值的增大而不断增加,MCDTM 反演液态碳氢化合物折射率误差的最小值比实验偏差值略小。由图还可以看出,在液态碳氢化合物折射率为 1.08~1.68 之外,实验偏差对 MCDTM 反演液态碳氢化合物折射率的影响与反演液态碳氢化合物吸收指数类似,当光谱透射比的实验偏差绝对值为 5%时,MCDTM 反演液态碳氢化合物折射率的误差已经达到了 100%。

由图 4-14(a)、(b)可以看出,在强吸收区域($k=0.1$),当 IDTM 计算强吸收区域内液态碳氢化合物光学常数时,填充液态碳氢化合物光学腔光谱透射比的实验正、负偏差对其影响显著不同,实验正偏差对 IDTM 反演液态碳氢化合物吸收指数的影响与 MCDTM 相似,但是 IDTM 的计算精度比 MCDTM 的计算精度显著提高;实验负偏差对 IDTM 计算液态碳氢化合物光学常数的影响很小,即使填充液态碳氢化合物光学腔光谱透射比的实验偏差为-10%时,IDTM 反演液态碳氢化合物吸收指数的误差最大值仅为 0.2%。由图还可以看出,填充液态碳氢化合物光学腔光谱透射比实验偏差的绝对值较小时(如光谱透射比实验正偏差小于 1%,光谱透射比实验负偏差大于-1%),IDTM 反演液态碳氢化合物吸收指数的误差较小(其值约为 10^{-3}),而且随着液态碳氢化合物折射率的增加其计算误差不断减小。

由图 4-14(c)、(d)可以看出,在强吸收区域($k=0.1$)时,实验偏差对 IDTM 反演液态碳氢化合物折射率的影响与其计算液态碳氢化合物吸收指数时的影响类似,但是实验负偏差对 IDTM 反演液态碳氢化合物折射率的不利影响明显高于其计算液态碳氢化合物吸收指数时,当填充液态碳氢化合物光学腔光谱透射比的实验偏差为-10%时,IDTM 反演液态碳氢化合物折射率误差的最大值大于 20%,

并且随着液态碳氢化合物折射率的增加其计算误差不断增加。

图 4-15 所示为在液态碳氢化合物吸收指数 $k=0.01$（高吸收区域）时，实验偏差对 MCDTM 计算液态碳氢化合物光学常数的影响。从图可以看出，采用 MCDTM 反演高吸收区域的液态碳氢化合物光学常数时，实验偏差对 MCDTM 反演的影响与强吸收区域基本一致，然而 MCDTM 受光谱透射比实验偏差影响较小的液态碳氢化合物折射率仅限于 $1.1\sim1.66$。由图还可以看出，MCDTM 在高吸收区域时，其反演液态碳氢化合物光学常数的误差与强吸收区域时的误差相比明显偏高，当光谱透射比实验偏差绝对值小于 1% 时，MCDTM 反演液态碳氢化合物吸收指数误差的最大值约为 1%，而其反演液态碳氢化合物折射率误差的最大值约为 3.5%。

由图 4-16 可以看出，IDTM 反演高吸收区域的液态碳氢化合物光学常数时，光谱透射比实验偏差对其计算影响的趋势与强吸收区域时的非常接近，然而在高吸收区域时 IDTM 反演液态碳氢化合物光学常数的计算误差比强吸收区域时明显偏高，当光谱透射比实验偏差的绝对值小于 1% 时，IDTM 反演液态碳氢化合物吸收指数误差的最大值接近 0.3%，而反演液态碳氢化合物折射率误差的最大值为 3.3%。

图 4-17 所示为在液态碳氢化合物吸收指数 $k=0.001$（中吸收区域）时，实验偏差对 MCDTM 计算液态碳氢化合物光学常数的影响。由图可以看出，MCDTM 反演中吸收区域内液态碳氢化合物光学常数时，光谱透射比实验偏差对其计算影响的变化趋势与高吸收区域的非常相似，但 MCDTM 在中吸收区域内反演液态碳氢化合物光学常数的计算误差与高吸收区域相比明显降低，当光谱透射比实验偏差绝对值小于 1% 时，MCDTM 反演液态碳氢化合物吸收指数误差的最大值约为 0.06%，而反演液态碳氢化合物折射率误差的最大值为 3.06%。

图 4-18 所示为在液态碳氢化合物吸收指数 $k=0.001$（中吸收区域）时，光谱透射比实验偏差对 IDTM 计算液态碳氢化合物光学常数的影响。由图可见，IDTM 计算中吸收区域内液态碳氢化合物光学常数时，光谱透射比实验偏差对其计算影响的变化趋势与高吸收区域类似，IDTM 在中吸收区域内反演液态碳氢化合物光学常数的误差与强吸收区域相比明显偏低，当光谱透射比实验偏差绝对值小于 1% 时，IDTM 反演液态碳氢化合物吸收指数误差的最大值约为 0.06%，而其反演液态碳氢化合物折射率误差的最大值为 3.06%。

图 4-19 所示为在液态碳氢化合物吸收指数 $k=10^{-5}$（弱吸收区域）时，实验偏差对 MCDTM 计算液态碳氢化合物光学常数的影响。由图可以看出，MCDTM 反演弱吸收区域内液态碳氢化合物光学常数时，光谱透射比实验偏差对计算影响的变化趋势与中吸收区域的非常相似，但 MCDTM 在弱吸收区域内反演液态碳氢化合物光学常数的计算误差与中吸收区域相比明显增大，当光谱透射比实验偏差绝

对值小于1%时，MCDTM反演液态碳氢化合物吸收指数误差的最大值约为0.2%，而反演液态碳氢化合物折射率误差的最大值为3.24%。

图4-20所示为在液态碳氢化合物吸收指数 $k=10^{-5}$（弱吸收区域）时，光谱透射比实验偏差对IDTM计算液态碳氢化合物光学常数的影响。由图可以看出，IDTM计算弱吸收区域内液态碳氢化合物光学常数时，光谱透射比实验偏差对其计算影响的变化趋势与中吸收区域的类似，IDTM在弱吸收区域内反演液态碳氢化合物光学常数的误差与中吸收区域的相比明显偏高，当光谱透射比实验偏差绝对值小于1%时，IDTM反演液态碳氢化合物吸收指数误差的最大值约为0.22%，而其反演液态碳氢化合物折射率误差的最大值为3.24%。

4.4.3 反演模型验证算例分析

为分析反演液态碳氢化合物光学常数的新双厚度法在实际液态碳氢化合物测量应用中的合理性，采用文献[54]中典型液态碳氢化合物液态庚烷(heptane) (C_7H_{16})的光学常数折射率和吸收指数的数据作为本节模拟实际液态碳氢化合物光学常数的真实值，本节所用的光学窗口玻璃材料为ZnSe，折射率为2.44。采用液态庚烷的光学常数折射率和吸收指数，利用正问题模型计算厚度为$5\mu m$、$10\mu m$对应的填充庚烷光学腔的光谱透射比作为实验测量值，真实值、实验测量值如图4-21和图4-22所示。

图4-23为MCDTM和IDTM反演计算庚烷的光学常数数据。如图4-23所示，MCDTM和IDTM反演庚烷光学常数的计算结果与真实值吻合较好。其中，MCDTM反演庚烷折射率和吸收指数的误差最大值分别为0.04%和16%，而IDTM反演庚烷折射率和吸收指数的误差最大值分别为10^{-4}%和0.07%。由此可以看出，对于反演真实的液态碳氢化合物光学常数，IDTM比MCDTM的计算精度更高。

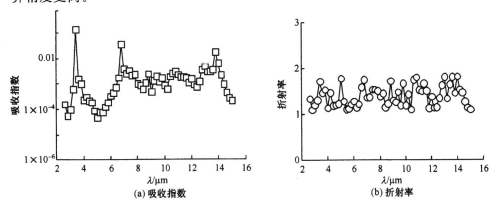

图4-21 庚烷的光学常数[54]

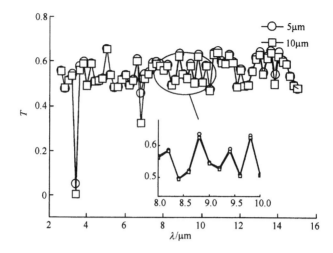

图 4-22 填充庚烷光学腔的光谱透射比

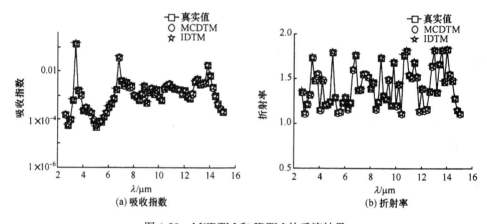

(a) 吸收指数　　　(b) 折射率

图 4-23 MCDTM 和 IDTM 的反演结果

在利用反演液态碳氢化合物光学常数的新双厚度法计算庚烷光学常数时,笔者没有考虑实验数据的误差,实际上光谱测量仪器的精度、实验操作环境和人为因素等影响,测量得到的透射光谱实验数据往往存在一定的实验偏差,而分析实验偏差对反演液态碳氢化合物光学常数的新双厚度法的影响是评价其抗干扰能力的重要步骤之一。在反演庚烷的测量光谱范围内,假设填充庚烷光学腔的光谱透射比实验数据分别存在 0.1%、1%、5% 和 10% 的相对误差(正偏差),并将该实验数据作为反演液态碳氢化合物光学常数的新双厚度法计算庚烷光学常数的已知量,其他的计算条件保持不变,则利用反演液态碳氢化合物光学常数的新双厚度法计算得到庚烷的光学常数反演值,然后采用式(3-20)计算反演值与真实值的相对误差,计算结果如图 4-24 和图 4-25 所示。

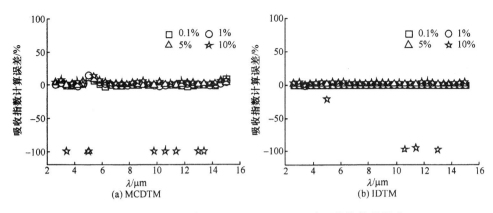

图 4-24 实验偏差对 MCDTM 和 IDTM 反演吸收指数的影响

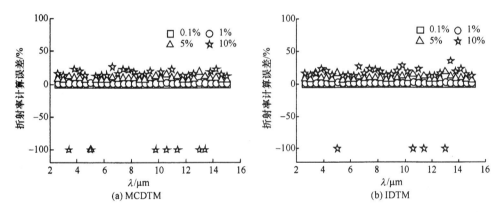

图 4-25 实验偏差对 MCDTM 和 IDTM 反演折射率的影响

由图 4-24 可以看出,填充庚烷光学腔的光谱透射比实验偏差对 MCDTM 和 IDTM 反演计算庚烷吸收指数的影响均比较明显,而且随着填充庚烷光学腔的光谱透射比实验偏差的增大而不断加剧。填充庚烷光学腔的光谱透射比实验偏差为 0.1%、1% 和 5% 时,MCDTM 计算庚烷吸收指数的最大误差发生在波长为 $5\mu m$ 处,其值分别为 11.97%、15.05% 和 -100%。这是由于在波长 $5\mu m$ 处,两种填充厚度庚烷光学腔光谱透射比的相对偏差仅为 0.06%。当填充庚烷光学腔的光谱透射比实验偏差低于 5% 时,除波长 $5\mu m$ 外 MCDTM 的计算误差均小于 10%;当光谱透射比实验偏差为 10% 时,MCDTM 计算的庚烷光学常数中近 20% 的反演数据误差接近 100%。由图还可以看出,当光谱透射比实验偏差低于 5% 时,实验偏差对 IDTM 反演庚烷吸收指数的影响很小,其计算误差最大值为 2.34%。而当光谱透射比实验偏差为 10% 时,在高吸收区域(庚烷吸收指数约为 10^{-2}),IDTM 的计算误差急剧上升,大部分误差值已超过 100%。

由图 4-25 可以看出,填充庚烷光学腔的光谱透射比实验偏差对 MCDTM 和 IDTM 反演计算庚烷折射率的影响也很大,且随着填充庚烷光学腔光谱透射比实验偏差的增大而增大。填充庚烷光学腔光谱透射比的实验偏差低于 1% 时,MCDTM 计算反演庚烷折射率的误差为 3%;光谱透射比的实验偏差为 5% 时,MCDTM 计算反演庚烷折射率反演数据的计算误差接近 24% 的部分大于 10%。由图还可以看出,填充庚烷光学腔的光谱透射比实验偏差对 IDTM 计算庚烷折射率的影响规律与 MCDTM 的基本一致。

通过典型液态碳氢化合物液态庚烷的光学常数反演分析可知,填充庚烷光学腔的光谱透射比无实验偏差时,MCDTM 和 IDTM 反演计算庚烷光学常数的精度较高,其中 IDTM 的计算精度更高。当填充庚烷光学腔的光谱透射比存在实验偏差时,MCDTM 和 IDTM 均受到一定的影响,其中 MCDTM 受其影响更为明显。当填充庚烷光学腔的光谱透射比实验偏差低于 1% 时,IDTM 反演庚烷吸收指数的误差小于 1.5%,其反演庚烷折射率的误差小于 3%。当填充庚烷光学腔的光谱透射比实验偏差不超过 5% 时,IDTM 反演庚烷吸收指数的误差小于 3%,其反演庚烷折射率的误差小于 20%。

4.5 小 结

本章首先分析了填充液态碳氢化合物光学腔的透射辐射特性,建立了求解填充液态碳氢化合物光学腔和液态碳氢化合物的光谱透射比的正问题模型,提出了三种基于填充液态碳氢化合物光学腔和液态碳氢化合物的光谱透射比反演其光学常数的方法,建立了相应的反问题模型,分析了反问题模型的适用范围,并进行了实际液态碳氢化合物光学常数的算例分析,主要结论如下所述。

(1) 给出了两种利用液态碳氢化合物当量光谱透射比反演其光学常数的方法,即反演液态碳氢化合物光学常数的简化双透射法,但其适用范围有限。

(2) 给出的反演液态碳氢化合物光学常数的透射比与 KK 结合法是目前应用较为普遍的方法,虽然求解过程只需要一组填充液态碳氢化合物光学腔光谱透射比数据进行反演其光学常数,但在部分透明区域其适用性有限。

(3) 给出的反演液态碳氢化合物光学常数的新双厚度法,能够在一定适用范围内实现液态碳氢化合物光学常数的反演。在无光谱透射比实验偏差时,反演液态碳氢化合物光学常数的新双厚度法计算精度较高;在光谱透射比存在实验偏差时,反演液态碳氢化合物光学常数的新双厚度法计算精度受到了一定的影响,部分计算区域的精度有所下降。

第 5 章 液态碳氢化合物高温透射特性测量实验系统

液态碳氢化合物的光学常数是计算辐射热物性参数的基础数据。目前,尚不能直接利用测试实验设备测量获取所有波段内液态碳氢化合物的光学常数,一般通过光学测量手段得到液态碳氢化合物或填充液态碳氢化合物光学腔的光谱透射比数据或光谱反射比数据,再基于液态碳氢化合物光学常数反演模型计算得到液态碳氢化合物光学常数。在透射法获取光学常数的测量实验中,如何高精度地获得液态碳氢化合物或填充液态碳氢化合物光学腔的光谱透射比数据是保证液态碳氢化合物光学常数反演计算精度的关键措施,而液态碳氢化合物透射特性的测量实验系统设计,特别是满足高温环境实验测量系统的研制尤为关键。

考虑到目前液态碳氢化合物还缺乏较高温度范围、从可见光到中红外波段内的光学常数和热辐射物性数据库,本章主要设计并搭建液态碳氢化合物高温透射特性测量实验系统。该实验系统可以满足实验中液态碳氢化合物的加热、供压和填充液态碳氢化合物光学腔高温透射特性的测量需要,而且通过移除恒温箱中液体管路和光学腔即可实现光学窗口玻璃材料的高温透射特性测量。实验系统的主要技术指标满足:①加热液态碳氢化合物温度可达 300~600K;②液态碳氢化合物供液压力可达 1.0MPa;③固态和液态介质的光谱透射比测量精度优于 $4cm^{-1}$;④测量工作波段:激光光源系统的工作波长为 $0.532\mu m$、$0.671\mu m$、$1.064\mu m$ 和 $1.342\mu m$,红外傅里叶光谱仪系统的工作波段为 $0.8\sim40\mu m$。

5.1 液态碳氢化合物高温透射特性测量实验系统的总体结构

在大量的液态碳氢化合物热辐射物性正问题和反问题系统分析及仿真模拟的基础上,设计了液态碳氢化合物高温透射特性测量实验系统。笔者参加了液态碳氢化合物高温透射特性测量实验系统的整体方案设计,液态碳氢化合物热辐射物性正问题和反问题系统分析,实验部件设计和购置,液态碳氢化合物高温透射特性测量实验系统的搭建和调试等方面的工作。图 5-1 所示为液态碳氢化合物高温透射特性测量实验系统照片和总体结构分布示意图。

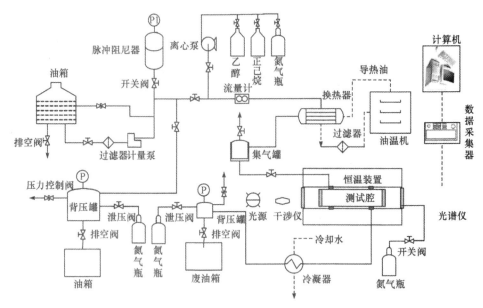

(a) 总体结构分布示意图

(b) 实验系统

图 5-1 液态碳氢化合物高温透射特性测量实验系统

P1、P. 压力表

液态碳氢化合物高温透射特性测量实验系统主要由液态碳氢化合物供液和预热系统、液态碳氢化合物光学腔、液态碳氢化合物加热用光学恒温箱及温度测控系统、液体和固态介质透射特性测量系统、杂散辐射抑制系统 5 部分组成,各部分主要完成的功能如下所述。

(1) 液态碳氢化合物供液和预热系统。主要包括液态碳氢化合物供压系统、预热系统和清洗系统等部分。其中,供压系统的主要作用是为液态碳氢化合物在实验管路中流动提供必要的动力,并维持实验管路内的一定压力需求。预热系统的主要功能是在液态碳氢化合物进入恒温箱前初步将其加热到一定的温度,为恒温箱加热液态碳氢化合物奠定基础。清洗系统的主要功能是清洗实验管路内残留的液态碳氢化合物及管壁内液态碳氢化合物形成的结焦物。

(2) 液态碳氢化合物光学腔。主要包括光学窗口玻璃、金属支撑架、金属垫和石墨密封垫等部件,其功能是在液态碳氢化合物光学腔内填充满足实验需要厚度的液态碳氢化合物,在恒温箱内加热过程中承受液态碳氢化合物高温、高压载荷,而且在透射特性测量过程中保证光路畅通。

(3) 液态碳氢化合物加热用光学恒温箱及温度测控系统。主要由电阻加热式光学恒温箱系统、氮气加热式光学恒温箱系统和温度测控系统等部分构成,其功能是加热填充液态碳氢化合物光学腔或光学窗口玻璃使之满足测试温度要求,在透射特性测量中保证填充液态碳氢化合物光学腔或光学窗口玻璃的高温加热环境,而且在安装了填充液态碳氢化合物光学腔或光学窗口玻璃后保持其测试光路的准直性。

(4) 液体和固态介质透射特性测量系统。主要由单波段激光光源、多波段红外傅里叶光谱仪、光电信号接收系统和光路辅助系统等部分构成。单波段激光光源的功能是提供单波段的入射光信号;多波段红外傅里叶光谱仪的主要功能之一是提供连续的、多波段的入射光信号;多波段红外傅里叶光谱仪和光学信号接收系统的主要功能是测量恒温箱内安装填充液态碳氢化合物光学腔或光学窗口玻璃前后的透射特性。

(5) 杂散辐射抑制系统。图 5-2 所示为杂散辐射抑制系统,由各种光学反射镜和光学遮光板等构成,功能是在测量填充液态碳氢化合物光学腔或光学窗口玻璃的高温透射特性时,抑制各类杂散辐射对光电信号接收系统的干扰。

(a) 遮光板 (b) 反射镜

图 5-2 杂散辐射抑制系统

5.2 液态碳氢化合物高温透射特性测量实验系统功能与设计

5.2.1 液态碳氢化合物供液和预热系统

如图 5-3 所示，液态碳氢化合物供液和预热系统主要包括液态碳氢化合物供压系统、预热系统和清洗系统等部分，是实现实验管路中液态碳氢化合物供应、供压、定压、加热和清洗等工作的关键系统。

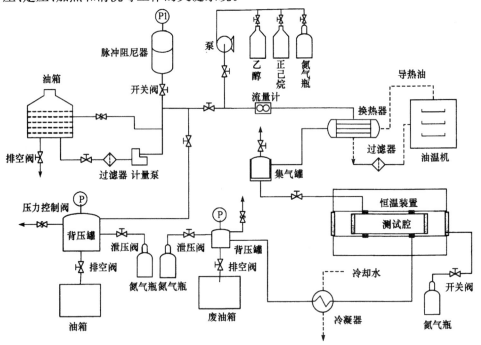

图 5-3 液态碳氢化合物供液和预热系统

液态碳氢化合物供压系统由液态碳氢化合物储罐、动力计量泵、稳压脉冲阻尼器、过滤器、定压背压罐、设备之间的连接管路及其相关附件组成。液态碳氢化合物储罐的作用为液态碳氢化合物的储存容器，其构成材料需要具备很好的耐压和耐腐蚀性能。动力计量泵的主要功能是为实验管路中液态碳氢化合物输送提供必需的动力，且需满足输送计量和液态碳氢化合物加压的功能。稳压脉冲阻尼器的主要功能是减弱动力计量泵在工作过程中由于柱塞作用造成的实验管路内液态碳氢化合物流量波动，并且提供实验管路内液态碳氢化合物压力的具体数值。过滤器的主要功能是快速过滤掉实验管路内液体介质所携带的杂质和异物，防止这些杂质和异物进入动力计量泵和光学测量系统。定压背压罐的作用是保证实验管路内液态碳氢化合物维持所需的实验压力。设备之间的连接管路及其相关附件的作用是实现实验管路中各个设备之间的管路连接和保温,在实验管路内液态碳氢化合物输送过程中具有流量调节和开关控制功能。

液态碳氢化合物预热系统由导热油快速加热机(又称油温机)、油油介质高效换热器、快速水冷换热器(又称冷凝器)、过滤器、连接管路及其相关附件构成。导热油快速加热机由市场上购得,如图 5-4 所示,其功能是为油油介质高效换热器快速提供实验所需压力、温度和流量的导热油,并完成高温、高压导热油在油油介质高效换热器内与液态碳氢化合物的快速热交换。油油介质高效换热器是实现高温、高压导热油和液态碳氢化合物进行快速热交换的部件。快速水冷换热器是完成光学测量实验后将高温液态碳氢化合物进行快速降温的设备,油油介质高效换热器和快速水冷换热器如图 5-5 所示。

图 5-4 油温机

图 5-5 换热器

液态碳氢化合物清洗系统由离心泵、正已烷和乙醇储罐、氮气罐和相关的附件构成。离心泵的功能是为正已烷和乙醇提供一定的输送动力以清洗管路中液态碳氢化合物及其杂质。正已烷主要用来清洗实验管路中的液态碳氢化合物结焦物。乙醇主要用来清洗液态碳氢化合物和正已烷。氮气罐的功能是提供一定压力的氮气,清扫管线中的乙醇和水分。

5.2.2 液态碳氢化合物光学腔及光学窗口玻璃

液态碳氢化合物光学腔是在透射特性测量实验中封装液态碳氢化合物的关键光学容器,也是在恒温箱内实现液态碳氢化合物快速加热的关键设备。液态碳氢化合物光学腔的材料要求耐压和耐温性能良好,而且要求在加热过程中,保持液态碳氢化合物光学腔内两层光学窗口玻璃间形成的液态碳氢化合物薄膜厚度不变。图 5-6 所示为液态碳氢化合物光学腔,主要由光学窗口玻璃、金属支撑架、金属垫和石墨密封垫等部件组成。光学窗口玻璃的主要功能是满足透射特性测量时测试光路能够顺利通过液态碳氢化合物光学腔，而且在透射特性测量波段内能保持很好的透射性能。金属支撑架是液态碳氢化合物光学腔的重要支撑骨架，也是实现高温加热液态碳氢化合物的主要能量来源，要求具有良好的导热和防腐蚀性能，其材料是高强度型号的不锈钢。金属垫的主要功能是在两层光学窗口玻璃内形成上下开口的一个半封闭腔，保证实验中液态碳氢化合物顺利流入光学腔，并且能够保证液态碳氢化合物的实验厚度，要求其在加热过程中热膨胀性能小。石墨密封垫的主要作用是在液态碳氢化合物光学腔内固定光学窗口玻璃，完成其与金属支撑架的密封配合。

图 5-6　液态碳氢化合物光学腔

光学窗口玻璃是液态碳氢化合物光学腔的重要组成部分，其透光性能直接影响液态碳氢化合物透射特性的测量精度。在透射特性的测量实验中，液态碳氢化合物光学腔内光学窗口玻璃一般需要满足以下条件：在测试波段内和高温时要有足够的透明区、很强的耐高温性能、很大的抗应力性、高温时化学性质较稳定、不与液态碳氢化合物发生反应、不对液态碳氢化合物造成污染等。然而，同时具备上述条件的光学窗口玻璃材料稀缺，而且价格昂贵，所以在选择液态碳氢化合物光学腔的光学窗口玻璃时，必须要有所取舍。

目前，市场上光学窗口玻璃的常用材料主要包括碱土金属氟化物、碱金属卤化物、非晶体（硫属化合物玻璃）和半导体等，其中部分光学窗口玻璃材料的主要物理性能参数见表 5-1[155,204]。

表 5-1　光学窗口玻璃材料的物理性能

光学窗口玻璃类别	名称	透明区域 /μm	线膨胀系数 /℃$^{-1}$	导热系数 /[W/(m·℃)]	硬度 /努普	溶解度(20℃) /(g/100g 水)	最高使用温度/K
碱金属卤化物	NaCl	0.2~15	44×10^{-6}	6.5	15	36	674
	KCl	0.4~21	36×10^{-6}	6.5	7	34.7	574
	KBr	0.2~27	43×10^{-6}	4.8	6	65.2	

续表

光学窗口玻璃类别	名称	透明区域 /μm	线膨胀系数 /$℃^{-1}$	导热系数 /[W/(m·℃)]	硬度 /努普	溶解度(20℃) /(g/100g 水)	最高使用温度/K
碱土金属氟化物	CaF_2	0.1~12	$19.7×10^{-6}$	9.2	158	0.003	874
	SrF_2	0.3~11	$15.8×10^{-6}$	10	—	—	
半导体	Si	1.2~15	$2.3×10^{-6}$	148	1150	不溶	574
	ZnS	0.4~12	$7.8×10^{-6}$	17	354	难溶	
	ZnSe	0.5~22	$8.5×10^{-6}$	18	150	<0.001	
	CdTe	0.9~30	$5.9×10^{-6}$	6	45	—	

由表 5-1 可以看出,碱土金属氟化物类光学窗口玻璃的机械性能好,而且不易潮解,但是此类光学窗口玻璃的光学透明区域有限。碱金属卤化物类光学窗口玻璃的折射率小,其光学透明区比较宽,然而这类光学窗口玻璃具有硬度偏低且易开裂、易水解和耐高温性能差等缺点。硫化物材料加工比较方便,目前多用于各类透镜和光学纤维的材料,由于硫化物材料具有对水和普通化学制剂的抗腐蚀性,常用来制作各类光学材料的保护膜,然而需要注意的是由于其软化温度过低,导致硫化物类光学窗口玻璃很难应用在高温测试环境里。

许多光学窗口玻璃的材料处于高温环境时,由于材料的氧化、热分解及蒸汽干扰导致其丧失了较好的光学性能。目前也有部分光学窗口玻璃的材料在高温环境下仍具有良好的光学指标,然而其透明区域往往有限。例如,蓝宝石光学窗口玻璃在测量环境温度达到 2000K 时,光学性能仍能保持优秀的指标,然而蓝宝石光学窗口玻璃在入射光线波长超过 $6.9\mu m$ 后,其透光性能很差。石英光学窗口玻璃在液态碳氢化合物高温透射光谱测量时也存在类似于蓝宝石光学窗口玻璃的问题。半导体材料类光学窗口玻璃的耐热性及机械性能较好,笔者综合考虑各类光学窗口玻璃的材料性能,在液态碳氢化合物透射特性测量实验中优先采用 ZnSe 材料制作的光学窗口玻璃,其与蓝宝石、石英光学窗口玻璃的光学性能曲线如图 5-7 所示。

由图 5-7 可知,石英光学窗口玻璃在波长 $1.9\mu m$ 附近存在高吸收区域,厚度为 5mm 的石英光学窗口玻璃在波长超过 $3.7\mu m$ 后,透光性能很差,致使透过率几乎为零。厚度为 10mm 的蓝宝石光学窗口玻璃在波长超过 $6.9\mu m$ 后,透光性能很差,致使透过率也几乎为零。ZnSe 光学窗口玻璃的透光性能较好,2mm 厚的 ZnSe 光学窗口玻璃,在波长为 $0.83~20\mu m$ 时能够保持很好的透光性能,透过率均超过 40%,这足以说明 ZnSe 光学窗口玻璃具有优良透光性能。

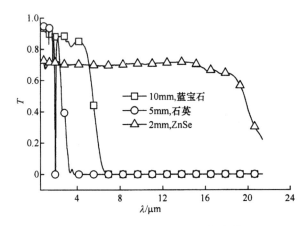

图 5-7 光学窗口玻璃的透射光谱

5.2.3 液态碳氢化合物加热用光学恒温箱及温度测控系统

在液态碳氢化合物高温透射特性测量实验中,液态碳氢化合物加热用光学恒温箱及温度测控系统是实现填充液态碳氢化合物光学腔和光学窗口玻璃加热、高温光谱透射特性测量的重要设备。因此必须合理设计液态碳氢化合物加热用光学恒温箱及温度测控系统,使其满足测试环境温度的需要,并确保其稳定性。在该系统中,液态碳氢化合物加热用光学恒温箱由电阻加热式光学恒温箱和氮气加热式光学恒温箱组成。液态碳氢化合物高温透射特性测量实验时,电阻加热式光学恒温箱在加热液态碳氢化合物光学腔及光谱测量过程中,需要配套单波段激光或高温黑体炉光源;氮气加热式光学恒温箱在加热液态碳氢化合物光学腔及光谱测量过程中,需要配套红外傅里叶光谱仪。

1. 电阻加热式光学恒温箱系统

电阻加热式光学恒温箱主要通过电阻加热恒温箱内热环境,可实现加热温度为 293~873K,加热功率可编程调节,加热功率最大值为 5000W,最小控温精度满足±1℃。电阻加热式光学恒温箱结构如图 5-8 和图 5-9 所示。

如图 5-8 所示,电阻加热式光学恒温箱的结构与常规电阻式加热炉非常相似,主要由加热系统、测量环境保障系统、光路进出保障系统、进出管线密封系统和温度测控系统 5 部分组成。

(1) 加热系统是实现电阻加热式光学恒温箱加热的主要部分。主要由炉衬加热层、绝热层和加热电阻构成。炉衬加热层由两层不锈钢板制成,其中间材料为锆纤维材料,通过预埋将电阻丝放置在炉衬加热层。绝热层的主要作用为防止热量向外界环境耗散,主要由硅酸铝棉制成,厚度为 100mm。加热电阻的功能是加热

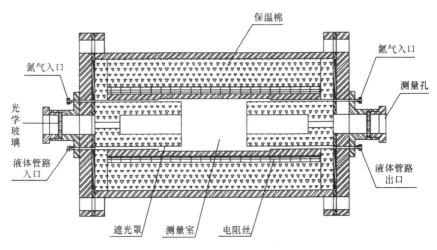

图 5-8 电阻加热式光学恒温箱示意图

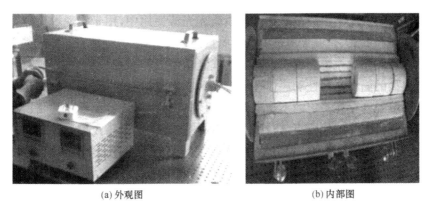

图 5-9 电阻加热式光学恒温箱实物图

炉衬加热层,材料主要为 0Cr25Ai,电阻直径为 $\phi1.8mm$。

(2) 测量环境保障系统是放置和加热填充液态碳氢化合物光学腔的重要部分。主要由填充液态碳氢化合物光学腔放置室和遮光罩等构成。填充液态碳氢化合物光学腔放置室由经过水平矫正的不锈钢腔制成,内部安装有固定装置。遮光罩的作用是防止外界环境对填充液态碳氢化合物光学腔放置室内热环境的影响,材料主要是锆纤维材料,通光直径分别为 15mm、20mm 和 30mm 等。

(3) 光路进出保障系统是保障测量光线顺利通过填充液态碳氢化合物光学腔的关键部分。包括光学窗口玻璃、光学窗口玻璃固定装置和密封垫等。光学窗口玻璃的材料为 ZnSe,需要通过光学窗口玻璃固定装置安装在电阻加热式光学恒温箱上。光学窗口玻璃固定装置由不锈钢材料制成,通过密封垫完成电阻加热式光学恒温箱和光学窗口玻璃的密封,而密封垫所用材料为柔性石墨。

(4) 进出管线密封系统是保障进出管线与电阻加热式光学恒温箱密封的部分。主要包括热电偶通过和密封装置、氮气管线通过和密封装置、液态碳氢化合物管线通过和密封装置等。其中,热电偶通过和密封装置主要用于在电阻加热式光学恒温箱上安装和密封测量温度的热电偶;氮气管线通过和密封装置主要用于在电阻加热式光学恒温箱上安装和密封保障腔内氮气环境的气体管线;液态碳氢化合物管线通过和密封装置主要用于在电阻加热式光学恒温箱上安装和密封注入光学腔液态碳氢化合物的液体管线。

(5) 温度测控系统是测量电阻加热式光学恒温箱和填充液态碳氢化合物光学腔温度的关键部分。主要由热电偶和智能控制仪表构成。热电偶是测量温度的重要器件,本实验中选用 K 型热电偶。智能控制仪表是显示和控制温度的关键部分,包括智能显示仪表、智能控制仪表和控制压控模块等,其中智能显示仪表选用的型号为 AI-708M1,智能控制仪表选用的型号为 AI-708P。

电阻加热式光学恒温箱是在单波段激光光源使用中,用于实现填充液态碳氢化合物光学腔加热、高温光谱透射特性测量的重要设备,其性能直接影响整个高温光谱透射特性测量系统。由于电阻加热式光学恒温箱采用大功率电阻加热,导致其具有典型的温度滞后性和热惯性等特点。在测量过程中,电阻加热式光学恒温箱内热环境温度存在一定的不确定性,而且温度测控系统各元件及其测量温度的热电偶等都具有非线性特点,这就使电阻加热式光学恒温箱在控温过程中由于不变参数的传统 PID 控制导致控温精度大幅度的降低。通过大量的实验,笔者发现在电阻加热式光学恒温箱控温过程中,利用 PID 参数自整定方法,结合先进的智能控制器,采用分段加热、分时控温的方法,可保证电阻加热式光学恒温箱的控温精度达到 ± 1°C。

2. 氮气加热式光学恒温箱系统

氮气加热式光学恒温箱主要通过氮气加热保障恒温箱内热环境,可实现加热温度为 293~873K,加热功率可编程调节,加热功率最大值为 4000W,最小控温精度满足 ± 2°C。氮气加热式光学恒温箱结构如图 5-10 所示。

氮气加热式光学恒温箱系统主要由氮气加热和杂质过滤系统、光学测量温度保障系统、氮气冷凝系统和气体动力系统组成。氮气加热和杂质过滤系统的主要作用是加热氮气和过滤管路内高温氮气中的杂质,在发生事故时可将氮气快速冷凝并排至大气环境中。氮气加热和杂质过滤系统主要包括氮气加热器、集气罐、冷凝器等。图 5-11 为氮气加热器,主要功能是加热氮气并过滤其中的杂质。氮气加热器内的加热管材料为 304 不锈钢,电加热丝材料为镍铬铝合金,加热管内的填充

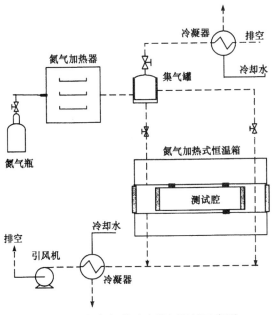

图 5-10 氮气加热式光学恒温箱示意图

材料为氧化镁。氮气加热器可加热氮气的流量为 3600L/h,可实现的加热温度为 293~873K。集气罐是缓冲和保持管路内氮气压力平衡的容器。光学测量温度保障系统是加热填充液态碳氢化合物光学腔的重要部件,如图 5-12 所示。经氮气加热和杂质过滤系统加热和过滤,氮气经过管路中的集气罐缓冲后,分别进入 3 个不同的管路,其中一部分氮气经过旁通管路进入冷凝器,经过换热冷却后排至大气环境;另外两部分氮气分别由光学测量温度保障系统两侧的管路进入内部,然后加热填充液态碳氢化合物光学腔,最后经过换热后的氮气由气体动力系统进行抽吸,再经过氮气冷凝系统冷却后排至大气环境。

5.2.4 液态和固态介质透射特性测量系统

液态和固态介质透射特性测量系统是测量填充液态碳氢化合物光学腔和光学窗口玻璃透射特性的关键测量装置。该系统主要包括基于单波段激光光源的液态和固态介质透射特性测量系统、基于多波段傅里叶红外光谱仪的液态和固态介质透射特性测量系统。在液态碳氢化合物高温透射测量系统中,基于单波段激光光源的液态和固态介质透射特性测量系统需要采用各个型号的激光光源,其只能测量得到单波段的液态和固态介质透射特性数据。而基于多波段傅里叶红外光谱仪的液态和固态介质透射特性测量系统采用了傅里叶红外光谱仪,可以实现测量并得到多波段的液态和固态介质透射特性数据。

图 5-11　氮气加热器

(a) 温度保障系统　　　　　　　　　(b) 光学腔和氮气管线

图 5-12　光学测量温度保障系统（未保温时）

1. 基于单波段激光光源的液态和固态介质透射特性测量系统

基于单波段激光光源的液态和固态介质透射特性测量系统主要包括单波段激光光源、填充液态碳氢化合物光学腔和光电信号接收系统等，系统的结构如图 5-13 和图 5-14 所示。

如图 5-15 所示的单波段激光光源系统由单波段激光器、智能斩光器和光路调整设备等组成。单波段激光光源的功能是产生激光并调制激光信号使之成为平行激光信号。由于单波段激光器安装在光路调整设备上，因此单波段激光光源产生的平行激光信号可以通过光路调整设备对其激光信号的方向和角度进行调节，然后通过智能斩光器对平行激光信号进行合理的调制。

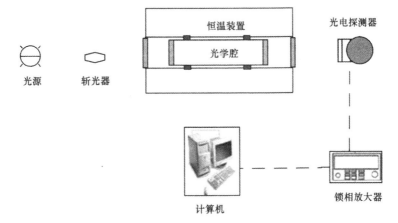

图 5-13 激光光源透射特性测量系统结构示意图

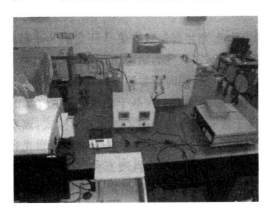

图 5-14 激光光源透射特性测量系统

在液态碳氢化合物透射特性实验测量中,笔者将单波段激光光源的光谱范围主要集中在可见光区域和近红外区域,具体参数见表 5-2。

表 5-2 激光器的主要参数

参数	参数值				
波长/μm	1.064	1.342	—	0.671	0.532
输出功率/mW	83.14	89.62	—	84.16	57.96
功率稳定性/%	0.444	0.297	—	0.824	0.806
光束直径/mm	—	—	2	—	—
光束发散角(全角)/mrad	1.5	—	<1.5	—	1.5
偏振比	—	—	—	>50:1	>50:1
预热时间/min	—	—	<15	—	—
输出模式	近似 TEM_{00}	—	—	TEM_{00}	—
工作模式	—	—	连续	—	—

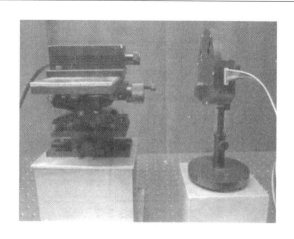

图 5-15 激光光源和斩光器

单波段激光光源产生激光并调制激光信号使之成为平行激光信号后,平行激光信号通过智能斩光器进行调制,变为对称方波激光信号,然后经过光电变换,从而方便于选频放大及相干检测,同时需要输出与调制频率同步的参考电压方波,将其作为锁相放大器参考信号的输入。在基于单波段激光光源的液态和固态介质透射特性测量系统中,由于智能斩光器采用了闭环控制模式,该系统能连续调制激光信号频率,保证激光信号频率的稳定,从而使基于单波段激光光源液态和固态介质透射特性测量系统能适用于测量强吸收性液态和固态介质透射特性。在基于单波段激光光源的液态和固态介质透射特性测量系统中智能斩光器的频率为 15~2400Hz,具体参数见表 5-3。

表 5-3 斩光器的参数

参数	参数值	参数	参数值
斩光频率范围/Hz	130~2400	相位抖动:	
(斩光盘 35/4 孔)/Hz	/15~270	35 孔/(°)	3
		4 孔/(°)	0.3
参考输出:		电源要求:	
两路	外孔、内孔	电压/V	220(1±10%)
波形	方波	频率/Hz	50Hz(1±0.4%)
幅度/V	−6~+6	功率/W	20
频率稳定度/(%/h)	0.5	输出阻抗/kΩ	1
频率显示误差/Hz	±0.1	启动稳定时间/s	30

基于单波段激光光源的液态和固态介质透射特性测量系统中光电信号接收系统是测量液态和固态介质透射特性的关键测量仪器,主要包括光电探测器、锁相放

大器和计算机等。光电信号接收系统可以实现对微弱液态和固态介质透射光谱信号的快速和实时测量。光电探测器的主要型号为 UVS-050-H 和 IGA-030-H，具体参数见表 5-4。

表 5-4 光电探测器的主要参数

参数	参数值	
型号	IGA-030-H	UVS-050-H
探测器类型	直径 3.0mm InGaAs 二极管	直径 5.0mm Silicon(硅)二极管
工作温度/℃	22	22
工作波长/μm	0.8～1.7	0.2～1.0
响应率/(V/W)	$0.9\times10^8/0.9\times10^7$	$0.6\times10^8/10^7$
干扰度/(V/Hz$^{1/2}$)	$4.0\times10^{-6}/0.4\times10^{-6}$	$1.2\times10^{-6}/10^{-7}$
带宽截止频率(-3dB)	Dc-2kHz	Dc-2kHz
电源要求	+/-9～+/- 15VDC	+/-9～+/- 15VDC

锁相放大器的型号为 HB-2311 型，属于比较精密的双相锁相放大器。HB-2311 型锁相放大器同时具有数字和模拟锁相的能力，且有抑制和消除同频干扰的优点，可以在显示屏显示出由极坐标表示的正弦波的幅值和相位，也可以给出由直角坐标表示的同相分量和正交分量。在液态和固态介质透射特性测量实验中，笔者通过 HB-2311 型锁相放大器结合智能斩光器能识别出淹没在背景噪声干扰信号中的正弦波或方波电压信号，而该电压信号可由 R232 串口与计算机进行通信，进而完成信号传输。UVS-050-H 常温光电探测器和 HB-2311 型精密双相锁相放大器如图 5-16 所示。

(a) 探测器

(b) 锁相放大器

图 5-16 光电探测器和锁相放大器

2. 基于多波段傅里叶红外光谱仪的液态和固态介质透射特性测量系统

基于多波段傅里叶红外光谱仪的液态和固态介质透射特性测量系统主要包括

光源、迈克尔逊干涉仪、探测器、填充液态碳氢化合物光学腔和其他附件等，系统结构如图 5-17 所示。

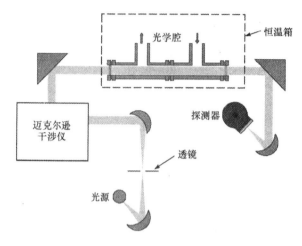

图 5-17　基于傅里叶红外光谱仪透射特性测量系统

系统光源主要包括中红外（MIR）光源和近红外（NIR）光源等，其中，MIR 光源的材料为 U 形硅碳，主要提供中红外光谱的入射信号；NIR 光源的材料为卤素钨灯，主要提供近红外光谱的入射信号。干涉仪是 ROCKSOLID™ 干涉仪，该类型干涉仪具有两个回射角镜，而且满足摇摆式安放，其高通量的设计标准，确保了仪器具有较好的信噪比。系统探测器主要由 DLaTGS 探测器和 InGaAs 二极管探测器组成，由于自带模数转换器，可以直接向数据处理电路输出数字信号。DLaTGS 探测器的光谱工作范围为 $250\sim 12\,000 \text{cm}^{-1}$，主要用于采集中红外光信号。InGaAs 二极管探测器的光谱工作范围为 $5800\sim 12\,800 \text{cm}^{-1}$，主要用于采集近红外光信号。系统中的其他附件包括分束器、光学滤波片转轮、光学窗口玻璃和透镜等。其中，分束器主要由 KBr 分光束和 CaF_2 分光束组成。笔者根据需要将光源、干涉仪、探测器和其他附件组装在傅里叶红外光谱仪内，其中光源和探测器可以根据需要在傅里叶红外光谱仪外设置测量光路。傅里叶红外光谱仪型号为 VERTEX 70，如图 5-18 所示。

5.2.5　杂散辐射抑制系统

在基于单波段激光光源的液态和固态介质透射特性测量系统中，光电探测器的主要作用是探测光信号。在光信号探测过程中，光电探测器接收的光信号主要包括单波段激光光源发出并透过液态或固态介质后的光信号、测试系统所在环境杂散辐射所产生的光信号，以及仪器自身电磁辐射所产生的信号。光电探测器接收这些光信号后将其合成在一起，然后作为测量的输出信号。由此可见，光电探测

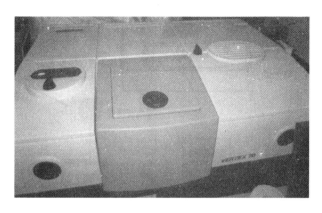

图 5-18　傅里叶红外光谱仪

器输出的光信号并不只是反演所需要的液态或固态介质光谱透射比信号,因此需要对输出信号进行分析。

为消除液态或固态介质高温透射特性测量实验中各类杂散辐射对光电探测器输出光信号的影响,笔者结合基于单波段激光光源的液态和固态介质透射特性测量系统中其他的实验装置,设计了一套削弱环境和仪器等各类杂散辐射的杂散辐射抑制系统,如图 5-2 所示。在添加杂散辐射抑制系统后,其测试原理如图 5-19 所示。从图中可以看出,单波段激光光源产生的平行激光信号,通过斩光器调制后,再经电阻加热式光学恒温箱的光路通道到达填充液态碳氢化合物光学腔上。激光信号通过填充液态碳氢化合物光学腔,分别经反射镜1、反射镜2、反射镜3反射后,入射到光电探测器。通过适当的调整光学路程分布,让光电探测器不再直接面向高温的填充液态碳氢化合物光学腔,从而降低了填充液态碳氢化合物光学腔的高温辐射对光电探测器探测光信号的干扰。

为了检验该杂散辐射抑制系统,采用波长为 $0.532\mu m$ 的单波段激光器作为透射特性测量系统中的光源,然后基于单波段激光光源的液态和固态介质透射特性测量系统测量温度为 400~700K 时的石英光学窗口玻璃的光信号,测量数据见表5-5。

表 5-5　石英光学窗口玻璃测试结果

测量温度/K	测量光信号的电压/mV (无杂散辐射抑制系统)	测量光信号的电压/mV (有杂散辐射抑制系统)
400	23.593	23.256
500	23.489	23.613
600	23.930	24.026
700	24.438	24.103

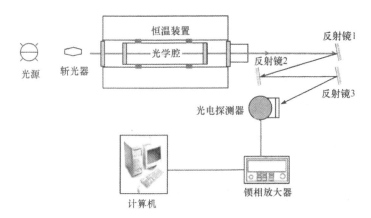

图 5-19　基于激光光源和杂散辐射抑制系统的透射特性测量系统

由表 5-5 可以看出,当基于单波段激光光源的液态和固态介质透射特性测量系统中没有引入杂散辐射抑制系统时,由于环境和仪器等杂散辐射的影响,光电探测器的探测信号结果显著增大,而且测量值随测量温度的变化没有明显的规律性。引入杂散辐射抑制系统后,光电探测器的探测信号结果得到了显著的改变,而且测量值随测量温度的变化呈现出一定的规律性,即测量值随测量温度的增大而增大。

5.3　背景噪声消除方法

采用各类光电探测器对液态和固态介质的高温透射特性进行测量时,虽然引入杂散辐射抑制系统使样品所处高温环境的辐射影响得到了抑制,然而光电探测器自身产生的噪声却无法回避。为了提高光电探测器测量信号的可靠性,根据目前的研究现状借鉴文献[52]、[53]、[205]中已发展的消除测试高温环境和探测器产生的噪声干扰去噪声算法,建立了可用于液态和固态介质的高温透射特性测量的去噪声算法。

5.3.1　光电探测器的输出信号分析

由文献[52]、[53]、[205]可知,光电探测器的输入光电信号与输出光电信号的响应关系是呈线性变化的,因此光电探测器在波长为 λ 处的输出光电信号表达式为

$$S(\lambda)=R(\lambda)[G_1 I(\lambda,T)+G_2 I_0(\lambda,T_0)] \tag{5-1}$$

式中,G_1 和 G_2 为填充液态碳氢化合物光学腔和测试背景的几何因子,其由光路系统的几何关系确定;$R(\lambda)$ 为光电探测器的响应函数;$I(\lambda,T)$ 为填充液态碳氢化合物光学腔的光谱辐射强度;$I_0(\lambda,T_0)$ 为测试背景的光谱辐射强度。

5.3.2 背景噪声的补偿算法

根据前面可知,光电探测器输出信号中只有 $I(\lambda,T)$ 是反演液态碳氢化合物光学常数所需要的物理量,因此需要确定 $G_1R(\lambda)$ 和 $G_2R(\lambda)I_0(\lambda,T_0)$ 的值。采用杂散辐射抑制系统后,恒温箱的杂散辐射可以忽略,只有探测器的噪声干扰 $I_0(\lambda,T)$ 值。保持光源不变,将未放置光学腔的恒温箱温度分别设为 T_1 和 T_2,则探测器的相应输出光电信号为

$$S_1(\lambda)=R(\lambda)[G_1I_b(\lambda,T_1)+G_2I_0(\lambda,T_0)] \tag{5-2a}$$

$$S_2(\lambda)=R(\lambda)[G_2I_b(\lambda,T_2)+G_2I_0(\lambda,T_0)] \tag{5-2b}$$

式中,$S_1(\lambda)$、$S_2(\lambda)$ 分别为恒温箱温度为 T_1 和 T_2 时探测器测得的辐射强度;$I_b(\lambda,T)$ 为未放置光学腔的恒温箱所对应的辐射强度,可由对比实验中所用光电探测器精度高的仪器测得。

由式(5-2)可得

$$G_1R(\lambda)=\frac{S_2(\lambda)-S_1(\lambda)}{I_b(\lambda,T_2)-I_b(\lambda,T_1)} \tag{5-3}$$

$$S_0(\lambda)=G_2R(\lambda)I_0(\lambda,T_0)=S_1(\lambda)-\frac{S_2(\lambda)-S_1(\lambda)}{I_b(\lambda,T_2)-I_b(\lambda,T_1)}I_b(\lambda,T_1) \tag{5-4}$$

当温度为 T 的恒温箱放置填充液态碳氢化合物光学腔时,探测器的输出光电信号为

$$S_s(\lambda,T)=R(\lambda)[G_1I_s(\lambda,T)+G_2I_0(\lambda,T_0)] \tag{5-5}$$

根据式(5-3)和式(5-4),可得恒温箱放置填充液态碳氢化合物光学腔时的辐射强度

$$I_s(\lambda,T)=\frac{S_s(\lambda,T)}{G_1R(\lambda)}-\frac{G_2}{G_1}I_0(\lambda,T_0)=\frac{S_s(\lambda,T)-S_0(\lambda)}{G_1R(\lambda)} \tag{5-6}$$

当温度为 T 的恒温箱未放置填充液态碳氢化合物光学腔时,探测器的输出光电信号为

$$S_b(\lambda,T)=R(\lambda)[G_1I_b(\lambda,T)+G_2I_0(\lambda,T_0)] \tag{5-7}$$

通过计算,同样可以得到恒温箱的背景辐射强度:

$$I_s(\lambda,T)=\frac{S_b(\lambda,T)-S_0(\lambda)}{G_1R(\lambda)} \tag{5-8}$$

由式(5-6)和式(5-8)可得消去背景噪声的填充液态碳氢化合物光学腔的透

射比分布曲线：

$$F(\lambda,T)=\frac{S_s(\lambda,T)-S_0(\lambda)}{S_b(\lambda,T)-S_0(\lambda)} \tag{5-9}$$

从式(5-9)可知，$S_0(\lambda)$如果确定，就可以通过恒温箱放置填充液态碳氢化合物光学腔前后的辐射强度确定填充液态碳氢化合物光学腔的透射比。$S_0(\lambda)$是样品辐射特性测量系统的响应函数，其与设备光学系统、电路系统和探测器的响应率等因素有关。

5.4 小　　结

本章为了研究液态碳氢化合物高温透射特性测量手段，综合考虑了液态碳氢化合物封装、加热、光学测量方法、测量波长范围、杂散辐射抑制等因素，本书设计并搭建了液态碳氢化合物高温透射特性测量实验系统。

液态碳氢化合物高温透射特性测量实验系统主要包括：①液态碳氢化合物供液和预热系统；②液态碳氢化合物光学腔；③液态碳氢化合物加热用光学恒温箱及温度测控系统；④液态和固态介质透射特性测量系统；⑤杂散辐射抑制系统。

液态碳氢化合物高温透射特性测量实验系统的主要技术指标满足：①加热液态碳氢化合物温度可达 $300\sim600\text{K}$；②液态碳氢化合物供液压力可达 1.0MPa；③固态和液态介质的光谱透射比测量精度优于 4cm^{-1}；④测量工作波段：激光光源系统的工作波长为 $0.532\mu\text{m}$、$0.671\mu\text{m}$、$1.064\mu\text{m}$ 和 $1.342\mu\text{m}$，红外傅里叶光谱仪系统的工作波段为 $0.8\sim40\mu\text{m}$。

第6章 光学玻璃窗口和液态碳氢化合物热辐射物性反演

本章利用研制的液态碳氢化合物高温透射特性测量实验系统测量得到石英、蓝宝石和硒化锌三种光学窗口玻璃材料的光谱透射比数据,结合光学窗口玻璃光学常数反演计算模型得到这三种材料的光学常数,再利用光学常数与热辐射物性之间的函数关系确定这三种光学窗口玻璃热辐射物性数据。在获得光学窗口玻璃热辐射物性数据的基础上,利用研制的液态碳氢化合物高温透射特性测量实验系统测量水的光谱透射比,结合液态碳氢化合物光学常数反演模型得到水的光学常数,并与文献结果进行比较,从而验证本书发展的液态碳氢化合物光学常数反演模型和透射法测量实验步骤的可行性。

利用液态碳氢化合物高温透射特性测量实验系统测量填充液态碳氢化合物光学腔的光谱透射比(这些液态碳氢化合物包括乙醇、$-35\sharp$ 柴油、普通煤油和 RP-3 航空煤油等),然后结合液态碳氢化合物光学常数反演模型获得液态碳氢化合物的光学常数,最终计算得到液态碳氢化合物的热辐射物性参数数据。最后分析温度对 RP-3 航空煤油的透射特性和热辐射物性参数的影响。

6.1 石英和蓝宝石光学窗口玻璃的热辐射物性参数

6.1.1 石英光学窗口玻璃

1. 石英光学窗口玻璃的透射光谱测量

实验中所用的石英光学窗口玻璃购自长春博盛量子科技有限公司,厚度为 2mm,如图 6-1 所示。采用基于多波段傅里叶红外光谱仪的液态和固态介质透射特性测量系统测量单块石英光学窗口玻璃和两块石英光学窗口玻璃叠加的光谱透射比,其中光谱测量精度为 $4cm^{-1}$。石英光学窗口玻璃光谱透射比测量实验在室内大气环境中进行,在测量过程中确保恒温箱处于不加热状态且内部填充了氮气,测得的光谱透射比数据如图 6-2 所示。

由图 6-2 可以看出,在测量波段为 $1.33\sim 4.2\mu m$ 时,单块石英光学窗口玻璃和两块石英光学窗口玻璃叠加的透射光谱随波长的变化趋势基本一致,从而说明两块石英光学窗口玻璃的材料基本一样。由图还可以看出,石英光学窗口玻璃在测量波段范围内,其光谱透射比随波长的变化比较明显;当测量波长超过 $4.0\mu m$ 后,透光性能大幅度下降;在测量波段为 $1.33\sim 2.7\mu m$ 时其透光性能很好,单块石

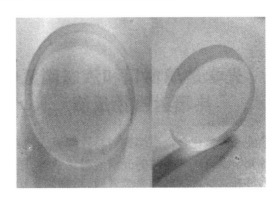

图 6-1　石英光学窗口玻璃

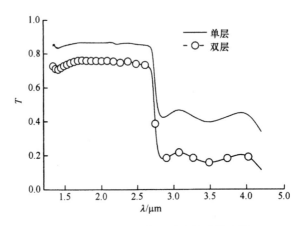

图 6-2　石英光学窗口玻璃的透射光谱

英光学窗口玻璃和两块石英光学窗口玻璃叠加的光谱透射比均超过了 60%。虽然石英光学窗口玻璃的透光性能优良，但是可透光区域较窄，当测试波长超过 4.2μm 后透光性能很弱，导致其不适合用于中红外波段范围内液态碳氢化合物透射光谱的测量。

2. 石英光学窗口玻璃的光学常数

采用 3.3.2 节中所述的反演光学窗口玻璃光学常数的反问题模型，基于单块石英光学窗口玻璃和两块石英光学窗口玻璃叠加的光谱透射比数据，计算得到石英光学窗口玻璃的光学常数，计算结果如图 6-3 所示。

由图 6-3 可以看出，石英光学窗口玻璃的吸收指数随着透光性能的减弱而不断增加，在测量波段内其值为 $10^{-6} \sim 10^{-4}$；随着透光性能的减弱，石英光学窗口玻璃的折射率并没有明显的变化趋势，在测量波段内其值为 1.1～1.8。

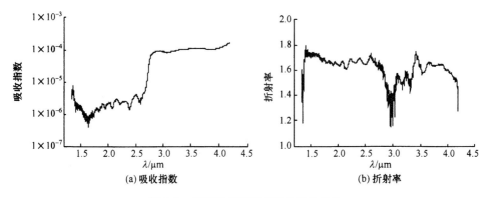

图 6-3 石英光学窗口玻璃的光学常数

为了分析石英光学窗口玻璃光学常数反演计算结果的可靠性,采用图 6-3 中石英光学窗口玻璃的吸收指数和折射率并利用光学窗口玻璃光谱透射比的正问题模型,确定厚度为 2mm 对应的单层和双层石英光学窗口玻璃的光谱透射比,将其与图 6-2 所示测量得到的实验值进行相对误差分析,计算结果如图 6-4 所示。

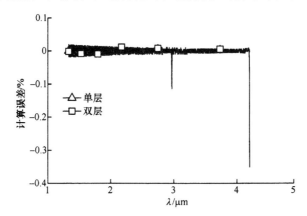

图 6-4 石英光学窗口玻璃光谱透射比的计算误差

由图 6-4 可以看出,采用图 6-3 所示石英光学窗口玻璃的吸收指数和折射率计算得到的光学窗口玻璃光谱透射比与实验测量值的相对误差非常小,而且单层石英光学窗口玻璃的光谱透射比计算误差与双层石英光学窗口玻璃的光谱透射比计算误差基本一样。多数石英光学窗口玻璃光谱透射比的计算误差小于 0.02%,其中计算误差的最大值约为 −0.4%,这说明采用图 6-3 所示的石英光学窗口玻璃的吸收指数和折射率计算得到的光学窗口玻璃光谱透射比能反映材料的实际光谱特性,从而也说明了石英光学窗口玻璃光学常数反演计算结果的可靠性。

3. 石英光学窗口玻璃的热辐射物性参数

采用图6-3所示的石英光学窗口玻璃的吸收指数和折射率,基于光学窗口玻璃的光谱透射比正问题模型中吸收系数和反射率计算函数确定石英光学窗口玻璃的热辐射物性参数,石英光学窗口玻璃的吸收系数和反射率计算函数见式(3-3)和式(3-4),其热辐射物性参数数据如图6-5所示。

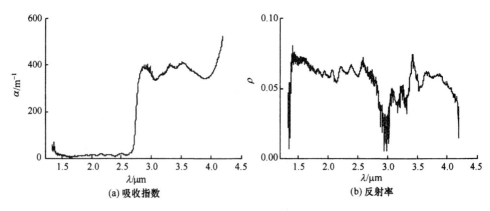

图6-5 石英光学窗口玻璃的热辐射物性参数

从图6-5可以看出,石英光学窗口玻璃的吸收系数随着透光性能的减弱而不断增加,在测量波段内吸收系数最大值超过400,从而说明其透光性能较好;石英光学窗口玻璃的反射率较小,随着透光性能的减弱没有明显的变化趋势,在测量波段内波动较大[206]。

4. 石英光学窗口玻璃光学常数测量实验的不确定度

在石英光学窗口玻璃光学常数反演计算中,各类实验的测量误差对其计算过程产生了一定的不利影响。与3.5节分析的一样,光学玻璃光学常数反演计算模型计算误差的来源包括石英光学窗口玻璃厚度的测量过程、光谱透射比的测量过程和光学常数反演计算模型的计算过程等。针对这些光学窗口玻璃光学常数反演计算模型计算误差的来源,展开不确定度的分析,具体计算过程如下所述。

1) 石英光学窗口玻璃厚度测量的不确定度

实验中采用的测量石英光学窗口玻璃厚度的仪器是测微仪。因此,石英光学窗口玻璃厚度测量的不确定度主要来源于两类误差:一是由于测量的重复性导致的操作误差;二是测微仪工作过程中产生的仪器误差。操作误差可以通过适量增加石英光学窗口玻璃厚度测量的重复次数来减小,而测微仪的仪器误差则不可避免。在石英光学窗口玻璃厚度重复性测量操作误差的不确定度分析中,采用A类评定方法计算其不确定度。在测微仪仪器误差的不确定度分析中,采用 B 类评定方法计算其不确定度[207,208]。

在相同的测试实验条件下,一般需要 6 次重复测量,假设石英光学窗口玻璃厚度测量值满足数组 $X_i(i=1,2,\cdots,n)$。可以采用贝塞尔法来确定单次石英光学窗口玻璃厚度测量的标准差,计算公式为

$$\sigma_1 = \sqrt{\frac{\sum_{i=1}^{n}(X_i-\overline{X})^2}{n-1}} \quad (6\text{-}1)$$

式中,$\overline{X}$ 为 6 次石英光学窗口玻璃厚度测量值的算术平均值。

$$\overline{X} = \frac{1}{n}\sum_{i=1}^{n}X_i \quad (6\text{-}2)$$

采用 A 类评定方法计算石英光学窗口玻璃厚度重复性测量的不确定度 u_{s_1},计算公式如下:

$$u_{s_1} = \frac{\sigma_1}{\sqrt{n}} \quad (6\text{-}3)$$

则石英光学窗口玻璃厚度重复性测量的相对不确定度满足:

$$u_{1,s} = \frac{u_{s_1}}{\overline{X}} \quad (6\text{-}4)$$

采用 A 类评定方法计算重复性测量的不确定度,得到重复性测量所导致的相对不确度为 0.04%。

实验中采用的石英光学窗口玻璃厚度的测微仪误差 σ_2 满足±0.01mm,假设测微仪的仪器误差满足均匀分布,则可以采用 B 类评定方法计算测微仪仪器误差所导致的相对不确定度,计算公式为

$$u_{2,s} = \frac{\sigma_2}{\sqrt{3}\overline{X}} = 0.05\% \quad (6\text{-}5)$$

由于两类石英光学窗口玻璃厚度测量误差所产生的不确定分量 $u_{1,s}$、$u_{2,s}$ 满足相对独立,可将测量误差所产生的不确定分量值进行合成计算,从而得到石英光学窗口玻璃厚度测量的最终相对不确定度,计算公式为

$$u_s = \sqrt{u_{1,s}^2 + u_{2,s}^2} = 0.06\% \quad (6\text{-}6)$$

由此可见,石英光学窗口玻璃厚度测量的最终相对不确定度为 0.06%。而由 3.5.2 节中厚度偏差对光学窗口玻璃光学常数反演计算模型的影响结论可知,如此小的测量误差对光学窗口玻璃光学常数反演计算模型的影响可以忽略不计。

2) 石英光学窗口玻璃光谱透射比测量的不确定度

实验中采用的测量石英光学窗口玻璃光谱透射比的仪器是傅里叶红外光谱仪。因此,光谱透射比测量的不确定度主要来源于两类误差:一是由于测量的重复

性导致的操作误差;二是傅里叶红外光谱仪工作过程中产生的仪器误差。

在相同测试实验条件下,一般需要3次重复测量得到单块石英光学窗口玻璃和两块叠加石英光学窗口玻璃的光谱透射比数据。采用A类评定方法计算重复性测量的不确定度,计算结果如图6-6所示。

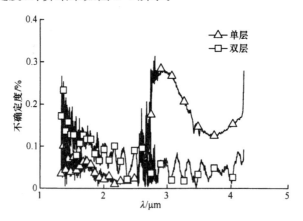

图 6-6 石英光学窗口玻璃光谱透射比测量的不确定度

由图6-6可知,单块石英光学窗口玻璃和两块叠加石英光学窗口玻璃的光谱透射比重复性测量的不确定度显著不同,在测量波段内,两块叠加石英光学窗口玻璃的光谱透射比重复性测量的不确定度随着波长的增加而不断减小,而单块石英光学窗口玻璃光谱透射比重复性测量的不确定度出现多个峰值。由图还可看出,单块石英光学窗口玻璃和两块叠加石英光学窗口玻璃的光谱透射比重复性测量所导致的相对不确定度最大值约为0.32%。结合图6-4可以看出,单块石英光学窗口玻璃和两块叠加石英光学窗口玻璃的光谱透射比重复性测量不确定度越大,石英光学窗口玻璃光谱透射比正问题模型计算得到的光学窗口玻璃光谱透射比与实验测量值的相对误差越大,这说明石英光学窗口玻璃的光谱透射比重复性测量不确定度是影响石英光学窗口玻璃光学常数反演模型计算的关键因素。

在石英光学窗口玻璃光谱透射比的测量中,傅里叶红外光谱仪不确定度的误差来源主要是探测器自身的光谱响应非线性和傅里叶红外光谱仪在工作过程中产生的背景噪声。考虑到基于多波段傅里叶红外光谱仪的液态和固态介质透射特性测量系统中傅里叶红外光谱仪的光谱响应更强和测量精度更高,为此基于文献[52]、[53]中所述的傅里叶红外光谱仪的不确定度研究方法,确定了本书实验中的傅里叶红外光谱仪的光谱响应非线性相对不确定度为0.39%,而其在工作过程中产生的背景噪声的相对不确定度为0.4%。

由于石英光学窗口玻璃光谱透射比测量中重复性测量、光谱响应非线性和背景噪声等产生的不确定度分量满足相对独立,可将三类不确定分量值进行合成计算[207,208]，得到最终相对不确定度为0.64%。

3）石英光学窗口玻璃光学常数测量的不确定度

结合3.5节实验偏差对光学窗口玻璃光学常数反演计算的影响分析结果，当石英光学窗口玻璃光谱透射比测量数据的相对不确定度为0.64%时，在测量波段内多数区域的石英光学窗口玻璃材料吸收指数的相对不确定度低于2%，但部分区域的吸收指数的相对不确定度约为10%。当石英光学窗口玻璃光谱透射比测量数据的相对不确定度为0.64%时，在测量波段内多数区域的石英光学窗口玻璃材料折射率的相对不确定度低于5%，但部分区域的石英光学窗口玻璃材料折射率的相对不确定度约为60%。

6.1.2 石英的高温热辐射物性参数

1. 实验流程和石英的高温透射光谱

通过基于单波段激光光源的液态和固态介质透射特性测量系统，实验测量了石英光学窗口玻璃的高温光谱透射比，测量工作波长为 $0.532\mu m$、$0.671\mu m$ 和 $1.064\mu m$，测量实验步骤如下所述。

（1）首先对基于单波段激光光源的液态和固态介质透射特性测量系统的测量光路进行调节，即利用单波段激光器自身的可视光斑对光路系统的准直性进行适当调节，确保单波段激光器发出的激光信号顺利通过电阻加热式光学恒温箱，并被光电探测器所探测。通过基于单波段激光光源的液态和固态介质透射特性测量系统测量单波段激光器处于两个高温背景环境下其具体的光谱辐射能量分布（一般需要重复测量6次，光谱辐射能量值取平均值），然后根据第5章中的背景噪声补偿算法，确定基于单波段激光光源的液态和固态介质透射特性测量系统的响应函数。

（2）在电阻加热式光学恒温箱加热前，开启气体出口管路阀门，通氮气吹扫恒温箱内部5min后，调控进入箱内的氮气压力保持其内部气体空间满足微正压，然后关闭恒温箱的气体出口管路阀门。保持箱内氮气满足微正压，启动恒温箱加热其内部环境，待箱内热环境满足测试实验温度后，启动单波段激光器，开启杂散辐射抑制系统，利用光电探测器测量并记录此时电阻加热式光学恒温箱的背景辐射能量。基于同样的步骤，重复测量4次电阻加热式光学恒温箱的背景辐射能量，取4次测量数据的平均值作为电阻加热式光学恒温箱的背景辐射能量最终值。

（3）在测量电阻加热式光学恒温箱的背景辐射能量后，停止电阻加热式光学恒温箱加热，开启恒温箱的气体出口管路阀门，调控进入箱内的氮气压力，使之压力增大确保顺利吹扫电阻加热式光学恒温箱，当箱内热环境测量温度降至50℃时，停止吹扫恒温箱。然后关闭基于单波段激光光源的液态和固态介质透射特性测量系统中的电路，开启恒温箱并将石英光学窗口玻璃安装在试样固定支架上，并参考测量实验步骤(1),调整试样固定支架确保光电探测器能检测到激光的最强光学信号,关闭并密封恒温箱。重复测量实验步骤(2),获得电阻加热式光学恒温箱填充石英光学窗口玻璃后的背景辐射能量。基于同样的步骤,重复测量3次电阻加热式光学恒温箱填充石英光学窗口玻璃后的背景辐射能量,取3次测量数据的平均值作为电阻加热式光学恒温箱填充石英光学窗口玻璃后背景辐射能量的最终值。

(4) 将电阻加热式光学恒温箱填充石英光学窗口玻璃前后的背景辐射能量的最终值带入式(5-9),计算可得到石英光学窗口玻璃高温的光谱透射比数据。

按照前面所述的测试实验流程步骤,通过基于单波段激光光源的液态和固态介质透射特性测量系统获得厚度为15mm和25mm的石英光学窗口玻璃在温度为300~600K时的高温光谱透射比数据,测量结果如图6-7所示。

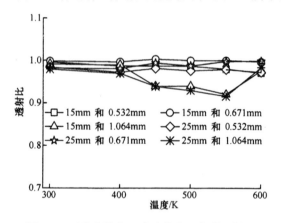

图6-7 石英光学窗口玻璃的高温光谱透射比

从图6-7可以看出,石英光学窗口玻璃的光谱透射比与温度、入射激光光线的波长均相关,而且不同温度对不同波长入射激光光线下石英光学窗口玻璃光谱透射比的影响也显著不同。例如,入射激光光线波长位于可见光波段区域时,温度对波长为 $0.532\mu m$ 和 $0.671\mu m$ 时石英光学窗口玻璃的光谱透射比的影响较小,在测量温度范围内石英光学窗口玻璃的光谱透射比基本不变;入射激光光线波长位于红外波段的 $1.064\mu m$ 时,温度对石英光学窗口玻璃的光谱透射比的影响较大,而且石英光学窗口玻璃的光谱透射比随温度的升高而显著减小,从而导致石英光学窗口玻璃在高温时透光性能显著下降。

2. 石英光学窗口玻璃的高温光学常数

采用3.2.2节中所述的反演光学窗口玻璃光学常数的反问题模型,基于厚度为15mm和25mm的两组石英光学窗口玻璃光谱透射比数据,计算得到了石英光学窗口玻璃的高温光学常数,计算结果如图6-8所示。

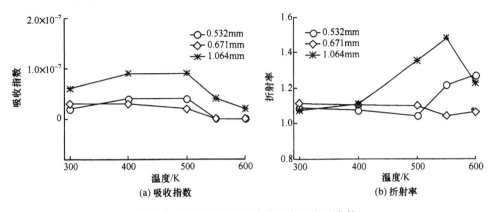

图6-8 石英光学窗口玻璃的高温光学常数

从图6-8可以看出,石英的高温光学常数与常温光学常数显著不同,石英的吸收指数随着光学窗口玻璃透光性能的减弱而不断增加,在测量波段内其值为$10^{-8} \sim 10^{-7}$;石英的折射率随着其光学窗口玻璃透光性能的减弱没有明显变化,在测量波段内其值为1.04~1.47。由图还可以看出,石英光学窗口玻璃的光学常数与温度、入射激光光线的波长均相关,而且不同温度对不同波长入射激光光线下石英光学窗口玻璃光学常数的影响也明显不同。在可见光波段范围内,石英光学窗口玻璃温度低于500K,波长为$0.532\mu m$和$0.671\mu m$时石英的光学常数受温度的影响很弱;而石英光学窗口玻璃温度超过500K时,石英的光学常数受温度的影响较强。例如,石英光学窗口玻璃温度升高,波长为$0.532\mu m$和$0.671\mu m$时石英的吸收指数明显降低,波长为$0.532\mu m$时石英的折射率显著增加,而波长为$0.671\mu m$时石英的折射率却明显减小。在红外波段范围内,石英的光学常数受温度的影响较强。例如,波长为$1.064\mu m$时石英的吸收指数和折射率的变化趋势基本一致,而且石英的吸收指数和折射率均随温度增加而呈现先升高再降低的变化趋势。

为了分析石英光学窗口玻璃高温光学常数反演计算结果的可靠性,采用图6-8所示的石英光学窗口玻璃的吸收指数和折射率,利用光学窗口玻璃光谱透射比的正问题模型,确定厚度为15mm和25mm对应的石英光学窗口玻璃的高温光谱透射比,将其与图6-7所示测量实验得到的实验值进行相对误差分析,计算结果如图6-9所示。

由图6-9可以看出,采用图6-8中石英光学窗口玻璃的吸收指数和折射率计算得到光学窗口玻璃的高温光谱透射比与实验测量值的相对误差非常小,多数石英光学窗口玻璃光谱透射比的计算误差低于1.5%,这说明采用图6-8中石英光学窗口玻璃的吸收指数和折射率计算得到的光学窗口玻璃的光谱透射比也能反映材料在高温时的实际光谱特性,从而也说明了石英光学窗口玻璃高温光学常数反演

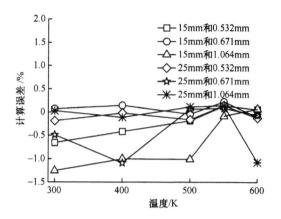

图 6-9　石英光学窗口玻璃的高温光谱透射比计算误差

计算结果的可靠性。

3. 石英光学窗口玻璃的高温热辐射物性参数

采用图 6-8 所示的石英光学窗口玻璃的吸收指数和折射率,基于光学窗口玻璃光谱透射比正问题模型中的吸收系数和反射率计算函数确定石英光学窗口玻璃的高温热辐射物性参数,石英光学窗口玻璃的吸收系数和反射率计算函数见式(3-3)和式(3-4),其高温热辐射物性参数数据如图 6-10 所示。

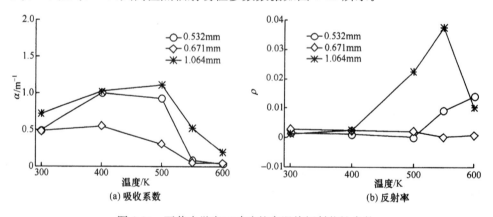

(a) 吸收系数　　　(b) 反射率

图 6-10　石英光学窗口玻璃的高温热辐射物性参数

从图 6-10 可以看出,石英光学窗口玻璃的高温热辐射物性参数在不同波长时,其随温度的变化趋势显著不同。石英的高温吸收系数很小,随光学窗口玻璃透光性能的减弱而不断增加,这说明其高温透光性能较好;石英的高温反射率也较小,而且随着其光学窗口玻璃透光性能的减弱没有明显的变化,在测量波段内其值波动较大。

4. 石英光学窗口玻璃的高温光学常数测量的不确定度

在石英光学窗口玻璃高温光学常数反演计算中，各类实验的测量误差对其窗口玻璃光学常数反演计算模型的计算过程产生了一定的不利影响。与3.5节分析的结果一样，造成窗口玻璃高温光学常数反演计算模型计算误差的来源主要包括石英光学窗口玻璃厚度的测量过程、光谱透射比的高温测量过程和光学常数反问题模型的计算过程等。因此，针对这些窗口玻璃光学常数反问题模型计算误差的来源，展开对不确定度的分析，计算过程如下所述。

1) 石英光学窗口玻璃厚度测量的不确定度

假设石英光学窗口玻璃在高温加热时不发生变形，从而假定其高温时的厚度与常温下的厚度一致。同时由常温时石英光学窗口玻璃厚度测量的不确定度可知，高温时石英光学窗口玻璃厚度测量的相对不确定度为0.06%。

2) 石英光学窗口玻璃光谱透射比高温测量的不确定度

实验中采用的石英光学窗口玻璃高温光谱透射比的测量仪器主要是单波段激光器、光电探测器和锁相放大器。因此，石英光学窗口玻璃高温光谱透射比测量的不确定度主要来源于三类误差：一是单波段激光器的仪器误差；二是光电探测器的仪器误差；三是锁相放大器的仪器误差。

以测量温度为400K为例，分析石英光学窗口玻璃光谱透射比高温测量的不确定度。在400K背景温度下，基于相同的测量方法，重复4次测量波长为$1.064\mu m$时单波段激光器的电压响应值，4次数据的平均值为23.4692mV，由式(6-1)计算得到其标准差为0.1711mV，则可以确定波长为$1.064\mu m$时单波段激光器的相对不确定度u_1为0.36%。在400K背景温度下，基于相同的测量方法，重复4次测量光电探测器的电压响应值，4次数据的平均值为23.298mV，由式(6-1)计算得到其标准差为0.1927mV，则可以确定光电探测器的相对不确定度u_2为0.41%。

在石英光学窗口玻璃光谱透射比的高温测量中，锁相放大器的仪器误差满足±0.05mV。假设锁相放大器的仪器误差满足均匀分布，则锁相放大器的不确定度为0.0289mV，从而可以确定锁相放大器的相对不确定度u_3为0.12%。

由于石英光学窗口玻璃光谱透射比高温测量中单波段激光器、光电探测器和锁相放大器等产生的不确定度分量满足相对独立，可将三类石英光学窗口玻璃光谱透射比高温测量误差所产生的不确定分量值进行合成计算[207,208]，从而得到石英光学窗口玻璃光谱透射比高温测量的最终相对不确定度为0.56%。

3) 石英光学窗口玻璃光学常数高温测量的不确定度

结合3.5节所述实验偏差对光学窗口玻璃光学常数反演计算的影响分析结果，当石英光学窗口玻璃光谱透射比高温测量数据的相对不确定度为0.56%时，在测量波段内石英光学窗口玻璃材料高温吸收指数的相对不确定度小于1%,石英光学窗口玻璃材料高温折射率的相对不确定度小于5%。

6.1.3 蓝宝石光学窗口玻璃

1. 蓝宝石光学窗口玻璃的透射光谱测量

实验中所用的蓝宝石光学窗口玻璃购自长春海洋光电有限公司,厚度为11.6mm。笔者采用基于多波段傅里叶红外光谱仪的液态和固态介质透射特性测量系统测量单块蓝宝石光学窗口玻璃和两块蓝宝石光学窗口玻璃叠加的光谱透射比,其中光谱测量精度为$4cm^{-1}$。蓝宝石光学窗口玻璃光谱透射比测量实验在室内大气环境中进行,在测量过程中确保恒温箱处于不加热状态且内部填充了氮气,测得的光谱透射比数据如图6-11所示。

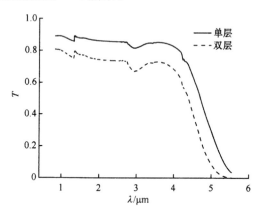

图6-11 蓝宝石光学窗口玻璃的透射光谱

从图6-11可以看出,在测量波段为$0.90\sim5.5\mu m$时,单块蓝宝石光学窗口玻璃和两块蓝宝石光学窗口玻璃叠加的透射光谱随波长的变化趋势基本一致,从而说明两块蓝宝石光学窗口玻璃的材料基本一样。由图还可以看出,蓝宝石光学窗口玻璃在测量波段范围内,其光谱透射比随波长的变化比较明显;当测量波长超过$3.8\mu m$后,透光性能大幅度下降;在测量波段为$0.90\sim3.8\mu m$时其透光性能很好,单块蓝宝石光学窗口玻璃和两块蓝宝石光学窗口玻璃叠加的光谱透射比均超过了60%。虽然蓝宝石光学窗口玻璃的透光性能优良,但是可透光区域较窄,在测试波长超过$3.8\mu m$后透光性能很弱,导致其不适合用于中红外波段范围内液态碳氢化合物透射光谱的测量。

2. 蓝宝石光学窗口玻璃的光学常数

采用3.3.2节中所述的反演光学窗口玻璃光学常数的反问题模型,基于单块蓝宝石光学窗口玻璃和两块蓝宝石光学窗口玻璃叠加的光谱透射比数据,计算得到蓝宝石光学窗口玻璃的光学常数,计算结果与文献[209]中得到的蓝宝石光学窗口玻璃的光学常数共同绘制在图 6-12 中。

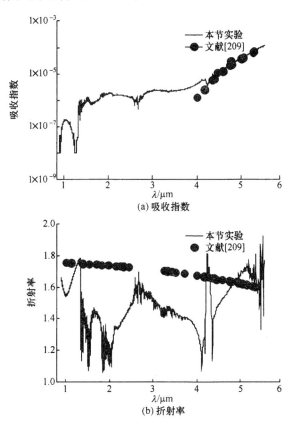

图 6-12　蓝宝石光学窗口玻璃的光学常数

从图 6-12 可以看出,蓝宝石光学窗口玻璃的吸收指数随着透光性能的减弱而不断增加,在测量波段内其值为 $10^{-8} \sim 10^{-4}$;蓝宝石光学窗口玻璃的折射率随着透光性能的减弱没有明显的变化,在测量波段内其值为 $1.1 \sim 1.85$。由图还可以看出,蓝宝石的吸收指数与文献[209]中所述实验数据吻合较好,然而蓝宝石的折射率却与文献[209]中所述的实验数据相差很大。

为了分析蓝宝石光学窗口玻璃光学常数反演计算结果的可靠性,采用图 6-12 所示蓝宝石光学窗口玻璃的吸收指数和折射率并利用光学窗口玻璃光谱透射比的正问题模型,确定厚度为 11.6mm 对应的单层和双层蓝宝石光学窗口玻璃的光谱透射比,将其与图 6-11 所示测量得到的实验值进行相对误差分析,计算结果如图 6-13 所示。

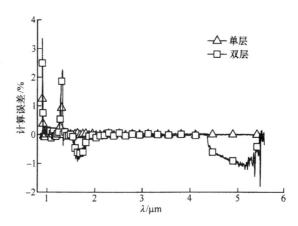

图 6-13　蓝宝石光学窗口玻璃光谱透射比计算误差

从图 6-13 可以看出,采用图 6-12 所示蓝宝石光学窗口玻璃的吸收指数和折射率计算得到的光学窗口玻璃光谱透射比与实验测量值的相对误差较小,这说明采用图 6-12 所示蓝宝石光学窗口玻璃的吸收指数和折射率计算得到的光学窗口玻璃光谱透射比能反映材料的实际光谱特性。但是,单层蓝宝石光学窗口玻璃的光谱透射比计算误差曲线与双层蓝宝石光学窗口玻璃的光谱透射比计算误差曲线显著不同,按照误差波动大小可分成 3 个区域:波长为 $0.90 \sim 2.0\mu m$,单块和两块叠加蓝宝石光学窗口玻璃的相对误差均波动较大,计算误差接近 3.5%;波长为 $2.0 \sim 4.35\mu m$,单块和两块叠加蓝宝石光学窗口玻璃的误差变化均较小,计算误差均小于 0.1%;波长为 $4.35 \sim 5.5\mu m$,单块蓝宝石光学窗口玻璃的误差变化幅度较小且计算误差均小于 0.1%,而两块叠加蓝宝石光学窗口玻璃的误差波动较大且最大计算误差接近 2%。多数蓝宝石光学窗口玻璃光谱透射比的计算误差小于 1%,其中计算误差的最大值为 4%。

3. 蓝宝石光学窗口玻璃的热辐射物性参数

采用图 6-12 所示的蓝宝石光学窗口玻璃的吸收指数和折射率,基于光学窗口玻璃光谱透射比正问题模型中的吸收系数和反射率计算函数确定蓝宝石光学窗口玻璃的热辐射物性参数,蓝宝石光学窗口玻璃的吸收系数和反射率计算函数见式(3-3)和式(3-4),其热辐射物性参数数据如图 6-14 所示。

4. 蓝宝石光学窗口玻璃光学常数测量实验的不确定度

在蓝宝石光学窗口玻璃光学常数反演计算中,各类实验的测量误差对其计算过程产生了一定的不利影响。与 3.5 节分析的一样,光学窗口玻璃光学常数反演计算模型计算误差的来源主要包括蓝宝石光学窗口玻璃厚度的测量过程、光谱透

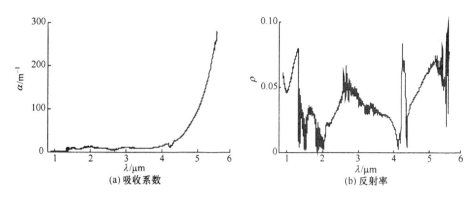

图 6-14　蓝宝石光学窗口玻璃的热辐射物性参数

射比的测量过程和光学常数反演计算模型的计算过程等。因此,针对这些光学窗口玻璃光学常数反演计算模型计算误差的来源,展开不确定度的分析,具体计算过程如下所述。

1) 蓝宝石光学窗口玻璃厚度测量的不确定度

借鉴石英光学窗口玻璃厚度测量的不确定度可知,蓝宝石光学窗口玻璃厚度测量的相对不确定度为 0.06%。

2) 蓝宝石光学窗口玻璃透射光谱测量的不确定度

在相同的测试实验条件下,一般需要 3 次重复测量单块蓝宝石光学窗口玻璃和两块叠加蓝宝石光学窗口玻璃的光谱透射比。采用 A 类评定方法计算蓝宝石光学窗口玻璃光谱透射比重复性测量的不确定度,计算结果如图 6-15 所示。

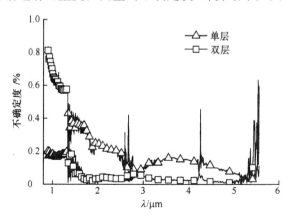

图 6-15　蓝宝石光学窗口玻璃透射光谱的不确定度

从图 6-15 可以看出,单块蓝宝石光学窗口玻璃和两块叠加蓝宝石光学窗口玻璃的光谱透射比重复性测量的不确定度显著不同,其光谱透射比重复性测量所导致的相对不确定度最大值约为 0.82%。由于蓝宝石光学窗口玻璃光谱透射比测量中重复性测量、光谱响应非线性和背景噪声等产生的不确定度分量满足相对独立，可将三类蓝宝石光学窗口玻璃光谱透射比测量误差所产生的不确定分量值进行合成计算[207,208]，得到蓝宝石光学窗口玻璃光谱透射比测量的最终相对不确定度为0.97%。

3) 蓝宝石光学窗口玻璃光学常数测量的不确定度

结合3.5节实验偏差对光学窗口玻璃光学常数反演计算的影响分析结果，当蓝宝石光学窗口玻璃光谱透射比测量数据的相对不确定度为0.97%时，测量波段内多数区域的蓝宝石光学窗口玻璃吸收指数的相对不确定度小于2%，但部分区域的蓝宝石光学窗口玻璃吸收指数的相对不确定度为10%。当蓝宝石光学窗口玻璃光谱透射比测量数据的相对不确定度为0.97%时，测量波段内多数区域的蓝宝石光学窗口玻璃折射率的相对不确定度小于5%，但部分区域的蓝宝石光学窗口玻璃折射率的相对不确定度为60%。

6.2 硒化锌光学窗口玻璃的热辐射物性参数

硒化锌是一种半导体光学材料，属于典型的半透明特性介质，具有良好的光电性能。硒化锌在各类光电元器件、光学窗口玻璃镀膜、太阳能热利用吸热腔、液态光学测量等领域具有广泛的应用背景[209-213]，其光学常数是定量分析硒化锌光学玻璃窗口内光线传递、研究镀硒化锌薄膜吸热器的传热机制、基于硒化锌材料封装液体光学腔光谱透射比反演液体光学常数的关键数据。国内外众多科研人员通过实验分析了硒化锌材料的光学特性[214-216]，其中Palik[209]总结了20世纪90年代以前对硒化锌材料的光学研究成果。但是，目前可用的硒化锌光学常数仅在有限的波段范围内，部分波段范围内仅有硒化锌的折射率，并且特别缺少硒化锌光学常数的高温数据。为此，笔者通过实验研究了硒化锌光学窗口玻璃的光学常数，并分析温度对其光学常数的影响，为液态碳氢化合物光学常数的反演提供了基础数据。

6.2.1 硒化锌光学窗口玻璃的常温热辐射物性

1. 硒化锌光学窗口玻璃的透射光谱

实验中所用的硒化锌光学窗口玻璃购自长春博盛量子科技有限公司，厚度为3mm和4mm，如图6-16所示。采用基于多波段傅里叶红外光谱仪的液态和固态介质透射特性测量系统测量硒化锌光学窗口玻璃的光谱透射比，其中光谱测量精度为$4cm^{-1}$。硒化锌光学窗口玻璃光谱透射比测量实验在室内大气环境中进行，在测量过程中确保恒温箱处于不加热状态且内部填充氮气，测得的光谱透射比数据如图6-17所示。

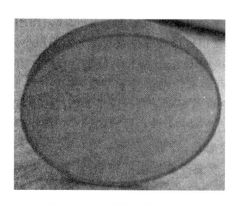
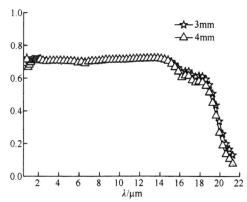

图 6-16　硒化锌光学窗口玻璃　　图 6-17　硒化锌光学窗口玻璃的透射光谱

由图 6-17 可以看出,在测量波段范围内,厚度为 3mm 和 4mm 的硒化锌光学窗口玻璃透射光谱随波长的变化趋势基本一致,从而说明两块硒化锌光学窗口玻璃的材料基本一样。由图还可以看出,硒化锌光学窗口玻璃在测量波段范围内,其光谱透射比随着波长的变化比较明显;当测量波长超过 $18\mu m$ 后,透光性能大幅度下降;在测量波段为 $1.33 \sim 16\mu m$ 时其透光性能很好,光谱透射比均超过了 60%。

2. 硒化锌光学窗口玻璃的光学常数

采用第 3 章反演光学窗口玻璃光学常数的反问题模型方法 1 和方法 2,基于厚度为 3mm 和 4mm 的硒化锌光学窗口玻璃光谱透射比数据,计算得到硒化锌光学窗口玻璃材料的光学常数,计算结果与文献[209]所述已有的实验数据同时绘制在图 6-18 中。

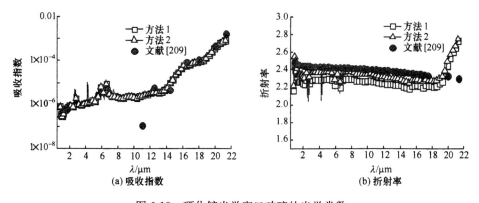

图 6-18　硒化锌光学窗口玻璃的光学常数

从图 6-18 可以看出,硒化锌光学窗口玻璃的吸收指数随着透光性能的减弱而不断增加,在测量波段内其值为 $10^{-7} \sim 10^{-3}$;随着透光性能的减弱,硒化锌光学窗口玻璃的折射率呈现先减小后增加的趋势,在测量波段内其值为 $2.0 \sim 2.8$。由图还可以看出,方法 1 和方法 2 计算硒化锌光学窗口玻璃吸收指数的结果相差很小,而且硒化锌光学窗口玻璃吸收指数与文献[209]所述的数据大部分吻合较好。方法 1 和方法 2 计算硒化锌光学窗口玻璃折射率的变化趋势基本一致,并且方法 1 计算得到硒化锌光学窗口玻璃折射率与方法 2 计算得到的硒化锌光学窗口玻璃折射率相比明显偏小。但两种方法反演得到的硒化锌光学窗口玻璃折射率均比文献[209]所述的数据明显较小,方法 2 更接近于文献值。

为了分析硒化锌光学窗口玻璃光学常数反演计算结果的可靠性,笔者采用图 6-18 所示吸收指数和折射率利用光学窗口玻璃的光谱透射比的正问题模型,确定厚度为 3mm 和 4mm 的硒化锌光学窗口玻璃的光谱透射比,将其与图 6-17 所示测量得到的实验值进行相对误差分析,计算结果如图 6-19 所示。

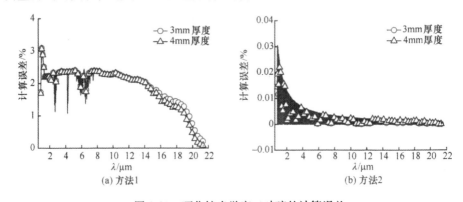

图 6-19 硒化锌光学窗口玻璃的计算误差

从图 6-19 可以看出,采用图 6-18 中吸收指数和折射率计算得到光学窗口玻璃的光谱透射比与实验测量值的相对误差非常小,而且厚度为 3mm 的硒化锌光学窗口玻璃光谱透射比的计算误差与 4mm 的基本一样,这说明采用图 6-18 中吸收指数和折射率计算得到的光学窗口玻璃的光谱透射比能反映出材料的实际光谱特性,从而也说明硒化锌光学窗口玻璃光学常数反演计算结果的可靠性。由图 6-19 还可以看出,方法 1 的计算误差比方法 2 的计算误差明显偏大,但方法 1 和方法 2 的计算误差均随着波长的增加而不断降低。这是由于 3mm 和 4mm 硒化锌光学窗口玻璃光谱透射比的相对偏差随着波长的增加而不断增大所造成的,这也是第 3 章所述光学窗口玻璃光谱透射比的相对偏差对反演光学窗口玻璃光学常数的反问题模型影响的分析结论。方法 1 中,多数硒化锌光学窗口玻璃光谱透射比的计算误差小于 3%,而方法 2 中的计算误差小于 0.03%,从而进一步验证了方法 2 的优越性。

3. 硒化锌光学窗口玻璃的热辐射物性参数

采用图 6-18 所示的硒化锌光学窗口玻璃的吸收指数和折射率,基于光学窗口玻璃光谱透射比的正问题模型中的吸收系数和反射率计算函数确定硒化锌光学窗口玻璃的热辐射物性参数,硒化锌光学窗口玻璃的吸收系数和反射率计算函数见式(3-3)和式(3-4),其热辐射物性参数数据如图 6-20 所示。

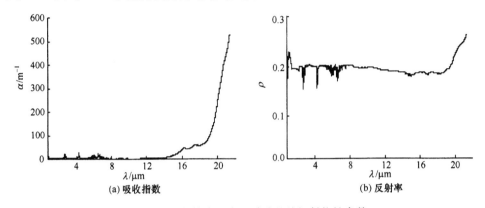

图 6-20 硒化锌光学窗口玻璃的热辐射物性参数

4. 硒化锌光学窗口玻璃光学常数测量实验的不确定度

在硒化锌光学窗口玻璃光学常数反演计算中,各类实验的测量误差对其计算过程产生了一定的不利影响。与 3.5 节分析的结果一样,硒化锌光学窗口玻璃光学常数反演计算误差的来源主要包括硒化锌光学窗口玻璃厚度的测量过程、光谱透射比的测量过程和光学常数反演计算模型的计算过程等。因此,针对这些光学窗口玻璃光学常数反演计算模型计算误差的来源,展开不确定度的分析,具体计算过程如下所述。

1) 硒化锌光学窗口玻璃厚度测量的不确定度

借鉴蓝宝石光学窗口玻璃厚度测量的不确定度可知,硒化锌光学窗口玻璃厚度测量的相对不确定度为 0.08%。

2) 硒化锌光学窗口玻璃透射光谱测量的不确定度

在相同测试实验条件下,一般需要 3 次重复测量硒化锌光学窗口玻璃的光谱透射比数据。采用 A 类评定方法计算硒化锌光学窗口玻璃光谱透射比重复性测量的不确定度,计算结果如图 6-21 所示。

从图 6-21 可以看出,厚度为 3mm 的硒化锌光学窗口玻璃的光谱透射比重复性测量的不确定度变化趋势与 4mm 的基本一致,但厚度为 3mm 的硒化锌光学窗口玻璃的光谱透射比重复性测量的不确定度比厚度为 4mm 的明显偏大,其光谱

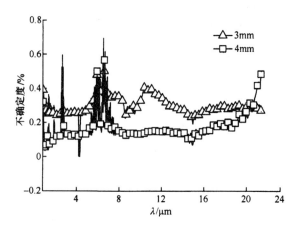

图 6-21　硒化锌光学窗口玻璃透射光谱的不确定度

透射比重复性测量所导致的相对不确定度最大值为 0.63%。由于硒化锌光学窗口玻璃光谱透射比测量中重复性测量、光谱响应非线性和背景噪声等产生的不确定度分量满足相对独立,可将 3 类硒化锌光学窗口玻璃光谱透射比测量误差产生的不确定分量值进行合成计算[207,208],得到硒化锌光学窗口玻璃光谱透射比测量的最终相对不确定度为 0.84%。

3) 硒化锌光学窗口玻璃光学常数测量的不确定度

结合 3.5 节所述实验偏差对光学窗口玻璃光学常数反演计算的影响分析结果,当硒化锌光学窗口玻璃光谱透射比测量数据的相对不确定度为 0.84%时,在测量波段内吸收指数的相对不确定度小于 0.001%,在测量波段内折射率的相对不确定度小于 2%。

6.2.2　硒化锌光学窗口玻璃的高温热辐射物性参数

1. 硒化锌光学窗口玻璃的高温透射光谱

通过基于多波段傅里叶红外光谱仪的液态和固态介质透射特性测量系统,实验测量硒化锌光学窗口玻璃的高温光谱透射比,实验温度为 373K 和 423K,测量波长为 $2\sim15\mu m$,实验步骤如下所述。

(1) 首先预热基于多波段傅里叶红外光谱仪的液态和固态介质透射特性测量系统中的傅里叶红外光谱仪,其预热时间不少于 2h。

(2) 在氮气加热式光学恒温箱加热前,开启气体出口管路阀门,通氮气吹扫恒温箱内部 2min 后,调控进入箱内的氮气压力保持其内部气体空间满足微正压,然后关闭恒温箱的气体出口管路阀门。保持箱内氮气满足微正压,启动恒温箱加热其内部环境,待箱内热环境满足测试实验温度后,利用傅里叶红外光谱仪获取该温度下环境的背景光谱。

(3) 在测量氮气加热式光学恒温箱的背景光谱后,停止氮气加热式光学恒温箱加热,开启恒温箱的气体出口管路阀门,调控进入箱内的氮气压力,使之压力增大确保其顺利吹扫氮气加热式光学恒温箱,当箱内热环境测量温度降至50℃,停止吹扫恒温箱。然后开启恒温箱将硒化锌光学窗口玻璃安装在试样固定支架上,关闭并密封恒温箱。重复实验步骤(2),获得氮气加热式光学恒温箱填充硒化锌光学窗口玻璃后的背景光谱。

(4) 重复步骤(2)、步骤(3),得到硒化锌光学窗口玻璃的多组高温透射光谱。

(5) 硒化锌光学窗口玻璃的高温透射光谱测量实验结束后,关闭氮气加热器,并依次关闭氮气瓶阀门、气体动力系统和氮气冷凝系统。

按照前面所述的测试实验流程步骤,通过基于多波段傅里叶红外光谱仪的液态和固态介质透射特性测量系统获得厚度为3mm和4mm的硒化锌光学窗口玻璃在温度为373K和423K下的高温光谱透射比数据,测量结果如图6-22所示。

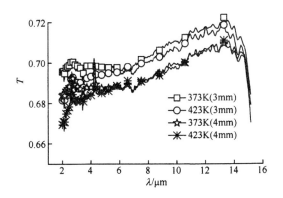

图6-22 不同温度下硒化锌光学窗口玻璃的透射光谱

从图6-22可以看出,硒化锌光学窗口玻璃的光谱透射比受温度的影响较小,其透光性能与常温时相比有所下降,但在测量波段内硒化锌光学窗口玻璃的高温光谱透射比与常温光谱透射比相比最大变化率小于2%。由此可见,温度较高时硒化锌光学窗口玻璃的透光性能也较好。

2. 硒化锌光学窗口玻璃的高温光学常数

采用3.2.2节所述的反演光学窗口玻璃光学常数的反问题模型,基于厚度为3mm和4mm的硒化锌光学窗口玻璃的两组光谱透射比数据,计算得到了厚度为3mm和4mm的硒化锌光学窗口玻璃的高温光学常数,计算结果如图6-23所示。

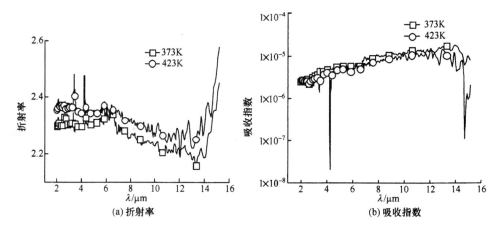

图 6-23 不同温度下硒化锌光学窗口玻璃的光学常数

从图 6-23 可以看出,硒化锌光学窗口玻璃的高温光学常数与常温光学常数相比显著不同。温度较高时,在测量波段内多数硒化锌光学窗口玻璃的折射率有所增大,而硒化锌光学窗口玻璃的吸收指数却有所减小。需要注意的是,在整个测量波段内硒化锌光学窗口玻璃的光学常数随温度的变化其变化趋势没有规律性,这说明在基于硒化锌光学窗口玻璃封装液态碳氢化合物进行光学腔高温透射特性测量时,首先需要确定硒化锌光学窗口玻璃在测量实验温度下的光学常数,才能为液态碳氢化合物光学常数的反演提供数据支持。

为了分析硒化锌光学窗口玻璃高温光学常数反演计算结果的可靠性,笔者采用图 6-23 所示硒化锌光学窗口玻璃的吸收指数和折射率利用光学窗口玻璃光谱透射比的正问题模型,确定厚度为 3mm 和 4mm 对应的硒化锌光学窗口玻璃的高温光谱透射比,将其与图 6-22 所示测量得到的实验值进行相对误差分析,计算结果如图 6-24 所示。

由图 6-24 可以看出,采用图 6-23 所示硒化锌光学窗口玻璃的吸收指数和折射率计算得到的光学窗口玻璃的高温光谱透射比与实验测量值的相对误差非常小,多数硒化锌光学窗口玻璃光谱透射比的计算误差小于 0.02%,这说明采用图 6-23 所示硒化锌光学窗口玻璃的吸收指数和折射率计算得到的光学窗口玻璃的光谱透射比能反映出材料在高温时的实际光谱特性,从而也说明了硒化锌光学窗口玻璃高温光学常数反演计算结果的可靠性。

3. 硒化锌光学窗口玻璃的高温热辐射物性参数

采用图 6-23 所示的硒化锌光学窗口玻璃的吸收指数和折射率,基于光学窗口玻璃光谱透射比正问题模型中的吸收系数和反射率计算函数确定硒化锌光学窗口

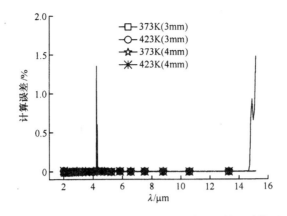

图 6-24 不同温度下硒化锌光学窗口玻璃透射比计算误差

玻璃的高温热辐射物性参数,硒化锌光学窗口玻璃的吸收系数和反射率计算函数见式(3-3)和式(3-4),其高温热辐射物性参数数据如图 6-25 所示。

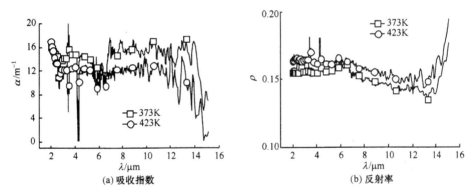

(a) 吸收指数　　(b) 反射率

图 6-25 不同温度下硒化锌光学窗口玻璃的热辐射物性参数

从图 6-25 可以看出,硒化锌光学窗口玻璃的高温热辐射物性参数在不同波长时,随温度的变化其变化趋势也显著不同。硒化锌的高温吸收系数很小,随光学窗口玻璃的透光性能减弱而不断增加,这说明其高温透光性能较好;多数硒化锌的高温反射率高于 0.1,而且随着其光学窗口玻璃透光性能的减弱而不断增大。

4. 硒化锌光学窗口玻璃的高温光学常数测量的不确定度

在硒化锌光学窗口玻璃高温光学常数反演计算中,各类实验的测量误差对其窗口玻璃光学常数反演计算过程产生了一定的不利影响。与 3.5 节分析的结果一样,造成窗口玻璃高温光学常数反演计算误差的来源主要包括硒化锌光学窗口玻璃厚度的测量过程、光谱透射比的高温测量过程和光学常数反演计算模型的计算过程等。针对这些窗口玻璃光学常数反演模型计算误差的来源,展开不确定度的分析,具体计算过程如下所述。

1) 硒化锌光学窗口玻璃厚度测量的不确定度

假设硒化锌光学窗口玻璃在高温加热时不发生变形,从而假定其在高温时的厚度与常温下的厚度一致。同时由常温时硒化锌光学窗口玻璃厚度测量的不确定度可知,高温时硒化锌光学窗口玻璃厚度测量的相对不确定度为 0.08%。

2) 硒化锌光学窗口玻璃透射光谱高温测量的不确定度

在相同测试实验条件下,一般需要 3 次重复测量硒化锌光学窗口玻璃的光谱透射比。采用 A 类评定方法计算硒化锌光学窗口玻璃光谱透射比重复性测量的不确定度,计算结果如图 6-26 所示。

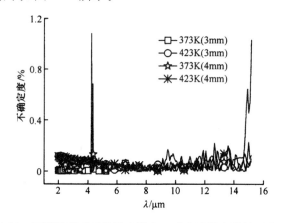

图 6-26 不同温度下硒化锌光学窗口玻璃透射光谱的不确定度

从图 6-26 可以看出,不同温度下,厚度为 3mm 的硒化锌光学窗口玻璃的光谱透射比重复性测量的不确定度变化趋势与 4mm 的基本一致,高温时硒化锌光学窗口玻璃的光谱透射比重复性测量的不确定度比低温时的明显偏大,在测量波段内其光谱透射比重复性测量所导致的多数相对不确定度数据小于 0.63%。由于硒化锌光学窗口玻璃光谱透射比测量中重复性测量、光谱响应非线性和背景噪声等产生的不确定度分量满足相对独立,可将三类硒化锌光学窗口玻璃光谱透射比测量误差所产生的不确定分量值进行合成计算[207,208],得到硒化锌光学窗口玻璃光谱透射比测量的最终相对不确定度为 0.84%。

3) 硒化锌光学窗口玻璃光学常数高温测量的不确定度

结合 3.5 节所述实验偏差对光学窗口玻璃光学常数反演计算的影响分析结果,当硒化锌光学窗口玻璃光谱透射比测量数据的相对不确定度为 0.84%时,在测量波段内硒化锌光学窗口玻璃材料吸收指数的相对不确定度小于 0.001%,在测量波段内硒化锌光学窗口玻璃材料折射率的相对不确定度小于 2%。

6.3 水的光学常数反演及其本书方法验证

6.3.1 水的透射光谱

在液态碳氢化合物光学常数反演计算模型验证中采用的液态材料为蒸馏水。填充碳氢化合物光学腔的光学窗口玻璃材料为硒化锌,光学窗口玻璃厚度为2mm。采用基于多波段傅里叶红外光谱仪的液态和固态介质透射特性测量系统测量了填充蒸馏水前后光学腔的光谱透射比数据,测量波段为 $2 \sim 15\mu m$,其中光谱测量精度为 $8 cm^{-1}$。填充蒸馏水前后光学腔光谱透射比测量实验在室内大气环境中进行,在测量过程中确保恒温箱处于不加热状态并且内部填充了氮气,填充水膜厚度为0.19mm 和 0.39mm 蒸馏水前后光学腔的光谱透射比数据如图 6-27 所示。

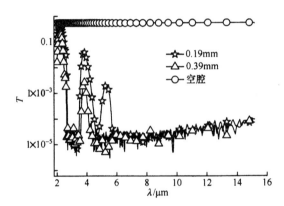

图 6-27 液态碳氢化合物光学腔填充水前后的透射光谱

从图 6-27 可以看出,在测量波段为 $2.0 \sim 15\mu m$ 时,填充水膜厚度为 0.19mm 和 0.39mm 蒸馏水后光学腔的透射光谱随波长的变化趋势基本一致,从而说明水的光学性能显著影响了填充水后光学腔的透射性能。由图还可以看出,未填充水前光学腔的透光性能很好,而填充水后光学腔的透射性能显著减弱。例如,当波长超过 $2.6\mu m$ 后,填充水光学腔的光谱透射比急剧减小至 10^{-5},从而说明在波长超过 $2.6\mu m$ 后的波段区域内水的光吸收性能很强。填充水的光学腔在波长为 $2.2\mu m$ 处存在一个光弱吸收峰值,由于水的光学性能显著影响了填充水后光学腔的透射性能,说明水在波长为 $2.2\mu m$ 处的透光性能较好。同理,水在波长为 $4.0\mu m$ 处也存在一个光相对较弱吸收峰值,说明水在波长为 $4.0\mu m$ 处的透光性能也较好。

6.3.2 水的光学常数

通过光谱透射比的取值范围及相对偏差对液态碳氢化合物光学常数反演模型的影响分析,可知填充液态介质光学腔的光谱透射比及相对偏差的值过小会导致模型计算液态介质光学常数的精度显著降低。考虑到光谱透射比的取值范围及相对偏差的影响,在液态碳氢化合物光学常数反演计算模型验证中所用水的波段为$2\sim2.5\mu m$,则该波段范围内水的当量光谱透射比和填充水光学腔的光谱透射比数据如图 6-28 所示。

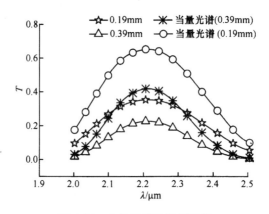

图 6-28 水的反演计算用数据

采用第 4 章所述基于双厚度法的液态碳氢化合物光学常数的反问题模型,基于图 6-28 所示水的当量光谱透射比和填充水光学腔的光谱透射比数据,计算得到了水的光学常数,计算结果与文献[50]、[217]所述的数据如图 6-29 所示。

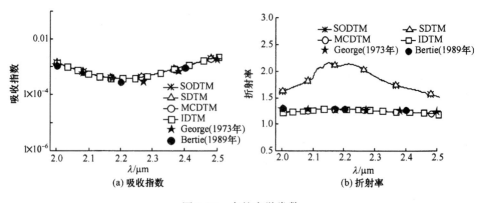

图 6-29 水的光学常数

由图 6-29 可以看出,基于水的当量光谱透射比,SODTM 与 SDTM 反演计算水的光学常数的结果基本一样；而基于填充水光学腔的光谱透射比，MCDTM 与 IDTM 方法反演计算水的光学常数的结果基本一致。双厚度方法和新双厚度方法反演计算水的吸收指数的结果同文献[50]、[217]所述的数据吻合较好，但只有 MCDTM 和 IDTM 反演计算水的折射率与文献所述比较接近，而 SODTM 和 SDTM 反演计算水的折射率明显大于文献所述，这是由于 SODTM 和 SDTM 采用当量光谱透射比的原因。由图 6-29 还可以看出，在测试波段范围内，MCDTM 和 IDTM 反演计算水的吸收指数为 $10^{-4} \sim 10^{-3}$，水的折射率为 $1.18 \sim 1.3$，而且 MCDTM 和 IDTM 反演计算水的光学常数随波长的变化其变化趋势与文献所述基本吻合。

为了分析水的光学常数反演计算结果的可靠性，采用图 6-29 所示 MCDTM 和 IDTM 反演计算得到的及文献中水的吸收指数和折射率，基于第 4 章的填充液态碳氢化合物光学的光谱透射比的正问题模型，确定填充水膜厚度为 0.19mm 和 0.39mm 蒸馏水后光学腔的光谱透射比，将其与图 6-28 所示测量得到的实验值进行相对误差分析，计算结果如图 6-30 所示。

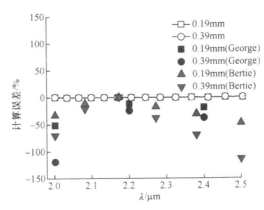

图 6-30 填充水光学腔光谱透射比的计算误差

从图 6-30 可以看出，采用图 6-29 所示 MCDTM 和 IDTM 得到水的吸收指数和折射率，计算的填充水后光学腔光谱透射比与实验值的误差绝对值小于 2%，但基于 Bertie 和 George 测量的水的吸收指数和折射率计算的填充水后光学腔光谱透射比与实验值的误差绝对值大于 100%，从而说明本书所述 MCDTM 和 IDTM 反演计算的可靠性。

6.3.3 水的光学常数测量实验的不确定度

在水的光学常数反演计算中，各类实验的测量误差对窗口玻璃光学常数反演计算模型的计算过程产生一定的不利影响。与前面分析的结果一样，造成水的光学常数反演计算模型计算误差的来源主要包括水膜厚度和光学窗口玻璃厚度的测量过程、填充水光学腔光谱透射比的测量过程和水的光学常数反演计算模型的计算过程等。因此,针对这些水的光学常数反演计算模型计算误差的来源,展开不确定度的分析,计算过程如下所述。

1. 水膜厚度和光学窗口玻璃厚度测量的不确定度

借鉴前面光学窗口玻璃厚度测量的不确定度可知,硒化锌光学窗口玻璃厚度测量的相对不确定度为 0.08%,水膜厚度测量(采用测量其垫片厚度的方法确定水膜的厚度)的相对不确定度为 0.12%。

2. 填充水光学腔透射光谱测量的不确定度

在相同测试实验条件下,一般需要 6 次重复测量填充水光学腔的光谱透射比数据。笔者采用 A 类评定方法计算填充水光学腔光谱透射比重复性测量的不确定度,计算结果如图 6-31 所示。

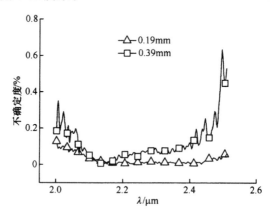

图 6-31 填充水光学腔透射光谱的不确定度

从图 6-31 可以看出,填充水膜厚度为 0.19mm 和 0.39mm 蒸馏水后光学腔的光谱透射比重复性测量的不确定度与填充水膜厚度为 0.39mm 蒸馏水的显著不同,其光谱透射比重复性测量所导致的相对不确定度最大值约为 0.62%。由于填充水光学腔光谱透射比测量中重复性测量、光谱响应非线性和背景噪声等产生的不确定度分量满足相对独立,可将三类填充水光学腔光谱透射比测量误差产生的不确定度分量值进行合成计算[207,208],得到填充水光学腔光谱透射比测量的最终相对不确定度为 0.83%。

3. 水的光学常数测量的不确定度

结合 4.4 节所述实验偏差对液态碳氢化合物光学常数反演计算的影响分析结果,当填充水光学腔光谱透射比测量数据的相对不确定度为 0.83%时,在测量波段内多数区域水的吸收指数的相对不确定度小于1.5%,在测量波段内水的折射率的相对不确定度低于3%。

6.4 液态碳氢化合物的常温热辐射物性参数

6.4.1 RP-3航空煤油的常温热辐射物性参数

1. RP-3航空煤油的透射光谱

液态碳氢化合物RP-3航空煤油由中国石油天然气股份有限公司大庆石化分公司提供。填充液态碳氢化合物RP-3航空煤油光学腔的光学窗口玻璃材料为硒化锌,光学窗口玻璃厚度为2mm。采用基于多波段傅里叶红外光谱仪的液态和固态介质透射特性测量系统测量了填充液态碳氢化合物RP-3航空煤油前后光学腔的光谱透射比,测量波段为$2\sim15\mu m$,其中光谱测量精度为$8cm^{-1}$。填充液态碳氢化合物RP-3航空煤油前后光学腔光谱透射比测量实验在室内大气环境中进行,在测量过程中确保恒温箱处于不加热状态且内部填充了氮气,填充厚度为0.19mm和0.39mm的液态碳氢化合物RP-3航空煤油前后光学腔的光谱透射比数据如图6-32所示。

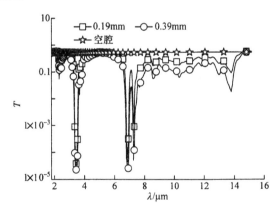

图6-32 填充RP-3航空煤油前后光学腔的透射光谱

从图6-32可以看出,在测试波段长为$2\sim15\mu m$时,光学腔未填充液态碳氢化合物RP-3航空煤油前的光谱透射比较大,其光学腔光谱透射比大于45%。当光学腔填充液态碳氢化合物RP-3航空煤油后,光学腔光谱透射比发生了显著变化,在大部分测试波段范围内光谱透射比大幅度减小。然而,小部分测试波段范围内填充液态碳氢化合物RP-3航空煤油光学腔的光谱透射比比填充前明显增大。例如,波长小于$2.9\mu m$的测试波段和波长大于$14.6\mu m$的测试波段,其原因可能是这两个测试波段区域出现薄膜增透现象。由图还可以看出,在测试波段内,填充液态碳氢化合物 RP-3 航空煤油光学腔透射光谱存在 5 个吸收峰值,波长分别为 2.4μm、3.4μm、6.9μm、7.3μm 和 13.8μm。其中,填充液态碳氢化合物 RP-3 航空煤油光学腔光谱透射比在波长 3.4μm、6.9μm 和 7.3μm 处很小,由于光学腔未填充液态碳氢化合物 RP-3 航空煤油前的光谱透射比较大,从而说明液态碳氢化合物 RP-3 航空煤油在这些波段区域的吸光性能很强,导致红外波段的光线很难穿透厚度为 0.19mm 的液态碳氢化合物 RP-3 航空煤油液膜。液态碳氢化合物 RP-3 航空煤油的吸收峰值与文献[54]和文献[107]所述的液态碳氢化合物具有类似的特点。

2. RP-3 航空煤油的光学常数

采用第 4 章中基于双厚度方法的液态碳氢化合物光学常数的反问题模型 IDTM,基于图 6-32 所示填充液态碳氢化合物 RP-3 航空煤油光学腔的光谱透射比数据,计算得到液态碳氢化合物 RP-3 航空煤油的光学常数,计算结果如图 6-33 所示。

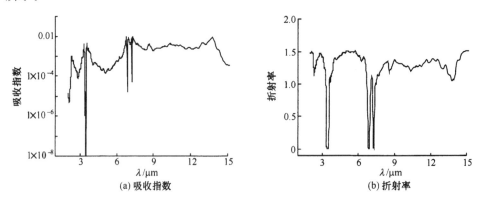

图 6-33　液态碳氢化合物 RP-3 航空煤油的光学常数

从图 6-33 可以看出,当填充液态碳氢化合物 RP-3 航空煤油光学腔的光谱透射比很小时,利用 IDTM 计算的液态碳氢化合物 RP-3 航空煤油折射率和吸收指数值明显与其吸收峰值不符。当波长为 3.4μm 时,填充厚度为 0.19mm 的液态碳氢化合物 RP-3 航空煤油光学腔的光谱透射比很小,说明液态碳氢化合物 RP-3 航空煤油的吸收性很强,而反演计算得到的吸收指数为 2.11×10^{-6},导致其与吸收峰值不匹配,并且反演得到的折射率为 0.003,其值远小于 1,也与实际情况不符。由此可见,IDTM 不适用于光学腔光谱透射比很小时。

为了分析液态碳氢化合物 RP-3 航空煤油的光学常数反演计算结果的可靠性,采用图 6-33 所示的吸收指数和折射率,基于第 4 章所述的填充液态碳氢化合物光谱透射比的正问题模型,确定填充厚度为 0.19mm 和 0.39mm 的 RP-3 航空煤油光学腔的光谱透射比,将其与图6-32所示测量得到的实验值进行相对误差分析,计算结果如图6-34所示。

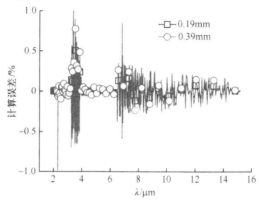

图6-34 填充液态碳氢化合物RP-3航空煤油光学腔透射比计算误差

从图6-34可以看出,填充厚度为0.19mm和0.39mm液态碳氢化合物RP-3航空煤油光学腔的光谱透射比计算误差的最大值分别为0.8%和35%。在吸收峰值区域,填充厚度为0.19mm和0.39mm的光谱透射比的计算误差更大。在波段为$2\sim3.28\mu m$、$3.6\sim6.64\mu m$和$7.51\sim15\mu m$时,填充厚度为0.19mm和0.39mm液态碳氢化合物RP-3航空煤油光学腔的光谱透射比计算误差小于1%。

3. RP-3航空煤油的热辐射物性参数

采用图6-33所示的吸收指数和折射率,基于第4章所述的填充液态碳氢化合物光谱透射比正问题模型中的吸收系数和反射率计算函数确定液态碳氢化合物RP-3航空煤油的高温热辐射物性参数,吸收系数和反射率计算函数见式(3-3)和式(3-4),其在波段为$2\sim3.28\mu m$、$3.6\sim6.64\mu m$和$7.51\sim15\mu m$时的热辐射物性参数数据如图6-35所示。

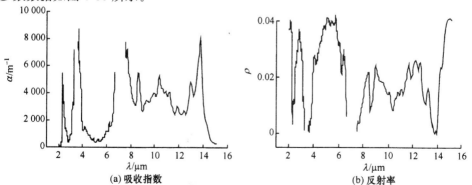

(a) 吸收指数　　　　　　　　(b) 反射率

图6-35 液态碳氢化合物RP-3航空煤油的热辐射物性参数

4. RP-3 航空煤油光学常数的不确定度

1) 液膜厚度和光学窗口玻璃厚度测量的不确定度

借鉴前面光学窗口玻璃厚度测量的不确定度可知,硒化锌光学窗口玻璃厚度测量的相对不确定度为 0.08%,液态碳氢化合物 RP-3 航空煤油厚度测量(采用测量垫片厚度的方法确定液膜的厚度)的相对不确定度为 0.12%。

2) 填充液态碳氢化合物 RP-3 航空煤油光学腔透射光谱测量的不确定度

在相同测试实验条件下,一般需要 6 次重复测量填充液态碳氢化合物 RP-3 航空煤油光学腔的光谱透射比数据。采用 A 类评定方法计算填充液态碳氢化合物 RP-3 航空煤油光学腔光谱透射比重复性测量的不确定度,计算结果如图 6-36 所示。

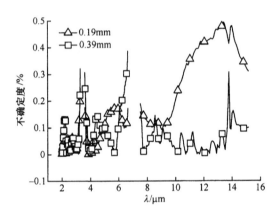

图 6-36 填充液态碳氢化合物 RP-3 航空煤油光学腔透射光谱不确定度

从图 6-36 可以看出,填充厚度为 0.19mm 和 0.39mm 液态碳氢化合物 RP-3 航空煤油后光学腔的光谱透射比重复性测量的不确定度显著不同,光谱透射比重复性测量所导致的相对不确定度最大值约为 0.5%。由于填充液态碳氢化合物 RP-3 航空煤油光学腔光谱透射比测量中重复性测量、光谱响应非线性和背景噪声等产生的不确定度分量满足相对独立,可将三类填充液态碳氢化合物 RP-3 航空煤油光学腔光谱透射比测量误差所产生的不确定分量值进行合成计算[207,208],从而得到填充液态碳氢化合物 RP-3 航空煤油光学腔光谱透射比测量的最终相对不确定度为 0.75%。

3) 液态碳氢化合物 RP-3 航空煤油光学常数测量的不确定度

结合 4.4 节所述实验偏差对液态碳氢化合物光学常数反演计算的影响分析结果,当填充液态碳氢化合物 RP-3 航空煤油光学腔光谱透射比测量数据的相对不确定度为 0.75% 时,在测量波段内液态碳氢化合物 RP-3 航空煤油吸收指数的相对不确定度低于 1.5%,在测量波段内液态碳氢化合物 RP-3 航空煤油折射率的相对不确定度低于3%。

6.4.2 普通煤油的常温热辐射物性参数

1. 普通煤油的透射光谱

液态碳氢化合物普通煤油由中国石油天然气股份有限公司大庆石化分公司提供。填充液态碳氢化合物普通煤油光学腔的光学窗口玻璃材料为硒化锌,光学窗口玻璃厚度为2mm。采用基于多波段傅里叶红外光谱仪的液态和固态介质透射特性测量系统测量了填充液态碳氢化合物普通煤油前后光学腔的光谱透射比数据,测量波段为2~15μm,其中光谱测量精度为8cm^{-1}。填充液态碳氢化合物普通煤油前后光学腔光谱透射比测量实验在室内环境中进行的,在测量过程中确保恒温箱处于不加热状态且内部填充了氮气,填充厚度为0.19mm和0.39mm液态碳氢化合物普通煤油前后光学腔的光谱透射比数据如图6-37所示。

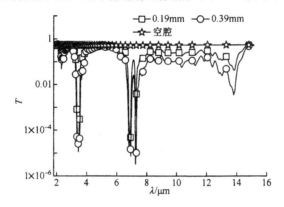

图6-37 填充普通煤油前后光学腔透射光谱

从图6-37可以看出,在测试波长为2~15μm时,光学腔未填充液态碳氢化合物普通煤油前的光谱透射比较大,其光学腔光谱透射比大于45%。当光学腔填充液态碳氢化合物普通煤油后,光学腔光谱透射比发生了显著变化,在大部分测试波段范围内光谱透射比大幅度减小。然而,小部分测试波段范围内填充液态碳氢化合物普通煤油光学腔的光谱透射比比填充前明显增大。例如,波长小于2.9μm的测试波段和波长大于14.6μm的测试波段,其原因可能是这两个测试波段区域出现薄膜增透现象。由图可以看出,在测试波段内,填充液态碳氢化合物普通煤油光学腔透射光谱存在5个吸收峰值,波长分别位于2.4μm、3.4μm、6.9μm、7.3μm和13.8μm处。其中,填充液态碳氢化合物普通煤油光学腔光谱透射比在波长为3.4μm、6.9μm和7.3μm处很小,从而说明液态碳氢化合物普通煤油在这些波段区域的吸光性能很强。

2. 普通煤油的光学常数

采用第 4 章所述的基于双厚度方法的液态碳氢化合物光学常数的反问题模型 IDTM，基于图 6-37 所示填充液态碳氢化合物普通煤油光学腔的光谱透射比数据，计算得到液态碳氢化合物普通煤油在波段为 $2\sim3.28\mu m$、$3.6\sim6.64\mu m$ 和 $7.51\sim15\mu m$ 内的光学常数，计算结果如图 6-38 所示。

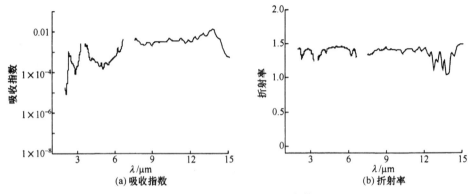

图 6-38　普通煤油的光学常数

从图 6-38 可以看出，液态碳氢化合物普通煤油的光学常数随着波长的变化趋势与液态碳氢化合物 RP-3 航空煤油基本相似，然而在相同波长时，液态碳氢化合物普通煤油的吸收指数和折射率与液态碳氢化合物 RP-3 航空煤油相差很大。

为了分析液态碳氢化合物普通煤油光学常数反演计算结果的可靠性，采用图 6-38 所示吸收指数和折射率，基于第 4 章所述的填充液态碳氢化合物光谱透射比的正问题模型，确定填充厚度为 0.19mm 和 0.39mm 液态碳氢化合物普通煤油光学腔的光谱透射比，将其与图 6-37 所示测量得到的实验值进行相对误差分析，计算结果如图 6-39 所示。

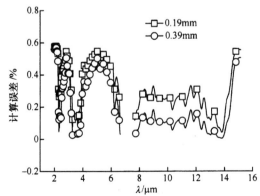

图 6-39　填充普通煤油光学腔光谱透射比计算误差

从图 6-39 可以看出,在分析的测量波段内,填充厚度为 0.19mm 和 0.39mm 液态碳氢化合物普通煤油光学腔的光谱透射比计算误差曲线随着波长的变化其变化趋势基本一致,而且填充厚度为 0.19mm 液态碳氢化合物普通煤油光学腔的光谱透射比计算误差相对来说较大,最大计算误差约为 0.6%。

3. 普通煤油的热辐射物性参数

采用图 6-38 所示的吸收指数和折射率,基于第 4 章所述的填充液态碳氢化合物光谱透射比的正问题模型中的吸收系数和反射率计算函数确定液态碳氢化合物普通煤油的热辐射物性参数,液态碳氢化合物普通煤油的吸收系数和反射率计算函数见式(3-3)和式(3-4),其在波段为 $2\sim3.28\mu m$、$3.6\sim6.64\mu m$ 和 $7.51\sim15\mu m$ 的热辐射物性参数数据如图 6-40 所示。

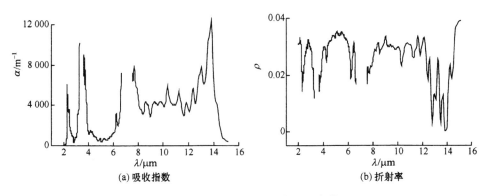

图 6-40 普通煤油的热辐射物性参数

4. 普通煤油光学常数测量实验的不确定度

1) 液膜厚度和光学窗口玻璃厚度测量的不确定度

借鉴前面光学窗口玻璃厚度测量的不确定度可知,硒化锌光学窗口玻璃厚度测量的相对不确定度为 0.08%,液态碳氢化合物普通煤油厚度测量(采用测量垫片厚度的方法确定液膜的厚度)的相对不确定度为 0.12%。

2) 填充液态碳氢化合物普通煤油光学腔透射光谱测量的不确定度

在相同测试实验条件下,一般需要 6 次重复测量填充液态碳氢化合物普通煤油光学腔的光谱透射比数据。采用 A 类评定方法计算填充普通煤油光学腔光谱透射比重复性测量的不确定度,计算结果如图 6-41 所示。

从图 6-41 可以看出,填充厚度为 0.19mm 和 0.39mm 普通煤油光学腔的光谱透射比重复性测量的不确定度显著不同,光谱透射比重复性测量所导致的相对不确定度最大值为 0.65%。由于填充液态碳氢化合物普通煤油光学腔光谱透射比

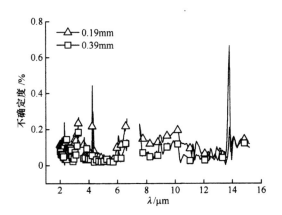

图 6-41 填充普通煤油光学腔透射光谱的不确定度

测量中重复性测量、光谱响应非线性和背景噪声等产生的不确定度分量满足相对独立,可将三类填充液态碳氢化合物普通煤油光学腔光谱透射比测量误差所产生的不确定分量值进行合成计算[207,208],从而得到填充液态碳氢化合物普通煤油光学腔光谱透射比测量的最终相对不确定度为 0.85%。

3) 普通煤油光学常数测量的不确定度

结合 4.4 节所述实验偏差对液态碳氢化合物光学常数反演计算的影响分析结果,当填充液态碳氢化合物普通煤油光学腔光谱透射比测量数据的相对不确定度为 0.85% 时,在测量波段内液态碳氢化合物普通煤油的吸收指数相对不确定度小于 1.5%,在测量波段内液态碳氢化合物普通煤油的折射率相对不确定度小于 3%。

6.4.3 −35#柴油的常温热辐射物性参数

1. −35#柴油的透射光谱

液态碳氢化合物−35#柴油由中国石油天然气股份有限公司大庆石化分公司提供。填充液态碳氢化合物普通−35#柴油光学腔的光学窗口玻璃材料为硒化锌,光学窗口玻璃厚度为 2mm。笔者采用基于多波段傅里叶红外光谱仪的液态和固态介质透射特性测量系统测量了填充液态碳氢化合物−35#柴油前后光学腔的光谱透射比数据,测量波段为 2~15μm,其中光谱测量精度为 8cm^{-1}。填充液态碳氢化合物−35#柴油前后光学腔光谱透射比的测量实验在室内大气环境中进行,在测量过程中确保恒温箱处于不加热状态且内部填充了氮气,填充厚度为 0.19mm 和 0.39mm 液态碳氢化合物−35#柴油前后光学腔的光谱透射比数据如图 6-42 所示。

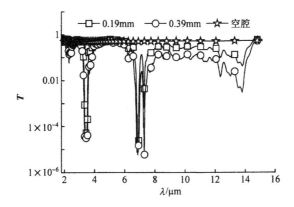

图 6-42 填充-35#柴油前后光学腔的透射光谱

通过图 6-42 可以看出,在测试波段长 2～15μm 范围内,光学腔未填充液态碳氢化合物-35#柴油前的光谱透射比较大,光学腔光谱透射比大于 45%。当光学腔填充液态碳氢化合物-35#柴油后,光学腔光谱透射比发生了显著的变化,在大部分测试波段范围内光谱透射比大幅度减小。然而,小部分测试波段范围内填充液态碳氢化合物-35#柴油光学腔的光谱透射比比填充前明显增大。例如,波长小于 2.9μm 的测试波段和波长大于 14.6μm 的测试波段,其原因可能是这两个测试波段区域出现薄膜增透现象。由图还可以看出,在测试波段内,填充液态碳氢化合物-35#柴油光学腔透射光谱存在 5 个吸收峰值,波长分别位于 2.4μm、3.4μm、6.9μm、7.3μm 和 13.8μm 处。其中,填充液态碳氢化合物-35#柴油光学腔光谱透射比在波长 3.4μm、6.9μm 和 7.3μm 处很小,从而说明液态碳氢化合物-35#柴油在这些波段区域的吸光性能很强。

2. -35#柴油的光学常数

采用第 4 章所述的基于双厚度方法的液态碳氢化合物光学常数的反问题模型 IDTM,基于图 6-42 所示填充液态碳氢化合物-35#柴油光学腔的光谱透射比数据,计算得到液态碳氢化合物-35#柴油在波段为 2～3.28μm、3.6～6.64μm 和 7.51～15μm 内的光学常数,计算结果如图 6-43 所示。

从图 6-43 可以看出,液态碳氢化合物-35#柴油的光学常数随着波长的变化其变化趋势与液态碳氢化合物 RP-3 航空煤油的变化趋势基本相似,然而在相同波长时,液态碳氢化合物-35#柴油的吸收指数和折射率与液态碳氢化合物 RP-3 航空煤油的相差很大,而且液态碳氢化合物-35#柴油的折射率值明显高于液态碳氢化合物 RP-3 航空煤油的。

为了分析液态碳氢化合物-35#柴油的光学常数反演计算结果的可靠性,采用图 6-43 所示液态碳氢化合物-35#柴油的吸收指数和折射率,基于第 4 章所述

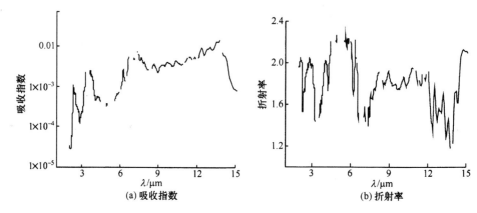

图 6-43　−35#柴油的光学常数

的填充液态碳氢化合物光谱透射比的正问题模型，确定填充厚度为 0.19mm 和 0.39mm 液态碳氢化合物−35#柴油光学腔的光谱透射比，将其与图 6-42 所示的测量得到的实验值进行相对误差分析，计算结果如图 6-44 所示。

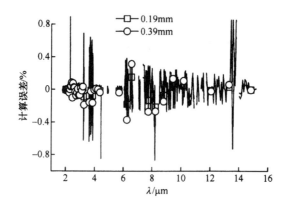

图 6-44　填充−35#柴油光学腔透射比计算误差

从图 6-44 可以看出，在测量波段内，填充厚度为 0.19mm 和 0.39mm 液态碳氢化合物−35#柴油光学腔光谱透射比的计算误差曲线随着波长的变化其变化趋势基本一致，而且填充厚度为 0.19mm 液态碳氢化合物−35#柴油光学腔的光谱透射比计算误差相对来说较大，最大计算误差为 0.85%。

3. −35#柴油的热辐射物性参数

从图 6-43 所示的吸收指数和折射率，基于第 4 章所述的填充液态碳氢化合物光谱透射比的正问题模型中的吸收系数和反射率计算函数确定液态碳氢化合物−35#柴油的热辐射物性参数，吸收系数和反射率计算函数见式(3-3)和式(3-4)，波段为 2~3.28μm、3.6~6.64μm 和 7.51~15μm 的热辐射物性参数数据如图 6-45 所示。

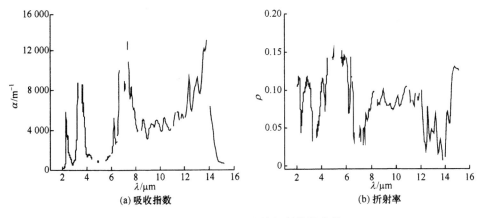

(a) 吸收指数　　　(b) 折射率

图 6-45　－35♯柴油的热辐射物性参数

4. －35♯柴油光学常数的不确定度

1）液膜厚度和光学窗口玻璃厚度测量的不确定度

借鉴前面光学窗口玻璃厚度测量的不确定度可知，硒化锌光学窗口玻璃厚度测量的相对不确定度为 0.08%，液态碳氢化合物－35♯柴油厚度测量（采用测量垫片厚度的方法确定液膜的厚度）的相对不确定度为 0.12%。

2）填充液态碳氢化合物－35♯柴油光学腔透射光谱测量的不确定度

在相同测试实验条件下，一般需要 6 次重复测量填充液态碳氢化合物－35♯柴油光学腔的光谱透射比。采用 A 类评定方法计算填充－35♯柴油光学腔光谱透射比重复性测量的不确定度，计算结果如图 6-46 所示。

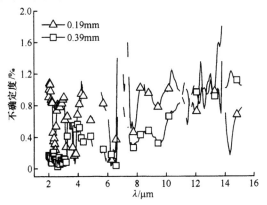

图 6-46　填充－35♯柴油光学腔透射光谱的不确定度

从图 6-46 可以看出,填充厚度为 0.19mm 和 0.39mm 液态碳氢化合物-35♯柴油后光学腔光谱透射比重复性测量的不确定度显著不同,光谱透射比重复性测量所导致的相对不确定度最大值为 1.8%。由于填充液态碳氢化合物-35♯柴油光学腔光谱透射比测量中重复性测量、光谱响应非线性和背景噪声等产生的不确定度分量满足相对独立,可将三类填充液态碳氢化合物-35♯柴油光学腔光谱透射比测量误差所产生的不确定分量值进行合成计算[207,208],从而得到填充液态碳氢化合物-35♯柴油光学腔光谱透射比测量的最终相对不确定度为 1.81%。

3)液态碳氢化合物-35♯柴油光学常数测量的不确定度

结合 4.4 节所述的实验偏差对液态碳氢化合物光学常数反演计算的影响分析结果,当填充液态碳氢化合物-35♯柴油光学腔光谱透射比测量数据的相对不确定度为 1.85%时,在测量波段内液态碳氢化合物-35♯柴油吸收指数的相对不确定度小于 3%,在测量波段内液态碳氢化合物-35♯柴油折射率的相对不确定度小于 20%。

6.4.4 乙醇的常温热辐射物性参数

1. 乙醇的透射光谱

液态碳氢化合物乙醇由中国石油天然气股份有限公司大庆石化分公司提供。填充液态碳氢化合物乙醇光学腔的光学窗口玻璃材料为硒化锌,光学窗口玻璃厚度为 2mm。采用基于多波段傅里叶红外光谱仪的液态和固态介质透射特性测量系统测量填充液态碳氢化合物乙醇前后光学腔的光谱透射比,测量波段为 $2\sim15\mu m$,其中光谱测量精度为 $8cm^{-1}$。填充液态碳氢化合物乙醇前后光学腔光谱透射比测量实验在室内大气环境中进行,在测量过程中确保恒温箱处于不加热状态且内部填充了氮气,填充厚度为 0.19mm 和 0.5mm 液态碳氢化合物乙醇前后光学腔的光谱透射比数据如图 6-47 所示。

从图 6-47 可以看出,在测试波长 $2\sim15\mu m$ 时,光学腔未填充液态碳氢化合物乙醇前的光谱透射比较大,其光学腔光谱透射比大于 45%。当光学腔填充液态碳氢化合物乙醇后,光学腔光谱透射比大幅度减小。在测试波段内,填充液态碳氢化合物乙醇光学腔的透射光谱存在 4 个吸收峰值区域,波段区域的波长为 $3.57\mu m$、$6.88\sim7.88\mu m$、$9.12\sim9.74\mu m$ 和 $11.37\mu m$ 附近。

2. 乙醇的光学常数

采用第 4 章所述的基于双厚度方法的液态碳氢化合物光学常数的反问题模型 IDTM,基于图 6-47 所示填充液态碳氢化合物乙醇光学腔的光谱透射比数据,计算得到了液态碳氢化合物乙醇在波段为 $2\sim2.74\mu m$、$4.07\sim5.15\mu m$ 和 $5.23\sim6.11\mu m$ 的光学常数,计算结果如图 6-48 所示。

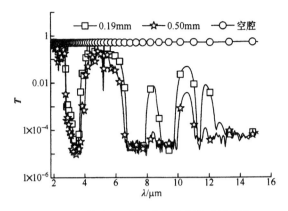

图 6-47 填充乙醇前后光学腔的透射光谱

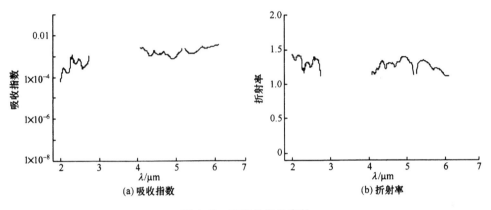

(a) 吸收指数　　　　　　　　　　(b) 折射率

图 6-48 乙醇的光学常数

从图 6-48 可以看出,液态碳氢化合物乙醇的光学常数随着波长的变化其变化趋势与其他液态碳氢化合物显著不同。

为了分析液态碳氢化合物乙醇的光学常数反演计算结果的可靠性,采用图 6-48 所示吸收指数和折射率,基于第 4 章所述的填充液态碳氢化合物光谱透射比的正问题模型,确定填充厚度为 0.19mm 和 0.5mm 液态碳氢化合物乙醇光学腔的光谱透射比,将其与图 6-47 所示测量得到的实验值进行相对误差分析,计算结果如图 6-49 所示。

从图 6-49 可以看出,在分析的测量波段内,填充厚度为 0.19mm 和 0.5mm 液态碳氢化合物乙醇光学腔光谱透射比的计算误差曲线随着波长的变化其变化趋势基本一致,且填充厚度为 0.19mm 液态碳氢化合物乙醇光学腔光谱透射比的计算误差相对来说较大,最大计算误差为 0.8%。

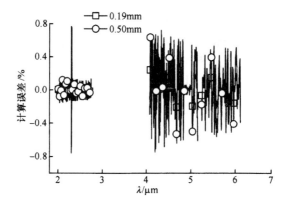

图 6-49 填充乙醇光学腔透射比计算误差

3. 乙醇的热辐射物性参数

采用图 6-48 所示的吸收指数和折射率,基于第 4 章所述的填充液态碳氢化合物光谱透射比的正问题模型中吸收系数和反射率计算函数确定液态碳氢化合物乙醇的热辐射物性参数,液态碳氢化合物乙醇的吸收系数和反射率计算函数见式(3-3)和式(3-4),其在波段为 $2\sim2.74\mu m$、$4.07\sim5.15\mu m$ 和 $5.23\sim6.11\mu m$ 时的热辐射物性参数数据如图 6-50 所示。

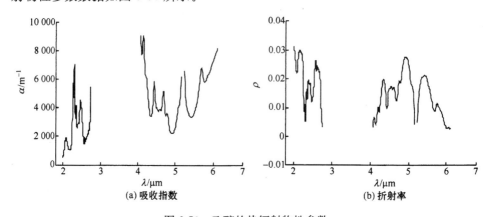

图 6-50 乙醇的热辐射物性参数

4. 乙醇光学常数测量实验的不确定度

1) 液膜厚度和光学窗口玻璃厚度测量的不确定度

借鉴前面光学窗口玻璃厚度测量的不确定度可知,硒化锌光学窗口玻璃厚度测量的相对不确定度为 0.08%,液态碳氢化合物乙醇厚度测量(采用测量垫片厚度的方法确定液膜的厚度)的相对不确定度为 0.12%。

2) 填充液态碳氢化合物乙醇光学腔透射光谱测量的不确定度

在相同测试实验条件下,一般需要 6 次重复测量填充液态碳氢化合物乙醇光学腔的光谱透射比数据。采用 A 类评定方法计算填充乙醇光学腔光谱透射比重复性测量的不确定度,计算结果如图 6-51 所示。

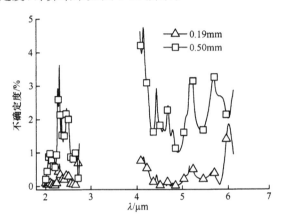

图 6-51　透射光谱的不确定度

通过图 6-51 可以看出,填充厚度为 0.19mm 和 0.39mm 液态碳氢化合物乙醇后光学腔光谱透射比重复性测量的不确定度显著不同,其光谱透射比重复性测量所导致的相对不确定度最大值为 5%。由于填充液态碳氢化合物乙醇光学腔光谱透射比测量中重复性测量、光谱响应非线性和背景噪声等产生的不确定度分量满足相对独立,可将 3 类填充液态碳氢化合物乙醇光学腔光谱透射比测量误差所产生的不确定分量值进行合成计算[207,208],从而得到填充液态碳氢化合物乙醇光学腔光谱透射比测量的最终相对不确定度为 5%。

3) 液态碳氢化合物乙醇光学常数测量的不确定度

结合"4.4 节"所述实验偏差对液态碳氢化合物光学常数反演计算的影响分析结果,当填充液态碳氢化合物乙醇光学腔光谱透射比测量数据的相对不确定度为 5%时,在测量波段内液态碳氢化合物乙醇吸收指数的相对不确定度小于 3%,在测量波段内液态碳氢化合物乙醇折射率的相对不确定度小于 20%。

6.5　RP-3 航空煤油的高温热辐射物性参数

6.5.1　RP-3 航空煤油的高温透射光谱

液态碳氢化合物 RP-3 航空煤油由中国石油天然气股份有限公司大庆石化分公司提供。填充液态碳氢化合物 RP-3 航空煤油光学腔的光学窗口玻璃材料为硒化锌,光学窗口玻璃厚度为 2mm。采用基于多波段傅里叶红外光谱仪的液态和固态介质透射特性测量系统测量填充液态碳氢化合物 RP-3 航空煤油前后光学腔的光谱透射比数据,测量波段为 $2\sim15\mu m$,其中光谱测量精度为 $8cm^{-1}$。填充液态碳氢化合物 RP-3 航空煤油前后光学腔光谱透射比测量实验温度为 150℃,在测量过程中确保恒温箱处于加热状态且内部填充了氮气,其具体测试方法见 6.2.2 节,填充厚度为 0.19mm 和 0.39mm 液态碳氢化合物 RP-3 航空煤油前后光学腔的高温和常温光谱透射比数据如图 6-52 所示。

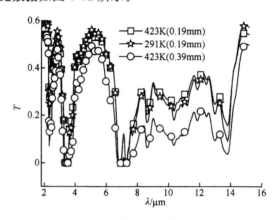

图 6-52　填充 RP-3 航空煤油后光学腔的透射光谱(150℃)

从图 6-52 可以看出,填充厚度为 0.19mm 和 0.39mm 液态碳氢化合物 RP-3 航空煤油光学腔高温和常温的光谱透射比明显不同。填充厚度为 0.19mm 和 0.39mm 液态碳氢化合物 RP-3 航空煤油光学腔的高温光谱透光性能与常温相比较,部分测试波段区域内光谱透光性能减弱,在部分测试波段区域光谱透光性能却明显增强。

6.5.2　RP-3 航空煤油的光学常数

采用第 4 章所述基于双厚度方法的液态碳氢化合物光学常数的反问题模型 IDTM,基于图 6-52 所示填充液态碳氢化合物 RP-3 航空煤油光学腔的光谱透射比数据,计算得到了液态碳氢化合物 RP-3 航空煤油的高温光学常数,计算结果与常温光学常数如图 6-53 所示。

从图 6-53 可以看出,在多数测量波段区域,高温时液态碳氢化合物 RP-3 航空煤油的折射率和吸收指数明显高于常温时的,导致高温时填充液态碳氢化合物 RP-3 航空煤油光学腔的光谱透射比明显减小。

为了分析液态碳氢化合物 RP-3 航空煤油光学常数反演计算结果的可靠性,采用图 6-53 所示液态碳氢化合物 RP-3 航空煤油的吸收指数和折射率,基于第 4

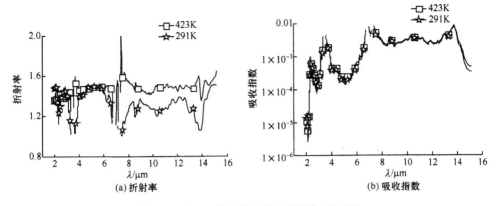

图 6-53 RP-3 航空煤油的光学常数(150℃)

章所述的填充液态碳氢化合物光学的光谱透射比的正问题模型,确定填充厚度为 0.19mm 和 0.39mm 液态碳氢化合物 RP-3 航空煤油光学腔的光谱透射比,将其与图 6-52 所示测量得到的实验值进行相对误差分析,计算结果如图 6-54 所示。

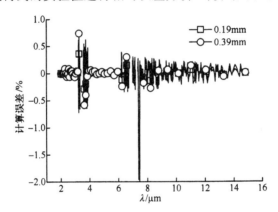

图 6-54 填充 RP-3 航空煤油光学腔透射比的计算误差

从图 6-54 可以看出,在分析的测量波段内,填充厚度为 0.19mm 和 0.39mm 液态碳氢化合物 RP-3 航空煤油光学腔高温光谱透射比的计算误差曲线随着波长的变化其变化趋势基本一致,而且填充厚度为 0.19mm 液态碳氢化合物 RP-3 航空煤油光学腔的光谱透射比计算误差相对来说较大,最大计算误差为 -3.03%。

6.5.3 RP-3 航空煤油的热辐射物性参数

采用图 6-53 所示的吸收指数和折射率,基于第 4 章所述的填充液态碳氢化合物光谱透射比的正问题模型中吸收系数和反射率计算函数确定液态碳氢化合物 RP-3 航空煤油的热辐射物性参数,液态碳氢化合物 RP-3 航空煤油的吸收系数和反射率计算函数见式(3-3)和式(3-4),其热辐射物性参数数据如图 6-55 所示。

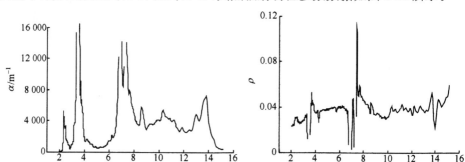

(a) 吸收系数　　　　　　　　　(b) 反射率

图 6-55　RP-3 航空煤油的热辐射物性参数(150℃)

6.5.4　RP-3 航空煤油光学常数测量实验的不确定度

1. 液膜厚度和光学窗口玻璃厚度测量的不确定度

借鉴前面光学窗口玻璃厚度测量的不确定度可知,硒化锌光学窗口玻璃厚度测量的相对不确定度为 0.08％,液态碳氢化合物 RP-3 航空煤油厚度测量(采用测量垫片厚度的方法确定液膜的厚度)的相对不确定度为 0.12％。

2. 填充液态碳氢化合物 RP-3 航空煤油光学腔透射光谱测量的不确定度

在相同测试实验条件下,一般需要 6 次重复测量填充液态碳氢化合物 RP-3 航空煤油光学腔的光谱透射比。采用 A 类评定方法计算填充液态碳氢化合物 RP-3 航空煤油光学腔光谱透射比重复性测量的不确定度,计算结果如图 6-56 所示。

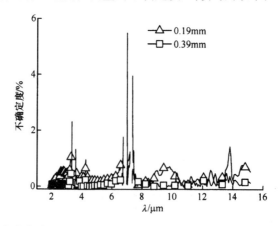

图 6-56　填充液态碳氢化合物 RP-3 航空煤油光学腔透射光谱不确定度(150℃)

从图 6-56 可以看出,填充厚度为 0.19mm 和 0.39mm 液态碳氢化合物 RP-3 航空煤油后光学腔的光谱透射比重复性测量的不确定度显著不同,其光谱透射比重复性测量所导致的相对不确定度最大值为 5.4%,但是多数区域满足相对不确定度优于 1%。由于填充液态碳氢化合物 RP-3 航空煤油光学腔光谱透射比测量中重复性测量、光谱响应非线性和背景噪声等产生的不确定度分量满足相对独立,可将三类填充液态碳氢化合物 RP-3 航空煤油光学腔光谱透射比测量误差所产生的不确定分量值进行合成计算[207,208],从而得到填充液态碳氢化合物 RP-3 航空煤油光学腔光谱透射比测量的最大相对不确定度为 5.42%,多数不确定度为 1.14%。

3. 液态碳氢化合物 RP-3 航空煤油光学常数测量的不确定度

结合 4.4 节所述实验偏差对液态碳氢化合物光学常数反演计算的影响分析结果,当填充液态碳氢化合物 RP-3 航空煤油光学腔光谱透射比测量数据的相对不确定度为 5.24%时,在测量波段内液态碳氢化合物 RP-3 航空煤油吸收指数的相对不确定度小于 10%,在测量波段内液态碳氢化合物 RP-3 航空煤油折射率的相对不确定度小于 20%。当填充液态碳氢化合物 RP-3 航空煤油光学腔光谱透射比测量数据的相对不确定度为 1.14%时,在测量波段内液态碳氢化合物 RP-3 航空煤油吸收指数的相对不确定度小于 3%,在测量波段内液态碳氢化合物 RP-3 航空煤油折射率的相对不确定度小于 20%。

6.6 小　　结

本章测量了石英、蓝宝石和硒化锌三种光学窗口玻璃材料的光谱透射比数据并计算得到各自的光学常数,利用研制的液态碳氢化合物高温透射特性测量实验系统测量和反演水的光学常数,验证本书发展的液态碳氢化合物光学常数反演计算模型和透射法测量实验步骤的可行性。利用液态碳氢化合物高温透射特性测量实验系统测量填充液态碳氢化合物光学腔的光谱透射比,结合液态碳氢化合物光学常数反演计算模型得到这些液态碳氢化合物的光学常数,最终得到这些液态碳氢化合物的热辐射物性参数数据,主要结论如下所述。

(1) 石英光学窗口玻璃高透光性能区域很窄,其透光性能与温度、入射光线波长均相关。光学窗口玻璃蓝宝石在波长为 $0.90\sim3.8\mu m$ 时保持高透光性,但当波长大于 $3.8\mu m$ 后其透光性能急剧下降。温度较高时硒化锌光学窗口玻璃仍能保持良好的透光性能。

（2）RP-3 航空煤油、普通煤油和－35♯柴油等液态碳氢化合物均有 5 个吸收峰值区域。乙醇存在 4 个强吸收峰值区域。RP-3 航空煤油、普通煤油、－35♯柴油和乙醇的热辐射物性参数显著不同。

（3）高温时液态碳氢化合物 RP-3 航空煤油光学腔光谱透射比与常温时明显不同，且透光性能在部分测试波段区域内减弱，而在部分测试波段区域却明显增强。

参 考 文 献

[1] Abianeh O S, Chen C P. A discrete multicomponent fuel evaporation model with liquid turbulence effects[J]. International Journal of Heat and Mass Transfer, 2012, 55(23-24): 6897-6907.

[2] Amani E, Nobari M R H. A calibrated evaporation model for the numerical study of evaporation delay in liquid fuel sprays[J]. International Journal of Heat and Mass Transfer, 2013, 56(1-2): 45-58.

[3] Sazhin S S, Kristyadi T, Abdelghaffar W A, et al. Models for fuel droplet heating and evaporation: Comparative analysis[J]. Fuel, 2006, 85(12-13): 1613-1630.

[4] Abramzon B, Sazhin S. Convective vaporization of a fuel droplet with thermal radiation absorption[J]. Fuel, 2006, 85(1): 32-46.

[5] 孙凤贤, 王银燕. 辐射与对流耦合加热下正十二烷液滴的蒸发特性[J]. 航空动力学报, 2008, 23(11): 2043-2048.

[6] 吕继组, 白敏丽, 李晓杰. 辐射传热空间非均匀性对燃油雾化的影响[J]. 工程热物理学报, 2011, 32(4): 625-628.

[7] Chen P C, Wang W C, Roberts W L, et al. Spray and atomization of diesel fuel and its alternatives from a single-hole injector using a common rail fuel injection system[J]. Fuel, 2013, 103(12): 850-861.

[8] Kim S, Hwang J W, Lee C S. Experiments and modeling on droplet motion and atomization of diesel and bio-diesel fuels in a cross-flowed air stream[J]. International Journal of Heat and Fluid Flow, 2010, 31(4): 667-679.

[9] Smirnov N N, Betelin V B, Kushnirenko A G, et al. Ignition of fuel sprays by shock wave mathematical modeling and numerical simulation[J]. Acta Astronautica, 2013, 87: 14-29.

[10] 肖保国, 杨顺华, 赵慧勇, 等. RP-3 航空煤油燃烧的详细和简化化学动力学模型[J]. 航空动力学报, 2010, 25(9): 1948-1955.

[11] Zhou H C, Ai Y H. Effect of radiative transfer of heat released from combustion reaction on temperature distribution: A numerical study for a 2-D system[J]. Journal of Quantitative Spectroscopy and Radiative Transfer, 2006, 101(1): 109-118.

[12] Peng L N, He G Q, Liu P J. Experimental investigation on active cooling for ceramic matrix composite[J]. Journal of China Ordnance, 2009, 5(2): 102-105.

[13] Wang Q W, Wu F, Zeng M, et al. Numerical simulation and optimization on heat transfer and fluid flow in cooling channel of liquid rocket engine thrust chamber[J]. Engineering Computations, 2006, 23(8): 907-921.

[14] Huang H, Spadaccini L J, Sobel D R. Fuel-cooled thermal management for advanced aero-

engines[J]. Journal of Engineering for Gas Turbines and Power, 2004, 126(2): 284-293.

[15] Raj P K. Large hydrocarbon fuel pool fires: Physical characteristics and thermal emission variations with height[J]. Journal of Hazardous Materials, 2007, 140(1-2): 280-292.

[16] 康泉胜. 小尺度油池火非稳态燃烧特性及热反馈研究[D]. 合肥: 中国科学技术大学博士学位论文, 2009.

[17] Suo-Anttila J M, Blanchat T K, Ricks A J, et al. Characterization of thermal radiation spectra in 2m pool fires[C]//Proceedings of the Combustion Institute: 32nd International Symposium on Combustion, Montreal, 2009: 2567-2574.

[18] Davidson D F, Hong Z, Pilla G L, et al. Multi-species time-history measurements during n-heptane oxidation behind reflected shock waves[J]. Combustion and Flame, 2010, 157(10): 1899-1905.

[19] Grosch A, Beushausen V, Wackerbarth H, et al. Calibration of mid-infrared transmission measurements for hydrocarbon detection and propane concentration measurements in harsh environments by using a fiber optical sensor[J]. Journal of Quantitative Spectroscopy and Radiative Transfer, 2011, 112(6): 994-1004.

[20] Pan C X, Zhang J Z, Shan Y. Effects of exhaust temperature on helicopter infrared signature[J]. Applied Thermal Engineering, 2013, 51(1-2): 529-538.

[21] 刘宏宇, 邵万仁, 张锦绣. RP-3 发动机排气系统及尾喷流的流场和红外特征数值模拟[J]. 航空动力学报, 2008, 23(4): 591-597.

[22] 初云涛, 华志刚, 谈锋, 等. 利用声波法重建舰船排气温度场及红外辐射强度[J]. 红外与激光工程, 2009, 38(4): 594-597.

[23] 刚现东. 利用车辆尾气余热的红外隐身方法研究[D]. 南京: 南京理工大学硕士学位论文, 2006.

[24] Shan Y, Zhang J Z, Pan C X. Numerical and experimental investigation of infrared radiation characteristics of a turbofan engine exhaust system with film cooling central body[J]. Aerospace Science and Technology, 2013, 28(1): 281-288.

[25] Shuai Y, Dong S K, Tan H P. Simulation of the infrared radiation characteristics of high-temperature exhaust plume including particles using the backward Monte Carlo method[J]. Journal of Quantitative Spectroscopy and Radiative Transfer, 2005, 95(2): 231-240.

[26] 庄磊. 航空煤油池火热辐射特性及热传递研究[D]. 合肥: 中国科学技术大学博士学位论文, 2008.

[27] 蔡文祥. 环形燃烧室两相燃烧流场与燃烧性能数值研究[D]. 南京: 南京航空航天大学博士学位论文, 2007.

[28] Rothamer D A, Hanson R K. Temperature and pressure imaging using infrared planar laser-induced fluorescence[J]. Applied Optics, 2010, 49(33): 6436-6447.

[29] Cai T D, Jia H, Wang G S, et al. A sensor for measurements of temperature and water concentration using a single tunable diode laser near 1.4μm[J]. Sensors and Actuators A: Physical, 2009, 152(1): 5-12.

[30] Kawahara N, Tomita E, Ohtsuki A, et al. Cycle-resolved residual gas concentration measurement inside a heavy-duty diesel engine using infrared laser absorption[C]//Proceedings of the Combustion Institute: 33nd International Symposium on Combustion, Oxford, 2011: 2903-2910.

[31] 周洁. 基于光学波动法和相关原理的颗粒测量及多波长火焰温度分析[D]. 杭州:浙江大学博士学位论文, 2001.

[32] 李麦亮. 激光光谱诊断技术及其在发动机燃烧研究中的应用[D]. 长沙:国防科学技术大学博士学位论文, 2004.

[33] 杨臧健. 谱色测温系统的设计研究[D]. 合肥:中国科学技术大学博士学位论文, 2009.

[34] Zhong F Q, Fan X J, Yu G, et al. Heat transfer of aviation kerosene at supercritical conditions[J]. Journal of Thermophysics and Heat Transfer, 2009, 23(3):543-550.

[35] Gascoin N, Gillard P, Tour Y. Validation of transient cooling modeling for hypersonic application[J]. Journal of Thermophysics and Heat Transfer, 2007, 21(1):86-94.

[36] Spadaccini L J, Sobel D R, Huang H. Deposit formation and mitigation in aircraft fuels[J]. Journal of Engineering for Gas Turbines and Power, 2001, 123(4):741-746.

[37] 艾青. 热辐射与高速流耦合换热的数值研究[D]. 哈尔滨:哈尔滨工业大学博士学位论文, 2009.

[38] 侯凌云, 王慧, 钟北京, 等. 超临界压力下乳化煤油传热性能数值研究[J]. 推进技术, 2006, 27(6):488-491.

[39] Lindermeir E, Beier K. HITEMP derived spectral database for the prediction of jet engine exhaust infrared emission using a statistical band model[J]. Journal of Quantitative Spectroscopy and Radiative Transfer, 2012, 113(12):1575-1593.

[40] Orphal J, Bergametti G, Beghin B, et al. Monitoring tropospheric pollution using infrared spectroscopy from geostationary orbit[J]. Comptes Rendus Physique, 2005, 6(8):888-896.

[41] Clerbaux C, Gille J, Edwards D. New directions: Infrared measurements of atmospheric pollution from space[J]. Atmospheric Environment, 2004, 38(27):4599-4601.

[42] 王瑗, 盛连喜, 李科, 等. 石油污染土壤的近红外波段偏振光特性测量[J]. 科学通报, 2008, 53(23):2956-2961.

[43] 焦洋, 徐亮, 高闽光, 等. 污染气体扫描成像红外被动遥测技术研究[J]. 光谱学与光谱分析, 2012, 32(7):1754-1757.

[44] Porter J M, Jeffries J B, Hanson R K. Mid-infrared absorption measurements of liquid hydrocarbon fuels near 3.4μm[J]. Journal of Quantitative Spectroscopy and Radiative Transfer, 2009, 110(18):2135-2147.

[45] 钟锡华. 现代光学基础[M]. 北京:北京大学出版社, 2003.

[46] 谈和平, 夏新林, 刘林华, 等. 红外辐射特性与传输的数值计算——计算热辐射学[M]. 哈尔滨:哈尔滨工业大学出版社, 2006.

[47] 余其铮. 辐射换热原理[M]. 哈尔滨:哈尔滨工业大学出版社, 2000.

[48] Jain S R, Walker S. Far-infrared absorption of some organic liquids[J]. The Journal of Phys-

ical Chemistry,1976,16(5):535-542.
- [49] Bertie J E,Eysel H H. Infrared intensities of liquids I:Determination of infrared optical and dielectric constants by FT-IR using the CIRLE ATR Cell[J]. Applied Spectroscopy,1985, 39(3):392-401.
- [50] Bertie J E,Ahmed M K,Baluja S. Infrared intensities of liquids. 5. optical and dielectric constants,integrated intensities,and dipole moment derivatives of H_2O and D_2O at 22℃[J]. The Journal of Physical Chemistry,1989,93(6):2210-2218.
- [51] Goplen T G,Cameron D G,Jones R N. Absolute absorption intensity and dispersion measurements on some organic liquids in the infrared[J]. Applied Spectroscopy,1980,34(6):657-691.
- [52] 齐宏. 弥散颗粒辐射反问题的理论与实验研究[D]. 哈尔滨:哈尔滨工业大学博士学位论文,2008.
- [53] 刘晓东. 高温微粒红外辐射特性测量技术研究[D]. 哈尔滨:哈尔滨工业大学博士学位论文,2008.
- [54] Tuntomo A,Tien C L,Park S H. Optical constants of liquid hydrocarbon fuels[J]. Combustion Science and Technology,1992,84(1):133-140.
- [55] 李栋,夏新林,艾青. 两种反演半透明液体光学常数的方法对比[J]. 哈尔滨工业大学学报,2012,44(9):73-77.
- [56] 李栋,艾青,夏新林. 透射法测量半透明液体热辐射物性的双厚度模型[J]. 化工学报,2012,63(S1):123-129.
- [57] 李栋,艾青,夏新林. 液态碳氢燃料热辐射物性参数反演方法[J]. 航空动力学报,2012,27(8):1712-1717.
- [58] Lu Y T,Penzkofer A. Optical constants measurements of strongly absorbing media[J]. Applied Optics,1986,25(2):221-225.
- [59] Bertie J E,Zhang S L. Infrared intensities of liquids XXI:Integrated absorption intensities of CH_3OH,CH_3OD,CD_3OH and CD_3OD and dipole moment derivatives of methanol[J]. Journal of Molecular Structure,1997,s413-414:333-363.
- [60] Bertie J E,Zhang S L,Manji R. Infrared intensities of liquids X:Accuracy of current methods of obtaining optical constants from multiple attenuated total reflection measurements using the CIRCLE cell[J]. Applied Spectroscopy,1992,46(11):1660-1665.
- [61] Webber M E,Mihalcea R M,Baer D S,et al. Diode-laser absorption measurements of hydrazine and monomethylhydrazine [J]. Journal of Quantitative Spectroscopy and Radiative Transfer,1999,62(4):511-522.
- [62] Bertie J E,Lan Z. An accurate modified kramers-kronig transformation from reflectance to phase shift on attenuated total reflection[J]. The Journal of Physical Chemistry,1996,105(19):8502-8514.
- [63] 吴仕梁. 透明光电材料的椭偏研究[D]. 济南:山东大学硕士学位论文,2012.
- [64] El-Zaiat S Y,El-Den M B,El-Kameesy S U,et al. Spectral dispersion of linear optical prop-

erties for Sm_2O_3 doped B_2O_3-P_bO-Al_2O_3 glasses[J]. Optics & Laser Technology, 2012, 44(5):1270-1276.

[65] Keefe C D, Person J K. New technique for determining the optical constants of liquids[J]. Applied Spectroscopy, 2002, 56(7):928-934.

[66] Khashan M A, El-Naggar A M. A new method of finding the optical constants of a solid from the reflectance and transmittance spectrograms of its slab[J]. Optics Communications, 2000, 174(5-6):445-453.

[67] Yusoha R, Horprathum M, Eiamchai P, et al. Determination of the thickness and optical constants of ZrO_2 by spectroscopic ellipsometry and spectrophotometric method[J]. Procedia Engineering, 2011, 8:223-227.

[68] Friedman M H, Churchill S W. The absorption of thermal radiation by fuel droplets[J]. Chemical Engineering Progress, 1965, 61:1-4.

[69] Al'perovich L I, Komarova A I, Narziev B N, et al. Optical constants of petroleum samples in the 0.25-25μm range[J]. Journal of Applied Spectroscopy, 1978, 28(4):491-494.

[70] Lin C T, Young F K, Brule M R, et al. Data bank for synthetic fuels[J]. Hydrocarbon Processing, 1980, 59(11):225-232.

[71] Kelly J J, Barlow C H, Jinguji T M, et al. Prediction of gasoline octane numbers from near-infrared spectral features in the range 660-1215nm[J]. Analytical Chemistry, 1989, 61(4):313-320.

[72] Gurton K P, Bruce C W. Midinfrared optical properties of petroleum oil aerosols[R]. Army Research Laboratory, 1994, ARL-TR-255.

[73] Bertie J E, Keefe C D. Comparison of infrared absorption intensities of benzene in the liquid and gas phases[J]. Journal of Chemical Physics, 1994, 101(6):4610.

[74] Bertie J E, Zhang S L, Keefe C D. Measurement and use of absolute infrared absorption intensities of neat liquids[J]. Vibrational Spectroscopy, 1995, 8(2):215-229.

[75] Bertie J E, Zhang S L, Jones R N, et al. Determination and use of secondary infrared intensity standards[J]. Applied Spectroscopy, 1995, 49(12):1821-1825.

[76] Denboer J H W G, Kroesen G M W, Dehoog F J. Measurement of the complex refractive index of liquids in the infrared using spectroscopic attenuated total reflection ellipsometry: Correction for depolarization by scattering[J]. Applied Optics, 1995, 34(25):5708-5714.

[77] Hawranek J P, Wrzeszcz W. The infrared dielectric function of liquid triethylamine[J]. Journal of Molecular Liquids, 1995, 67(3):211-216.

[78] Wrzeszcz W, MuszynÂski A S, Hawranek J P. Analysis of IR thin-film transmission spectra of liquid tri-n-propylamine[J]. Computers and Chemistry, 1998, 22(1):101-111.

[79] Hawranek J P, Muszyhki A S, Flejszar-Oszewska J Z. Infra-red dispersion of liquid trioctylamine[J]. Journal of Molecular Structure, 1997, s436-437:605-612.

[80] Flejszar-Oszewska J Z, Muszyfiski A S, Hawranek J P. Thin film FTIR transmission spectra of liquid 2, 4, 6-trimethylpyridine [J]. Journal of Molecular Structure, 1997, 404 (1):

247-256.

[81] Hawranek J P, MuszynÂski A S. Infrared dispersion of the pentachlorophenol-trioctylamine complex[J]. Journal of Molecular Structure, 2000, 552(1): 205-212.

[82] Matusiak M, Wrzeszcz W, Dziembowska T, et al. Thin-film transmission spectra of liquid benzylidenemethylamine and o-hydroxybenzylidenemethylamine in the infrared region[J]. Journal of Molecular Structure, 2004, 704(1-3): 223-227.

[83] Hawranek J P, Michniewicz N, Wrzeszcz W, et al. Infrared dispersion of liquid 1-propanol [J]. Journal of Non-Crystalline Solids, 2007, 353(47-51): 4555-4559.

[84] Michniewicz N, Muszyn'ski A S, Wrzeszcz W, et al. Vibrational spectra of liquid 1-propanol [J]. Journal of Molecular Structure, 2008, 887(1-3): 180-186.

[85] Michniewicz N, Czarnecki M A, Hawranek J P. Near-infrared spectroscopic study of liquid propanols[J]. Journal of Molecular Structure, 2007, 844-845: 181-185.

[86] Hawranek J P, Wrzeszcz W, Matusiak-Kucharska M, et al. Infrared dispersion of liquid benzylidenemethylamine and o-hydroxybenzylidenemethylamine[J]. Journal of Molecular Structure, 2010, 976(1-3): 243-248.

[87] Be'c K B, Muszy'nski A S, Michniewicz N, et al. Vibrational spectra of liquid di-*iso*-propylether[J]. Vibrational Spectroscopy, 2011, 55(1): 44-48.

[88] Łydzba-Kopczyńska B I, Bec K B, Tomczak J, et al. Optical constants of liquid pyrrole in the infrared[J]. Journal of Molecular Liquids, 2012, 172: 34-40.

[89] Bec' K B, Hawranek J P. Thin film IR and computational studies of liquid *di-n*-butylether [J]. Journal of Molecular Structure, 2012, 1026: 51-58.

[90] Bec' K B, Hawranek J P. Vibrational analysis of liquid *n*-butylmethylether[J]. Vibrational Spectroscopy, 2013, 64: 164-171.

[91] Anderson M R. Determination of Infrared Optical Constants for Single Component Hydrocarbon Fuels[D]. Rolla City: University of Missouri-Rolla, 2000.

[92] Bertie J E, Apelblat Y, Keefe C D. Infrared intensities of liquids. Part XXIII. Infrared optical constants and integrated intensities of liquid benzene-d_1 at 25℃[J]. Journal of Molecular Structure, 2000, 550-551: 135-165.

[93] Keefe C D, Donovan L A. Optical constants and vibrational assignment of liquid bromobenzene-d_5 between 4000 and 400cm^{-1} at 25℃[J]. Journal of Molecular Structure, 2001, 597(1): 259-268.

[94] Keefe C D, MacInnis S, Burchell T. Optical constants and integrated intensities of liquid hexafluorobenzene between 4000 and 250cm^{-1} at 25℃[J]. Journal of Molecular Structure, 2002, 610(1-3): 253-263.

[95] Keefe C D, Pearson J K, Macdonald A. Optical constants and vibrational assignment of liquid toluene-d_8 between 4000 and 450cm^{-1} at 25 ℃[J]. Journal of Molecular Structure, 2003, 655(1): 69-80.

[96] Bertie J E, Keele C D. Infrared intensities of liquids XXIV: Optical constants of liquid ben-

zene-h_6 at 25℃ extended to 11.5cm^{-1} and molar polarizabilities and integrated intensities of benzene-h_6 between 6200 and 11.5cm^{-1}[J]. Journal of Molecular Structure,2004,695-696: 39-57.

[97] Keefe C D,Brand E. Optical constants and vibrational analysis of ethylbenzene between 4000 and 450cm^{-1} at 25℃[J]. Journal of Molecular Structure,2004,691(1-3):181-189.

[98] Bertie J E,Apelblat Y,Keefe C D. Infrared intensities of liquids XXV:Dielectric constants, molar polarizabilities and integrated intensities of liquid toluene at 25℃ between 4800 and 400cm^{-1}[J]. Journal of Molecular Structure,2005,750(1-3):78-93.

[99] Keefe C D,Barrett J,Jessome L L. Optical constants and vibrational assignment of fluorobenzene between 4000 and 400cm^{-1} at 25℃[J]. Journal of Molecular Structure,2005,734(1-3):67-75.

[100] Dombrovsky L A,Sazhin S S,Sazhina E M,et al. Heating and evaporation of semi-transparent diesel fuel droplets in the presence of thermal radiation[J]. Fuel,2001,80(11): 1535-1544.

[101] Lage P L C,Rangel R H. Single droplet vaporization including thermal radiation absorption [J]. Journal of Thermophysics and Heat Transfer,1993,7(3):502-509.

[102] Chang K C,Shieh J S. Theoretical investigation of transient droplet combustion by considering flame radiation[J]. International Journal of Heat and Mass Transfer,1995,38(14): 2611-2621.

[103] Dombrovsky L A. Thermal radiation from nonisothermal spherical particles of a semitransparent material [J]. International Journal of Heat and Mass Transfer, 2000, 43(9): 1661-1672.

[104] Marchese A J,Dryer F L. The effect of non-luminous thermal radiation in microgravity droplet combustion[J]. Combustion Science and Technology,1997,124(1-6):371-402.

[105] Sazhin S S,Sazhina E M,Heikal M R. Modelling of the gas to fuel droplets radiative exchange[J]. Fuel,2000,79(14):1843-1852.

[106] Dombrovsky L A. Spectral, model of absorption and scattering of thermal radiation by diesel fuel droplets[J]. High Temperature Materials and Processes,2002,40(2):242-248.

[107] Dombrovsky L A,Sazhin S S,Mikhalovsky S V,et al. Spectral properties of diesel fuel droplets[J]. Fuel,2003,82(1):15-22.

[108] Keefe C D, MacDonald J L. Optical constant, dielectric constant and molar polarizability spectra of liquid hexane between 4000 and 400cm^{-1} at 25 ℃[J]. Journal of Molecular Liquids,2005,121(2-3):121-126.

[109] Keefe C D,MacDonald J L. Optical constant, molar absorption coefficient, and imaginary molar polarizability spectra of liquid hexane at 25℃ extended to 100cm^{-1} and vibrational assignment and absolute integrated intensities between 4000 and 100cm^{-1}[J]. Vibrational Spectroscopy,2007,44(1):121-132.

[110] Keefe C D,Pickup J E. Infrared optical constants,dielectric constants,molar polarizabili-

ties, transition moments, dipole moment derivatives and raman spectrum of liquid cyclohexane[J]. Spectrochimica Acta, Part A: Molecular and Biomolecular Spectroscopy, 2009, 72(5):947-953.

[111] Keefe C D, Jaspers-Fayer S. Infrared optical properties and raman spectra of *n*-pentane and *n*-pentane-d_{12}[J]. Vibrational Spectroscopy, 2011, 57(1):72-80.

[112] Keefe C D, Macinnis S. Temperature dependence of the optical properties of liquid toluene between 4000 and 400cm^{-1} from 30 to 105℃[J]. Journal of Molecular Structure, 2005, 737(2-3):207-219.

[113] Keefe C D, Gillis E A L. Temperature dependence of the optical properties of liquid benzene in the infrared between 25 and 50℃[J]. Spectrochimica Acta Part A: Molecular and Biomolecular Spectroscopy, 2008, 70(3):500-509.

[114] Nagali V, Chou S I, Baer D S, et al. Diode-laser measurements of temperature-dependent half-widths of H_2O transitions in the 1.4μm Region[J]. Journal of Quantitative Spectroscopy and Radiative Transfer, 1997, 57(6):795-809.

[115] Nagali V, Davidson D F, Hanson R K. Measurements of temperature-dependent argon-broadened half-widths of H_2O transitions in the 7117cm^{-1} region[J]. Journal of Quantitative Spectroscopy and Radiative Transfer, 2000, 64(6):651-655.

[116] Sanders S T, Baldin J A, Jenkins T P, et al. Diode-laser sensor for monitoring multiple combustion parameters in pulse detonation engines[J]. Proceedings of the Combustion Institute, 2000, 28(1):587-594.

[117] Xin Z, Xiang L, Jeffries J B, et al. Development of a sensor for temperature and water concentration in combustion gases using a single tunable diode laser[J]. Measurement Science and Technology, 2003, 14(8):1459-1468.

[118] Oehlschlaeger M A, Davidson D F, Herbon J T, et al. Shock tube measurements of branched alkane lgnition times and OH concentration time histories[J]. International Journal of Chemical Kinetics, 2004, 36(2):67-78.

[119] Liu J T, Jeffries J B, Hanson R K. Large-modulation-depth 2f spectroscopy with diode lasers for rapid temperature and species measurements in gases with blended and broadened spectra[J]. Applied Optics, 2004, 43(35):6500-6509.

[120] Matthew A O, David F D, Ronald K H. High-temperature thermal decomposition of isobutane and *n*-butane behind shock waves[J]. The Journal of Physical Chemistry A, 2004, 108(19):4247-4253.

[121] Matthew A O, David F D, Ronald K H. High-temperature ethane and propane decomposition[J]. Proceedings of the Combustion Institute, 2005, 30(1):1119-1127.

[122] Vasudevan V, Davidson D F, Hanson R K. High-temperature measurements of the reactions of OH with toluene and acetone[J]. The Journal of Physical Chemistry, 2005, 109(15):3352-3359.

[123] Oehlschlaeger M A, Davidson D F, Hanson R K. High-temperature UV absorption of

methyl radicals behind shock waves[J]. Journal of Quantitative Spectroscopy and Radiative Transfer,2005,92(4):393-402.

[124] Klingbeil A E,Jeffries J B,Hanson R K. Temperature and pressure-dependent absorption cross sections of gaseous hydrocarbons at 3.39μm[J]. Measurement Science and Technology,2006,17(7):1950-1957.

[125] Klingbeil A E,Jeffries J B,Hanson R K. Tunable mid-IR laser absorption sensor for time-resolved hydrocarbon fuel measurements[J]. Proceedings of the Combustion Institute,2007,31(1):807-815.

[126] Klingbeil A E,Jeffries J B,Hanson R K. Temperature-dependent mid-IR absorption spectra of gaseous hydrocarbons[J]. Journal of Quantitative Spectroscopy and Radiative Transfer,2007,107(3):407-420.

[127] Klingbeil A E,Jeffries J B,Hanson R K. Temperature and composition-dependent,mid-infrared absorption spectrum of gas-phase gasoline: Model and measurements[J]. Fuel,2008,87(17-18):3600-3609.

[128] Klingbeil A E,Porter J M,Jeffries J B,et al. Two-wavelength mid-IR absorption diagnostic for simultaneous measurement of temperature and hydrocarbon fuel concentration[J]. Proceedings of the Combustion Institute,2009,32(1):821-829.

[129] Porter J M,Jeffries J B,Hanson R K. Mid-infrared laser-absorption diagnostic for vapor-phase measurements in an evaporating n-decane aerosol[J]. Applied Physics B:Lasers and Optics,2009,97(1):215-225.

[130] Sung H P,Jason M P,Jay B J,et al. Two-color-absorption sensor for time-resolved measurements of gasoline concentration and temperature[J]. Applied Optics, 2009, 48(33):6492-6500.

[131] Porter J M,Jeffries J B,Hanson R K. Mid-infrared laser-absorption diagnostic for vapor-phase fuel mole fraction and liquid fuel film thickness[J]. Applied Physics B:Lasers and Optics,2011,102(2):345-355.

[132] Otanicar T P,Phelan P E,Golden J S. Optical properties of liquids for direct absorption solar thermal energy systems[J]. Solar Energy,2009,83(7):969-977.

[133] Fabiano B G,Pasquini C. A low cost short wave near infrared spectrophotometer:Application for determination of quality parameters of diesel fuel[J]. Analytica Chimica Acta,2010,670(1-2):92-97.

[134] Biliškov N. Infrared optical constants,molar absorption coefficients,dielectric constants,molar polarisabilities,transition moments and dipole moment derivatives of liquid N,N-dimethylformamide-carbon tetrachloride mixtures[J]. Spectrochimica Acta Part A:Molecular and Biomolecular Spectroscopy,2011,79(2):302-307.

[135] Biliškov N. Infrared optical constants,molar absorption coefficients,dielectric constants,molar polarisabilities,transition moments and dipole moment derivatives of liquid N,N-dimethylacetamide-carbon tetrachloride mixtures[J]. Spectrochimica Acta Part A:Molecu-

lar and Biomolecular Spectroscopy,2011,79(2):295-301.

[136] Wen Q, Shen J, Shi Z, et al. Temperature coefficients of the refractive index for hydrocarbons and binary mixtures[J]. Chemical Physics Letters,2012,539-540:54-57.

[137] Rothman L S, Gordon I E, Barber R J, et al. HITEMP, the high-temperature molecular spectroscopic database[J]. Journal of Quantitative Spectroscopy and Radiative Transfer, 2010,111(15):2139-2150.

[138] Rothman L S, Gordon I E, Barbe A, et al. The HITRAN 2008 molecular spectroscopic database[J]. Journal of Quantitative Spectroscopy and Radiative Transfer,2009,110(9-10): 533-572.

[139] Serge G. In Advances in Thermophysical Properties at Extreme Temperatures and Pressures[M]. New York:American Society of Mechanical Engineers,1965:167-173.

[140] Brosmer M A, Tien C L. Thermal radiation properties of acetylene[J]. Journal of Heat Transfer,1985,107(4):943-948.

[141] Brosmer M A, Tien C L. Infrared radiation properties of methane at elevated temperatures [J]. Journal of Quantitative Spectroscopy and Radiative Transfer,1985,33(5):521-532.

[142] Brosmer M A, Tien C L. Thermal radiation properties of propylene[J]. Combustion Science and Technology,1986,48(3-4):163-175.

[143] Park S H, Stretton A J, Tien C L. Infrared radiation properties of methyl methacrylate vapor[J]. Combustion Science and Technology,1988,62(4-6):257-271.

[144] Fuss S P, Ezekoye O A, Hall M J. The absorptance of infrared radiation by methane at elevated temperatures[J]. Journal of Heat Transfer,1996,118(4):918-923.

[145] Fuss S P, Hall M J, Ezekoye O A. Band integrated infrared absorptance of low molecular weight paraffin hydrocarbons at high temperatures[J]. Applied Optics, 1999, 38(13): 2895-2904.

[146] Fuss S P, Hamins A. Determination of planck mean absorption coefficients for HBr, HCl and HF[J]. Journal of Heat Transfer,2002,124(1):26-29.

[147] Clausen S, Bak J. FTIR transmission-emission spectroscopy of gases at high temperatures: Experimental set-up and analytical procedures[J]. Journal of Quantitative Spectroscopy and Radiative Transfer,1999,61(2):131-141.

[148] Bak J, Clausen S. FTIR transmission-emission spectroscopy of gases at high temperatures: Demonstration of kirchhoff's law for a gas in an enclosure[J]. Journal of Quantitative Spectroscopy and Radiative Transfer,1999,61(5):687-694.

[149] Modest M F, Bharadwaj S P. Medium resolution transmission measurements of CO_2 at high temperature[J]. Journal of Quantitative Spectroscopy and Radiative Transfer,2002, 73(2-5):329-338.

[150] Bharadwaj S P, Modest M F, Riazzi R J. Medium resolution transmission measurements of water vapor at high temperature[J]. Journal of Heat Transfer,2006,128(4):374-381.

[151] Bharadwaj S P, Modest M F. Medium resolution transmission measurements of CO_2 at high

temperature-an update[J]. Journal of Quantitative Spectroscopy and Radiative Transfer, 2007,103(1):146-155.

[152] André F,Perrin M Y,Taine J. FTIR measurements of $^{12}C^{16}O_2$ line positions and intensities at high temperature in the 3700~3750cm^{-1} spectral region[J]. Journal of Molecular Spectroscopy,2004,228(1):187-205.

[153] Rinsland C P, Sharpe S W, Sams R L. Temperature-dependent infrared absorption cross sections of methyl cyanide (acetonitrile)[J]. Journal of Quantitative Spectroscopy and Radiative Transfer,2005,96(2):271-280.

[154] Rinsland C P,Devi C P,Blake T A,et al. Quantitative measurements of integrated band intensities of benzene vapor in the mid-infrared at 278,298,and 323K[J]. Journal of Quantitative Spectroscopy and Radiative Transfer,2008,109(15):2511-2522.

[155] Wakatsuki K. High Temperature Radiation Absorption of Fuel Molecules and an Evaluation of Its Influence on Pool Fire Modeling[D]. Maryland:University of Maryland,2005.

[156] Wakatsuki K,Jackson G S,Hamins A,et al. Effects of fuel absorption on radiative heat transfer in methanol pool fires[C]//Proceedings of the Combustion Institute:31nd International Symposium on Combustion,Heidelberg,2007:2573-2580.

[157] Wakatsuki K,Jackson G S,Kim J,et al. Determination of planck mean absorption coefficients for hydrocarbon fuels [J]. Combustion Science and Technology, 2008, 180(4): 616-630.

[158] Grosch A,Beushausen V,Wackerbarth H,et al. Temperature and pressure-dependent midinfrared absorption cross sections of gaseous hydrocarbons[J]. Applied Optics,2010, 49(2):196-203.

[159] Keefe C D. Computer programs for the determination of optical constants from transmission spectra and the study of absolute absorption intensities [J]. Journal of Molecular Structure,2002,641(2):165-173.

[160] 李国华. 水的太赫兹谱测量[D]. 长沙:国防科学技术大学硕士学位论文,2010.

[161] Xia J L,Smith B L,Yadigaroglu G,et al. Numerical and experimental study of transient turbulent natural convection in a horizontal cylindrical container[J]. International Journal of Heat and Mass Transfer,1998,41(22):3635-3645.

[162] Oliveski R D C,Krenzinger A,Vielmo H A. Comparison between models for the simulation of hot water storage tanks[J]. Solar Energy,2003,75(2):121-134.

[163] Savicki D L,Vielmo H A,Krenzinger A. Three-dimensional analysis and investigation of the thermal and hydrodynamic behaviors of cylindrical storage tanks[J]. Renewable Energy:An International Journal,2011,36(5):1364-1373.

[164] Sambamurthy N B,Shaija A,Narasimham G S V L,et al. Laminar conjugate natural convection in horizontal annuli[J]. International Journal of Heat and Fluid Flow,2008,29(5): 1347-1359.

[165] Kumari M,Nath G. Unsteady natural convection from a horizontal annulus filled with a

porous medium[J]. International Journal of Heat and Mass Transfer, 2008, 51(19-20): 5001-5007.

[166] He Y L, Tao W Q, Qu Z G, et al. Steady natural convection in a vertical cylindrical envelope with adiabatic lateral wall[J]. International Journal of Heat and Mass Transfer, 2004, 47(14): 3131-3144.

[167] Xu X, Sun G G, Yu Z T, et al. Numerical investigation of laminar natural convective heat transfer from a horizontal triangular cylinder to its concentric cylindrical enclosure[J]. International Journal of Heat and Mass Transfer, 2009, 52(13-14): 3176-3186.

[168] Yu Z T, Fan L W, Hu Y C, et al. Prandtl number dependence of laminar natural convection heat transfer in a horizontal cylindrical enclosure with an inner coaxial triangular cylinder [J]. International Journal of Heat and Mass Transfer, 2010, 53(7-8): 1333-1340.

[169] Yu Z T, Xu X, Hu Y C, et al. Transient natural convective heat transfer of a low-prandtl-number fluid inside a horizontal circular cylinder with an inner coaxial triangular cylinder [J]. International Journal of Heat and Mass Transfer, 2010, 53(23-24): 5102-5110.

[170] Demir H. Experimental and numerical studies of natural convection from horizontal concrete cylinder heated with a cylindrical heat source[J]. International Communications in Heat and Mass Transfer, 2010, 37(4): 422-429.

[171] Alam P, Kumar A, Kapoor S, et al. Numerical investigation of natural convection in a rectangular enclosure due to partial heating and cooling at vertical walls[J]. Communications in Nonlinear Science & Numerical Simulation, 2012, 17(6): 2403-2414.

[172] Balaji C, Herwig H. The use of ACFD approach in problems involving surface radiation and free convection[J]. International Journal of Heat and Mass Transfer, 2003, 30(2): 251-259.

[173] Premachandran B, Balaji C. Conjugate mixed convection with surface radiation from a horizontal channel with protruding heat sources[J]. International Journal of Heat and Mass Transfer, 2006, 49(19-20): 3568-3582.

[174] Balaji C, Holling M, Herwig H. Combined laminar mixed convection and surface radiation using asymptotic computational fluid dynamics (ACFD)[J]. Heat and Mass Transfer, 2007, 43(6): 567-577.

[175] Sharma A K, Velusamy K, Balaji C, et al. Conjugate turbulent natural convection with surface radiation in air filled rectangular enclosures[J]. International Journal of Heat and Mass Transfer, 2007, 50(3): 625-639.

[176] Sharma A K, Velusamy K, Balaj C. Conjugate transient natural convection in a cylindrical enclosure with internal volumetric heat generation[J]. Annals of Nuclear Energy, 2008, 35(8): 1502-1514.

[177] Sharma A K, Velusamy K, Balaji C. Interaction of turbulent natural convection and surface thermal radiation in inclined square enclosures[J]. Heat Mass Transfer, 2008, 44(10): 1153-1170.

[178] Sharma A K, Velusamy K, Balaji C. Turbulent natural convection of sodium in a cylindrical enclosure with multiple internal heat sources: A conjugate heat transfer study[J]. International Journal of Heat and Mass Transfer, 2009, 52(11-12): 2858-2870.

[179] Gad M A, Balaji C. Effect of surface radiation on RBC in cavities heated from below[J]. International Communications in Heat and Mass Transfer, 2010, 37(10): 1459-1464.

[180] Alvarado R, Xamán J, Hinojosa J, et al. Interaction between natural convection and surface thermal radiation in tilted slender cavities[J]. International Journal of Thermal Sciences, 2008, 47(4): 355-368.

[181] Xamán J, Álvarez G, Hinojosa J, et al. Conjugate turbulent heat transfer in a square cavity with a solar control coating deposited to a vertical semitransparent wall[J]. International Journal of Heat and Fluid Flow, 2009, 30(2): 237-248.

[182] Xamán J, Mejía G, Álvarez G, et al. Analysis on the heat transfer in a square cavity with a semitransparent wall: Effect of the roof materials[J]. International Journal of Thermal Sciences, 2010, 49(10): 1920-1932.

[183] Colomer G, Costa M, Consul R, et al. Three-dimensional numerical simulation of convection and radiation in a differentially heated cavity using the discrete ordinates method[J]. International Journal of Heat and Mass Transfer, 2004, 47(2): 257-269.

[184] Nouanegue H F, Muftuoglu A, Bilgen E. Heat transfer by natural convection, conduction and radiation in an inclined square enclosure bounded with a solid wall[J]. International Journal of Thermal Sciences, 2009, 48(5): 871-880.

[185] Kuznetsov G V, Sheremet M A. Conjugate natural convection with radiation in an enclosure[J]. International Journal of Heat and Mass Transfer, 2009, 52(9-10): 2215-2223.

[186] Kuznetsov G V, Sheremet M A. Conjugate natural convection in an enclosure with a heat source of constant heat transfer rate[J]. International Journal of Heat and Mass Transfer, 2011, 54(1-3): 260-268.

[187] 战乃岩, 杨茉, 徐沛巍. 封闭腔导热辐射与自然对流耦合换热的数值研究[J]. 中国科学: 技术科学, 2010, 40(9): 1052-1060.

[188] 黄勇, 夏新林, 谈和平. 热辐射对圆管内层流半透明流体换热的影响[J]. 中国电机工程学报, 2001, 21(11): 29-33.

[189] 夏新林, 刘顺隆, 马国嵩. 管内高温介质流动入口段的辐射与对流耦合换热数值模拟[J]. 航空动力学报, 2002, 17(1): 115-121.

[190] Rao C G, Balaji C, Venkateshan S P. Effect of surface radiation on conjugate mixed convection in a vertical channel with a discrete heat source in each wall[J]. International Journal of Heat and Mass Transfer, 2002, 45(16): 3331-3347.

[191] Rao C G. Interaction of surface radiation with conduction and convection from a vertical channel with multiple discrete heat sources in the left wall[J]. Numerical Heat Transfer, Part A: Applications, 2007, 52(9): 831-848.

[192] Rao G M, Narasimham G S V L. Laminar conjugate mixed convection in a vertical channel

with heat generating components[J]. International Journal of Heat and Mass Transfer, 2007,50(17-18):3561-3574.

[193] Hernández J,Zamor B. Effects of variable properties and non-uniform heating on natural convection flows in vertical channels[J]. International Journal of Heat and Mass Transfer, 2005,48(3-4):793-807.

[194] Desrayaud G,Lauriat G. Flow reversal of laminar mixed convection in the entry region of symmetrically heated, vertical plate channels[J]. International Journal of Thermal Sciences,2009,48(11):2036-2045.

[195] Bazdidi-Tehrani F,Shahini M. Combined mixed convection-radiation heat transfer within a vertical channel:Investigation of flow reversal[J]. Numerical Heat Transfer, Part A:Applications,2009,55(3):289-307.

[196] Barhaghi D G,Davidson L. Large-eddy simulation of mixed convection-radiation heat transfer in a vertical channel[J]. International Journal of Heat and Mass Transfer, 2009, 52(17-18):3918-3928.

[197] Bianco N,Langellotto L,Manca O,et al. Radiative effects on natural convection in vertical convergent channels[J]. International Journal of Heat and Mass Transfer,2010,53(17-18):3513-3524.

[198] 邹惠芬,袁军团,李丽云,等. 夏季工况井箱式双层皮玻璃幕墙优化设计[J]. 沈阳建筑大学学报(自然科学版),2011,27(6):1151-1157.

[199] He J,Liu L P,Jacobi A M. Numerical and experimental investigation of laminar channel flow with a transparent wall[J]. Journal of Heat Transfer,2011,133(6):061701.

[200] Rajkumar M R,Venugopal G,Lal S A. Natural convection with surface radiation from a planar heat generating element mounted freely in a vertical channel[J]. Heat and Mass Transfer,2011,47(7):789-805.

[201] 谈和平,余其铮,米歇尔·拉勒芒. 高温下半透明介质内辐射与导热的非稳态复合换热[J]. 工程热物理学报,1989,10(3):295-300.

[202] 阮立明. 煤灰例子辐射特性的研究[D]. 哈尔滨:哈尔滨工业大学博士学位论文,1997.

[203] 戴景民. 多光谱辐射测温技术研究[D]. 哈尔滨:哈尔滨工业大学博士学位论文,1995.

[204] 刘洪芝. 碳氢燃料气辐射物性实验方案及燃气辐射特性研究[D]. 哈尔滨:哈尔滨工业大学硕士学位论文,2010.

[205] 王新北. 基于傅里叶红外光谱仪的材料光谱发射率测量技术的研究[D]. 哈尔滨:哈尔滨工业大学博士学位论文,2007.

[206] 张顺德. 半透明材料的高温热辐射物性实验研究[D]. 哈尔滨:哈尔滨工业大学硕士学位论文,2011.

[207] 费业泰. 误差理论与数据处理[M]. 第6版. 北京:机械工业出版社,2010.

[208] 丁振良. 误差理论与数据处理[M]. 哈尔滨:哈尔滨工业大学出版社,2002.

[209] Palik E D. Handbook of Optical Constants of Solids Ⅱ [M]. San Diego:Academic Press,1991.

[210] Harris D C. Durable 3~5μm transmitting infrared window materials[J]. Infrared Physics and Technology,1998,39(4):185-201.

[211] Boulon G. Fifty years of advances in solid-state laser materials[J]. Optical Materials,2012, 34(3):499-512.

[212] Nehra S P,Singh M. Hydrogenation effect on electrical,optical and magnetic properties of ZnSe/Co bilayer DMS thin films[J]. Solid State Communications, 2010, 150 (33-34): 1587-1591.

[213] Archana J,Navaneethan M,Ponnusamy S,et al. Chemical synthesis of monodispersed ZnSe nanowires and its functional properties[J]. Materials Letters,2012,81(3):59-61.

[214] Aven M,Marple D T F,Segall B. Some electrical and optical properties of ZnSe[J]. Journal of Applied Physics,1961,32(10):2261-2265.

[215] Marple D T F. Refractive index of ZnSe,ZnTe,and CdTe[J]. Journal of Applied Physics, 1964,35(3):539-542.

[216] Li H H. Refractive index of ZnS,ZnSe,and ZnTe and its wavelength and temperature derivatives[J]. Journal of Physical and Chemical Reference Data,1984,13(1):103-150.

[217] Hale G M,Querry M R. Optical constants of water in the 200nm to 200mm wavelength region[J]. Applied Optics,1973,12(3):555-563.

编 后 记

《博士后文库》(以下简称《文库》)是汇集自然科学领域博士后研究人员优秀学术成果的系列丛书。《文库》致力于打造专属于博士后学术创新的旗舰品牌,营造博士后百花齐放的学术氛围,提升博士后优秀成果的学术和社会影响力。

《文库》出版资助工作开展以来,得到了全国博士后管委会办公室、中国博士后科学基金会、中国科学院、科学出版社等有关单位领导的大力支持,众多热心博士后事业的专家学者给予积极的建议,工作人员做了大量艰苦细致的工作。在此,我们一并表示感谢!

《博士后文库》编委会